牡丹栽培技术

贾文庆　主编

中国农业出版社

北　京

图书在版编目（CIP）数据

牡丹栽培技术 / 贾文庆主编. —北京：中国农业
出版社，2018.12
ISBN 978-7-109-23879-4

Ⅰ.①牡… Ⅱ.①贾… Ⅲ.①牡丹－观赏园艺　Ⅳ.
①S685.11

中国版本图书馆 CIP 数据核字（2018）第 010313 号

中国农业出版社出版
（北京市朝阳区麦子店街 18 号楼）
（邮政编码 100125）
责任编辑　王玉英

北京中兴印刷有限公司印刷　新华书店北京发行所发行
2019 年 5 月第 1 版　2019 年 5 月北京第 1 次印刷

开本：720mm×960mm　1/16　印张：12.75　插页：2
字数：231 千字
定价：60.00 元
（凡本版图书出现印刷、装订错误，请向出版社发行部调换）

编 写 人 员

主　编　贾文庆

副主编　郭英姿　何松林

编　者　贾文庆　郭英姿　何松林

　　　　穆金艳　王艳丽　陈　悦

序

中华民族是爱花的民族，在原产我国的众多花卉中，牡丹被誉为"国色天香""百花之王""中华民族之花"，可以说是艳压群芳、香传万世，成为国富民强、盛世繁荣、生活幸福的象征。作为牡丹野生资源分布中心及栽培牡丹起源培育中心，我国的牡丹栽培种植技术，经过1 000多年不断总结积累，已经形成了比较完整的体系，成为我国农业科技遗产的重要内容。近二三十年，随着牡丹产业快速发展，以及设施栽培与生物技术的进步，我国在牡丹栽培技术的实践与研究领域都积累了新的知识与技术，把它们编撰整理、系统地进行介绍与普及，是一件十分有意义的事，这也正是我愿意向大家推荐《牡丹栽培技术》一书的原因所在。

《牡丹栽培技术》一书的作者长期从事牡丹繁殖、栽培与育种研究，谙悉牡丹生长发育习性与繁殖栽培技术，他们深入实践调查总结，并结合自己的研究成果，把牡丹的历史文化、资源育种、繁殖栽培、开发应用方面等研究成果及进展编撰成册，为弘扬牡丹文化、普及牡丹科学知识与栽培技术做出了自己的努力。本书内容共10章，第一章结合牡丹历史文化，全面介绍了牡丹国内外发展现状及前景，这是每一位对牡丹感兴趣的读者都必需了解的知识，因为牡丹之所以能够在每个人心中激荡起涟漪，除了其艳丽、雍荣的外观，还在于其所寄托的富贵、幸福、和谐、繁荣的文化象征性。第二章介绍牡丹生物学特性与种质资源，这是每一位喜爱栽培种植与欣赏牡丹的读者必需具备的科学知识。牡丹是一种木本灌木，要使它生

1

长旺盛、开花艳丽，就必须掌握其生物学特性与生长发育规律，对于一些缺乏科学基础的伪术和商业推广中的骗术要能鉴别；而对牡丹种质资源的全面了解，会让读者知道中国牡丹栽培历史悠久、资源丰富、种类繁多，但是中国的牡丹已经走出国门，在日本及欧美等国繁衍生息，并培育出大批优良花色品种，这就激励我们必须大力培育新品种，充实我国的品种资源库，防止有一天中国牡丹主栽的都成为外国培育的品种。第三章至第九章是本书的主要内容，详细介绍了牡丹露地栽培、促成栽培（催花）、盆花栽培、无土栽培、切花栽培、油用及药用栽培等各种栽培技术体系，使对牡丹不同栽培方式感兴趣的读者，都能够获得有关牡丹繁殖、栽培、养护管理、病虫害防治等方面详细知识与技术。第十章则通过对牡丹园林应用、商品化生产及社会文化等价值的全面介绍，拓展读者对牡丹应用价值的全面了解，尤其是最后又列举了大量史料与事实，多角度论述了牡丹是我国国花的鲜明观点，与第一章牡丹文化的内容遥相辉映，展现在读者面前的是一部集文化传统、科学知识、技术技艺于一体的牡丹全书。

牡丹因花而久负盛名，因药用而扎根于民间，最近又因籽可榨油而一跃成为重要木本油料资源，但不论是观花、产药还是油用，生产发展都离不开繁殖栽培技术进步。由于历史原因，我国牡丹发展过程中"精与艺而疏于学"的现象比较明显，许多栽培技术是通过生产实践总结而来，而根据存在问题试验创新研究获得的较少，这与我们缺乏牡丹科技人才有密不可分的关系。要改变这种现象，需要我们加大牡丹研究人才队伍培养，吸引更多的科学家、研究者以及爱好者，加入到研究牡丹育种与技术创新的队伍中来，加入到欣赏、栽种与推广应用牡丹的潮流中来。本书的作者，就是这样一批年轻的牡丹研究者与爱好者，期待着他们能够借本书的出版发行，"百尺竿头更进一步"，成为牡丹栽培技术进步的中坚力量，在不远的将来有更好的成果与读者分享。

如上所述，本书虽然名曰《牡丹栽培技术》，但实则内容包罗万象，跨越不同的学科领域，因此存在一些不准确的描述与滞后信息是在所难免的，希望作者今后能够不断修订，尤其是对一些新成果与新技术的来源出处做到有据可查，以便读者遇到疑问时可以深究其因。牡丹是"百处将移百处开"，适应性非常强，只要能掌握必要的科学技术知识就能栽好养好，读者在阅读本书有关技术内容时，要着重理解其技术原理与工艺流程，在应用于生产实践时，要充分了解品种习性差异、气候环境及栽培应用条件影响，做到技术因品种制宜、因地制宜。总之，我希望本书能够受到广大读者的喜欢，在普及牡丹知识、推广牡丹栽培技术以及促进牡丹产业发展中发挥积极作用。

北京林业大学教授、博士生导师　成仿云

前 言

牡丹别名鹿韭、白术、木芍药、百两金、花王、洛阳花、国色天香、富贵花，原产中国，为芍药科芍药属牡丹组亚灌木至小乔木。牡丹是我国传统名花，其花朵硕大，花姿端丽，色彩鲜艳，气味芬芳，雍容华贵，被誉为"国色天香""花中之王"，契合了人们期盼美满、富贵的心愿和对和平、祥和的向往，是国家繁荣富强、人民幸福的象征。花开时节，千姿百态，万紫千红，花香远飘。花凋之后，依然气宇轩昂，婀娜多姿。寒冬落叶，更现枝叶苍奇，铁骨铮铮。历朝历代无论是皇亲国戚还是达官贵人，无论是文人墨客还是平民百姓，无不热爱牡丹、无不欣赏牡丹、无不崇敬牡丹。

牡丹常用于装点美化园林环境，可盆栽，也可作切花使用，观赏价值极高，深受我国人民喜爱。牡丹不仅具有观赏价值，而且全身是宝。根可入药，称"丹皮"，可治高血压、除伏火、清热散瘀、去痈消肿等，为应用最广泛的中药之一；花瓣、花蕊、花粉可作茶饮，可食用，其味鲜美，亦用于高级化妆品；牡丹籽富含人体需要的氨基酸、维生素、多糖和多种不饱和脂肪酸，经国际权威检测机构 PONY 检测，牡丹籽油不饱和脂肪酸含量 92%，其中 α-亚麻酸占 42%，是橄榄油的 60 倍、花生油的 104 倍，多项指标均超过被称为"液体黄金"的橄榄油。

牡丹作为观赏植物栽培始于南北朝，距今有 1 500 多年。牡丹比较耐寒、耐旱，适应能力强，在全国各地栽培分布极为广泛，以黄河流域和长江淮河流域栽培最多。目前，河南洛阳和山东菏泽是全

1

国牡丹主产区。

近年来，随着社会进步和群众生活水平的提高，越来越多的人加入到种植牡丹、养牡丹的行列，使得牡丹栽培新技术新方法不断涌现，新品名品叠出，并对牡丹的色、香、姿、韵也有了更加全面的认识，牡丹文化进一步丰富。

本书立足于牡丹的栽培技术，力求图文并茂、操作性强且通俗实用、深入浅出地介绍了牡丹的历史渊源、文化内涵和表现形式、牡丹种质资源和特征特性及适于盆栽的品种，进而详细阐述了牡丹的栽培技术、繁殖方法及病虫害防治知识，并对牡丹的园艺栽培技术和应用进行了简单的介绍。

本书出版得到河南省科技创新杰出人才计划（17420051001）项目、河南省科技计划项目"牡丹、芍药杂交不亲和生理机制及杂种胚挽救研究"（162300410157）、2016年度河南省高等学校青年骨干教师培养计划项目、河南省教育厅重点科研计划项目"芍药属远缘杂交不亲和及杂种败育生理机制研究"（17A210005）、河南省科技攻关项目"生长素诱导牡丹不定根形成的分子机理研究"（172102410053）等资助。

本书在编写过程中，引用了国内外许多已发表的研究成果，很多成果及本书的出版得到了河南省科技厅、教育厅及有关部门各类项目的支持，在此谨致感谢。由于牡丹栽培和应用发展十分迅速，加之作者水平有限，本书之中的疏漏错误在所难免，恳请各位读者不吝赐教。

编者

2019 年 1 月

目 录

序
前言

1

第一章　中国牡丹起源与历史文化

第一节　中国牡丹植物学史

牡丹（*Paeonia suffruticosa*）是我国的传统名花，因万紫千红、艳压群芳，故品为"国色"，香而不酽、清沁心脾被赞作"天香"，被誉为"国色天香"。植物分类学上原属于毛茛科，芍药属，20世纪初也有不少植物学家（如英国的 Worsdell WC. 等）根据植物解剖学的研究，认为芍药属应从毛茛科中分离出来，单独成科。现在普遍认同牡丹属于芍药科（*Paeoniaeeae*），芍药属（*Paeonia*），牡丹种（*Sect.Moutan*），落叶亚灌木。

据《神农本草经》记载："牡丹味辛寒，一名鹿韭，一名鼠姑，生山谷"。在甘肃省武威县发掘的东汉早期墓葬中，发现医学简数十枚，其中有牡丹治疗血瘀病的记载。牡丹原产于中国的长江流域与黄河流域诸省的山涧或丘岭中，人们发现了它的药用价值和观赏价值，而变野生为家养。从南北朝"永嘉水际竹间多牡丹"至今，栽培历史也有 1 500 年了。在长期的栽培过程中，牡丹发生了变异，出现了许多花大色艳的品种，愈来愈受到人们的重视，其栽培范围由长江、黄河流域诸省（自治区、直辖市）向全国扩大。

牡丹作为观赏植物栽培，则始于南北朝。据唐代韦绚《刘宾客嘉话录》记载："北齐杨子华有画牡丹极分明。子华北齐人，则知牡丹久矣。"又据《太平御览》谢康乐说："南朝宋时，永嘉（今温州一带）水际竹间多牡丹"。

"牡丹"这一名称的出现，标志着牡丹栽培历史的开始。明代李时珍《本草纲目》说："牡丹虽结籽而根上生苗，故谓"牡"（意谓可无性繁殖），其花红故谓"丹"。"牡丹"的"牡"亦作雄性解。戴蕃认为"因其花较大，枝干较粗而有力，因此叫牡。《神农本草经》中，有牡桂、牡蛎、牡荆等药，命名原则是一致的"。

隋代，牡丹的栽培数量和范围开始逐渐扩大，当时的皇家园林和达官显贵的花园中已开始引种栽培牡丹，并初步形成集中观赏的场面。《隋志素问篇》

1

中说道："清明次五时牡丹华"。这又足以说明牡丹作观赏植物则规模更大。据唐《海山记》记载："隋帝辟地二百里为西苑（今洛阳西苑公园一带），诏天下进花卉，易州进二十箱牡丹，有赫红、飞来红、袁家红、醉颜红、云红、天外红、一拂黄、软条黄、延安黄、先春红、颤风娇……"隋都西苑种植牡丹与隋炀帝广泛收集民间的奇花异草有关。

唐朝时，社会稳定，经济繁荣。唐都长安的牡丹在引种洛阳牡丹的基础上，得到了迅速的发展。当时已出现了种植牡丹的花师。据柳宗元《龙城录》记载："洛人宋单父，善种牡丹，凡牡丹变易千种，红白斗色，人不能知其术，唐皇李隆基召至骊山，植牡丹万本，色样各不同。"当时的"艺人"因受社会所限，生活所迫，所掌握的"绝技"是不外传的。所以，宋单父种植牡丹的"绝技"使后人"不能知其术"。但是，从"植牡丹一万本（株），色样各不同"来看，牡丹的栽培技术已达到了一个相当高的水平。

在唐朝，宫廷寺观、富豪家院及民间种植牡丹已十分普遍。据《杜阳杂记》载："高宗宴群臣赏双头牡丹"。《酉阳杂俎》载："穆宗皇帝殿前种千叶牡丹，花始开香气袭人"。《剧谈录》载："慈恩寺浴堂院有花两丛，每开五六百花，繁艳芬馥，绝少伦比"。当时，刺激牡丹种植业发展的原因，不仅是牡丹被众多的人们喜爱，有一定的观赏价值，而且有较高的经济价值。《唐国史补》载："人种以求利，本有值数万者"。在唐朝牡丹大量的栽培下，繁育出众多的品种，使牡丹花瓣化程度提高，花型、花色增多。

从栽培方面说，唐朝已开始尝试牡丹的熏花试验，据《事物纪原》载："武后诏游后苑，百花俱开，牡丹独迟，遂贬于洛阳……"这虽为传说，但从中可以分析出"牡丹独迟"的原因，在当时人们还没有真正掌握其生长规律而造成熏花的失败，使其不能与其他花卉同放。

作为唐朝东京的洛阳，从初唐到五代十国的后唐，牡丹种植业都在不断地发展，其规模不亚于西京长安。据宋《清异录》记载："后唐庄宗在洛阳建临芳殿，殿前植牡丹千余本，有百药仙人、月宫花、小黄娇、雪夫人、粉奴香、蓬莱相公、卵心黄、御衣红、紫龙杯、三支紫等品种"。

宋朝，牡丹栽培中心由长安移至洛阳，栽培技术更加系统、完善，对牡丹的研究有了很大地提高，出现了一批理论专著。这其中有欧阳修的《洛阳牡丹记》、周师厚的《洛阳牡丹记》《洛阳花木记》、张峋的《洛阳花谱》等。记述了牡丹的栽培管理，其中包括择地、花性、浇灌、留蕾、防虫害、防霜冻，以及嫁接、育种等栽培方法，总结出一整套较为完善的成熟经验。欧阳修的《洛阳牡丹记》载："种花必择善地，尽去旧土，以细土用蔹末一斤和之"、"白蔹能杀虫，此种花之法也"。《洛阳花木记》载："凡栽牡丹不宜太深，深则根不行，而花不发旺，以疮口（根茎交接处）齐土面为好"。由此可以看出，当时对栽培牡丹十分严格，从选地到种植都十分讲究，这也许是洛阳牡丹能够甲天下的原因之一。

北宋时，洛阳牡丹的规模是空前的。当时洛阳人不但爱花、种花，更善于培育新品种，牡丹"不接则不佳"，他们用嫁接方法固定芽变及优良品种，这就是北宋时最突出的贡献。

南宋时，牡丹的栽培中心由北方的洛阳、开封移向南方的天彭（成都彭州市）、杭州等地。在这些栽培地，首先引种了北方较好的品种，并与当地的少量品种进行了杂交（天然杂交），然后通过嫁接和播种的方法，从中选出更多更好的适宜南方气候条件的生态型品种。陆游著的《天彭牡丹谱》中记述了洛阳牡丹品种 70 余个。

明清时，中国牡丹的栽培范围已扩大到安徽省亳州、山东省曹州、北京、广西壮族自治区思恩、黑龙江省河州等地。《松漠纪闻》记述了黑龙江至辽东一带种植牡丹的情况：富室安居逾二百年往往辟园地，植牡丹多至三二百本，有数十丛者，皆燕地所无。另据《思恩县志》记载："思恩牡丹出洛阳，民宅多植，高数丈，与京花相艳，其地名小洛阳"。这说明当时牡丹北至黑龙江，南至广西。明清时关于牡丹著述更多，薛凤翔著《亳州牡丹史》《牡丹八书》，从牡丹的种、栽、分、接、浇、养、医、忌 8 个方面进行了科学的总结。乾隆年间编纂的《洛阳县志》列古代和当时品种共 169 个。

明末清初，牡丹发展受到战乱的影响，有所停滞，到清康熙年间又逐渐恢复。清朝是由满洲人建立的王朝，清宫廷从康熙帝起即开始将牡丹花的观赏和应用列入到日常生活或重要活动中，如高士奇在《金鳌退食笔记》中记述清宫牡丹应用情况："南花园，立春日……干暖室烘出牡丹芍药诸花，每岁元夕赐宴之时，安放乾清宫，陈列筵前，以为胜于剪彩……每年三月，进……插瓶牡丹；四月，进……插瓶芍药清康熙、雍正、乾隆三朝在历史上称为康乾盛世，牡丹在全国各地有较广泛发展，栽培中心转到山东曹州（今属菏泽）。康熙到咸丰的二百年间，是牡丹的又一个昌盛时期。清代牡丹品种已有 500 多个。

明清时期全国各地牡丹栽培情况分述如下：

亳州牡丹 安徽省亳州是明代牡丹著名产区。据明·薛凤翔《亳州牡丹史》（以下简称《薛谱》）记载，明孝宗弘治年间（1488—1505），亳州从山东曹县（即曹州，今属菏泽）引种了状元红、金玉交辉等 8 个品种。正德、嘉靖年间（1506—1566）有薛、颜、李数家"遍求他郡善本移植亳中"，并且不惜重金购买名品，"每以数千钱博一少芽，珍护如珊瑚"。因而亳州牡丹日渐繁多，以种植牡丹为主的私家园林也发展很快，到隆庆、万历年间（1567—1620）"足称极盛"。花开时，"可赏之处，即交无半面，亦摩肩出入，虽负担之夫，村野之氓，辄务来观，入暮携花以归，无论醒醉，歌管填咽，几匝一月"。《薛谱》记载亳州栽植牡丹新老品种 270 余个。

曹州牡丹　山东曹州早在明代即已开始栽培牡丹，清代则发展为全国最大的栽培中心。据《薛谱》所记，亳州有些品种是弘治年间自曹县引进，而曹州也从亳州引回不少品种。明万历进士谓肇淛曾任东平府（今山东省东平）太守，他回忆过曹州看牡丹的情景："余过濮州、曹南一路，百里之外，香气迎鼻，盖家家畦圃中俱植之，若蔬菜然，缙绅朱门，高宅空锁，其中自开自落而已。"并"在曹南一诸生家观牡丹，园可五十亩，花遍其中，亭榭之外，几无尺寸隙地，一望云锦，五色夺目"（《五杂俎》）。为曹州牡丹作谱是在清代。初有苏毓眉的《曹南牡丹谱》说："至明而曹南牡丹甲于海内"。曹南即曹州，因县境南有曹南山而得名。之后是余鹏年的《曹州牡丹谱》。余谱比苏谱记载的要详细得多，可以说是第一部全面介绍曹州牡丹的专著。再后，又有赵孟俭原著、赵世学新增《桑篱园牡丹谱》（1911），记载曹州牡丹 240 个品种。据清时老花农王文德回忆，曹州历史上牡丹栽培面积达 400 亩[*]，品种 300 多个。曹州牡丹有较大种植规模，早已形成商品市场。清光绪年间汪鸿修《菏泽县乡土志》对"牡丹商"作了记载："牡丹商，皆本地土人。每年秋分后，将花捆载为包，每包六十株，北赴京津，南赴闽粤，多则三万株，少亦不下两万株，共计得值约有万金之谱，为本地特产。"

北京牡丹　北京自辽建都于此，以后金、元亦在此建都，牡丹栽培即日渐兴盛。至明代，北京宫苑中牡丹仍多（刘若愚《明宫史》），且北京牡丹栽植已不限于宫苑。如位于城西北南海淀的李园，属武清侯李戚畹，至清代称为畅春园、清华园或南园。园中"牡丹以千计，芍药以万计，京国第一名园也"（清·吴邦庆《泽农吟稿》）。"园中牡丹多异种，以'绿蝴蝶'为最，开时足称花海"（《燕都游览志》）。此外，还有梁家园（今北京宣武门外梁家园一带），"园中牡丹芍药几十亩，每花时云锦布地，香冉冉闻里余。论者疑与古洛中无异"（《篁墩集》）。惠安园（今阜城门外花园村一带），"牡丹繁盛，开约五千余……自篱落以至门屏，无非牡丹，可谓极花之观"（袁宏道）。明代西直门外高亮桥西的极乐寺，"天启（1621—1627）初年尤未毁也，门外古柳，殿前古

---

[*] 亩为非法定计量单位，1 亩＝1/15hm²。

松，寺左国花堂牡丹"(《帝京景物略》)。清代复建极乐寺，国花堂匾额由成亲王手书。可见明代已有视牡丹为"国花"的想法。此外，"卧佛寺多牡丹……开时烂熳特甚，贵游把玩至不忍去"(明·蒋一葵《长安夜话》)。阜城门外嘉禧寺"牡丹多于蓬，芍药著于草"。右安门外南十里草桥，居人以花为业。该地种牡丹之法，"一如亳州、洛下"，经过催花处理，"十月中旬，牡丹已进御矣"，"白石桥北，万驷马庄焉，曰白石庄"，其中有"芍药牡丹圃"(《帝京景物略》)。

清末故宫御花园、颐和园国花台、白纸坊崇效寺牡丹较盛。颐和园国花台始建于1903年。慈禧常以花王牡丹自比，敕定牡丹花为国花，并命管理国花的苑副白玉麟将"国花台"三字刻于石上。崇效寺即唐之枣花寺，清末以来以牡丹冠绝京华，尤以绿、墨二色最为有名。清·陈康祺《郎潜纪闻》："都门花事，以极乐寺之海棠，枣花寺之牡丹，丰台之芍药……为最盛，春秋佳日，游骑不绝于道。"清·吴长之辑《宸垣识略》不仅记草桥"牡丹芍药，栽如稻麻"，还记有钓鱼台、长椿寺栽植的牡丹。乾隆敕撰《日下旧闻考》记圆明园"镂月开云"殿"前植牡丹数百本"。

中华民国时期，除崇效寺、法源寺外，中山公园、景山公园等处又增添了牡丹景点。

江南牡丹 在明代，江南牡丹曾以江阴为盛。王世懋《学圃杂疏》称"南都牡月'让江阴'"。此外，杭州、苏州及太湖周围也有不少种植。明·田汝成《西湖游览志余》记载："近日杭州牡丹，黄紫红白成备，而粉红独多，有一株百余朵者。出昌化、富阳者尤大，不减洛阳也。"谓肇涧称牡丹"北地种无江南牡丹中有宁国牡丹和铜陵牡丹。据1936年编《宁国县志》载："宁国、蟠龙素产牡丹，以白、黄为贵……"关于铜陵牡丹，据《铜陵县志》载："仙牡丹长山石窦中，有白牡丹一株……素艳绝丽。相传为葛洪所种。"葛洪为晋代人，按此传说，以有1600年的历史。北宋官员盛度从陕西带回的浅红色重瓣品种叫"御苑红"。此外，安徽《巢县志》《无为县志》均有栽培白牡丹的记载。

江南牡丹中还应提到上海牡丹。清代五口通商后，上海牡丹栽培日渐增多，"最盛于法华寺，品类极繁，甲于东南，有小洛阳之称"(同治辛未年修《上海县志》)。法华(上海徐家汇)牡丹始于明代而盛于清代，品种曾多达百余种，以后为黄园牡丹取而代之。黄园除栽培中国品种外，还从日本、法国引进了一些品种，惜该园在抗战中被毁。中华民国时期黄岳渊父子经营的真如园搜集了400多个牡丹品种(黄岳渊等《花经》)。江南牡丹除以上各地外，明·陈继儒《太平清话》还记载有赣州牡丹"于洪武六年(1373)冬十月冰雪

5

中礴耳，赣若千舟需，昭耀风日"。

兰州、临夏及甘肃各地牡丹　明清之际，牡丹在甘肃各地悄然兴起，独树一帜。甘肃牡丹以兰州、临夏、临洮、定西及陇西一带为栽培中心。临夏古称袍罕、河州，曾是西秦王朝的京都。明嘉靖癸亥年（1563）编《河州志》已有对牡丹栽培的记载。清嘉庆年间龚景翰编《循化志》记述当地不仅有牡丹芍药栽培，而且"打儿架山（今临夏附近大立架山）上野花极繁，多不知名，惟牡丹芍药可指数"，"保安上李屯（今青海省同仁县）独产黄牡丹"。1949年前编修的《河州志》曾载："牡丹旧有数十种，近来栽培得法，冠绝全省。"

兰州金天观牡丹传为唐代遗物，清末编纂的《甘肃新通志》曾有牡丹在甘肃"各州府都有，惟兰州较盛，五色俱备"的记载。

除此之外，甘肃其他各地亦有牡丹分布或栽培。如秦州（治所在今天水市）"牡丹原，在州西南六十里……岩岫间多产牡丹，花时满山如画"（清《敕修甘肃通志》）。陇西县牡丹品种甚多，"最为名胜"（乾隆三年《陇西县志》）。

靖远"牡丹旧无，今潘园府内自固原（今宁夏回族自治区固原县）移栽，开花结实，水土颇宜"（康熙年间《靖远县志》）。甘州府（治所在今张掖市）牡丹颇盛，"大者如碗"（《甘州府志》）。肃州（治所在今酒泉市）"牡丹有红白黄紫四色，叶虽差小，甚香艳"（《肃州新志》）。

延安及陕西各地牡丹　延安及其周围曾有野生牡丹广泛分布，同时有品种引到洛阳。宋·欧阳修《洛阳牡丹记》中提到，宜川、延安一带野生牡丹"与荆棘无异，土人皆取以为薪"。明嘉靖年间《延安府志》亦记载肤施县（今延安市）县城"稍南有牡丹山……名曰花园头，产牡丹极多，樵者以之为薪"。此外，陕北安塞、延长等地亦有牡丹栽培，安塞牡丹"在白姑寺者，竞成树"（雍正本《陕西通志》）。延长"九十里有花儿山……牡丹芍药可观"（嘉靖本《延安府志》）。

延安的牡丹山就是现在的万花山，附近群众有在农历4月初八到此赏花赶庙会的习俗。除陕北外，韩城县"牡丹山多产牡丹，开时红紫满山，香闻数十里，土人采以为薪。又有牡丹坪，在渚北村西北，亦多牡丹"（《陕西通志》）。

天彭牡丹　清光绪年间编修的《天彭县志》记载，县西北32里的丹景山即因盛产牡丹而得名，题其峰曰："丹台第一""上有牡丹坪，种花最盛"，牡丹有"成树盈把者"，相传即"王蜀时"所植。

天彭附近各地亦有牡丹栽植。明·朱国桢撰《涌幢小品》曾记载："青城山有牡丹树，树高十丈，花甲一周始一作花。永乐中适当花开，蜀献王遣视之，取花以回。"

灌阳牡丹 广西曾有过牡丹栽培。据明修《广西通志》记载广西"牡丹出灵州、灌阳，灌阳牡丹有高一丈者，其地名小洛阳"。又据《思恩县志》："思恩（今广西环江）牡丹出洛阳，民宅多植，高数丈，与京花相艳，其地名小洛阳。"

洛阳牡丹 牡丹名城洛阳及附近的陈州，自宋室南渡后，虽然还继续栽培，但数量大减，无复往昔盛况。清修《洛阳县志》记载尚有牡丹品种169个。

从以上这些记载看，我国牡丹栽培在唐、宋、明、清时代江南不但有了许多的栽培品种，而且在滁州、和州和越州也有野生的。从谢康乐始言"永嘉水际竹间多牡丹"的记载中还可看出，由野生变家养根据史料记载也是从南方开始的。由野生变家养最早始于永嘉，隋炀帝时则兴起于洛阳。

1949年10月，牡丹进入一个新的历史发展时期。特别是自1978年改革开放以来，在全国范围内又形成了牡丹发展高潮。新时期牡丹发展具有新的特点：一是牡丹的发展正在形成产业，它不仅生产物质财富，也在创造精神财富。目前全国主产区牡丹栽培面积已达15万亩以上，洛阳、菏泽、兰州和重庆等地，出现了面积达几百亩到上千亩的牡丹园。每年牡丹花会期间，像洛阳王城公园、菏泽曹州牡丹园等，游人多时每天可达25万～30万人次，可谓盛况空前。二是牡丹的发展与科技紧密结合，从而为其提供了重要支撑和动力。新中国成立初期全国牡丹品种不过500多个，目前品种数量已经过千，而且引进了不少国外优良品种。不同花期的品种合理搭配使得洛阳等地牡丹花期可延续40多天，比唐代"花开花落二十日"提高了一倍。而牡丹花期调控技术日臻成熟，又使牡丹周年开花成为现实。三是牡丹文化日渐繁荣，传统名花体现出新的时代特征。目前牡丹栽培日益广泛，全国各省、自治区、直辖市均有露地牡丹，中国香港、澳门特别行政区均有牡丹应用，如牡丹花展、牡丹盆花切花销售等。牡丹国色天香、雍容华贵，是国家兴旺发达、繁荣昌盛的象征。全国人民正在中国共产党的领导下全面建设小康社会，奔向共同富裕，而牡丹花正体现着全国人民努力建设富强、民主、文明、和谐的社会主义的理想、愿望和追求。

牡丹不仅是中国人民喜爱的花卉，而且也受到世界各国人民的珍爱。日本、法国、英国、美国、意大利、澳大利亚、新加坡、朝鲜、荷兰、德国、加拿大等10多个国家均有牡丹栽培，其中以日本、法国、英国、美国等国的牡丹园艺品种和栽培数量为最多。此外，英国丘园是收集世界牡丹及芍药品种最为齐全的专类园之一。

海外牡丹园艺品种，最初均来自中国。早在公元724—749年，中国牡丹传入日本，据说是由空海和尚带去的。1330—1850年间法国对引进的中国牡丹进行大量繁育，培育出许多园艺品种。1656 年，荷兰和东印度公司将中国牡丹引入荷兰，1789 年英国引进中国牡丹，从而使中国牡丹在欧洲传播开来，园艺品种达 100 多个。美国于 1820—1830 年，才从中国引进中国牡丹品种和野生种，后来培育一种黑色花的牡丹品种。

第二节　中国牡丹发展现状

一、国内牡丹的生产现状

牡丹是我国的十大传统名花之一，被推崇为"花王"，在我国已有 1 900 多年的栽培历史，先后在长安（唐）、洛阳（宋）、亳州（明）、曹州（清至今）形成牡丹栽培中心，由于历史、经济和科技等因素的制约，牡丹仅供玩赏和中药材应用，没有充分发挥其"花王"的经济价值。改革开放以后，随着国际花卉业的兴起，我国的花卉业也迅猛发展，并逐渐成为"新兴朝阳"产业，作为中国传统花卉的重要一员，牡丹的生产开发也取得了明显的进步。目前，国内牡丹栽培数量最多、品种比较齐全的是菏泽牡丹。现在中国形成了山东菏泽、河南洛阳、安徽亳州和铜陵、四州彭州、甘肃兰州及上海、北京等集中生产栽培区域。中国牡丹正处在前所未有的飞速发展时期，观赏牡丹栽培面积约 6 666.67hm²，有 1 100 多个品种；药用牡丹以安徽铜陵、亳州、宁国等地为中心，栽培面积约 5 000hm²。

牡丹生产也带动农药、肥料、基质、设施设备等相关工业、运输行业、商业、旅游业等多个行业的发展，对当地的政治、经济和文化产生重要影响，各地纷纷致力于牡丹产业的发展，把牡丹产业作为当地的支柱产业来发展。随着市场经济的发展、生产的日益国际化和各地农业产业结构的调整，牡丹种植面积迅速增加，从 1990 年后期的不到 0.7 万 hm²，迅速发展到 2004 年的近 1.4 万 hm²。但由于我国牡丹产业化水平低，牡丹生产仍然没有摆脱传统方式的约束，个体经营规模小，科技含量低，牡丹应用范围窄，市场流通体系不健全，国内消费市场发育不完善，牡丹的增长只是靠增加项目、盲目扩大面积来实现，结果牡丹生产的主品种、产品结构雷同，造成相对过剩的生产格局，引起无序的内部竞争，使牡丹的价格迅速下滑，影响了牡丹产业经济效益的提高和整体的健康发展。

从全国来看，我国牡丹主要有以下生产区：

（1）菏泽是全国最大的观赏牡丹栽培中心。菏泽现在以其 1 116 个品种，十个花型，九大色系，0.53 万 hm² 的栽培面积而成为我国乃至全世界的观赏牡丹生产、科研、观赏中心（2005）。既有姚黄、魏紫、葛巾、玉版、二乔、墨魁、豆绿、酒醉杨妃等古老品种，更多的还是 1949 年 10 月后培育出来的新品种。菏泽作为全国最大的观赏牡丹栽培中心，走的是牡丹综合开发的路子，以旅游观赏、牡丹种苗、牡丹催花、丹皮生产为主，带动了相关产业的发展，成为菏泽农业的支柱产业。自 20 世纪 80 年代开始发展牡丹产业化以来，在牡丹发展规划、配套政策、基地建设、科研推广、市场建设等方面采取一些积极的措施，但由于种种原因，菏泽牡丹产业化水平还不尽人意，还存在着一些亟待解决的问题，制约着菏泽牡丹的发展。

（2）洛阳牡丹更是古今驰名，发展迅速。据调查，洛阳市（包括郊区）现有牡丹 110 万株，273 个品种。在市内种植的约 50 万株，其中属于园林系统的为 25 万株、246 个品种，其余 20 多万株分别种于厂矿、机关、学校，尤以东方红拖拉机厂、轴承厂、手表厂、矿山机械厂为最多。市内主要栽于王城公园、牡丹公园、植物园和牡丹研究所内。洛阳以观赏为主、种苗为辅的栽培中心。洛阳牡丹以其独特的地理位置、悠久的栽培历史也成为主要的牡丹观赏、生产基地。洛阳牡丹虽然栽培面积仅 0.1 万 hm²，品种 960 多个，但洛阳牡丹栽培历史悠久，又有得天独厚的自然条件，花期比菏泽早，总体花期长，所以洛阳发展走的是以牡丹观赏为主，苗木、催花为辅的道路，以牡丹观赏带动旅游，从而带动第三产业的快速发展。据统计，每年牡丹给洛阳带来 25 亿元的收入，而牡丹产品的直接收入仅为 1 亿多元。洛阳的牡丹产业化经营起步较晚，但发展较快，洛阳牡丹生产是以企业规模种植为主，有利于培育龙头企业。在 2002 年，洛阳市提出牡丹产业化发展战略，出台各项优惠政策，积极扶持牡丹企业发展，出现像华以集团、先农公司、林正公司、丰泉牡丹公司、土桥种苗场等一批龙头集团企业，并在这些龙头企业的带动下，洛阳市形成 6.67hm² 以上的牡丹基地 60 多个，催花基地 30 多个，专业嫁接基地 20 多个，带动农户 5 000 多家，加快了洛阳牡丹的产业化进程。为适应入世需要，洛阳 2002 年 5 月率先通过了审核的牡丹原产地地标志；1992 年在洛阳建立国家牡丹基因库，收集品种 760 多个，既保护了牡丹种质资源，又为牡丹育种奠定物质基础，并组织进行牡丹育种、组培、催花、无土栽培等方面的科技攻关，提高牡丹生产的科技含量，降低生产成本，提高产品质量；洛阳也率先制订了《洛阳牡丹种苗质量标准》《洛阳牡丹盆花质量标准》，现已成为河南省标准，有力促进了洛阳牡丹生产的标准化。现在洛阳已初步实现种植规模化、管理科学化、商品批量化、供应标准化的商业牡丹产业化格局。

（3）安徽铜陵、亳州药用牡丹为主的栽培中心。安徽铜陵、亳州的药用牡丹栽培在国内享有盛名，加上砧木用牡丹的栽培，其栽培面积在 2001 年已达 4 866.67hm²，平均每公顷年收入达 30 000 元，年总收入达 1.4 亿元。近年来又加强牡丹 GAP 中药材标准化生产认证工作，实现种苗、种植、加工的一体化经营，成为当地一项重要经济支柱产业。据报道，亳州的药用牡丹在 2005 年已达到 0.6 万 hm²，是全国最大的药用、砧木用牡丹栽培地区。

（4）重庆垫江和四川彭州以山地牡丹为特色的栽培中心。重庆垫江以其优越的气候、土壤、地形等自然条件，近 0.1 万 hm² 的栽培面积，成为著名的山地牡丹栽培中心和垫江丹皮中药材生产中心，并带动相关产业的发展，成为垫江的经济支柱产业。根据重庆市"十个百万工程"建设的总体部署，按照垫江县打造牡丹品牌的要求，计划应通过 4 年努力，建成 0.27 万 hm² 牡丹产业化基地，实现年产 200 万盆栽牡丹和 2 000 万支干（鲜）切花，成为西南地区牡丹盆栽周年供应基地和干（鲜）切花供应基地；实现年产丹皮 5 000t，成为全国丹皮供应基地；建成牡丹生态旅游区，不仅成为名副其实的"中国牡丹第一山"，从而由旅游的拉动而促进二、三产业的较快发展。四川彭州也是著名牡丹产区，以丹景山为中心种植面积达 6 667hm²，每年 4 月 10 日左右举办牡丹花会，带动当地经济、文化的快速发展。

（5）甘肃的兰州、榆林西北紫斑牡丹产业群。甘肃的兰州、榆林是我国以紫斑牡丹为代表的西北牡丹群的主产地，经过 1 000 多年的人工引种驯化，目前甘肃中部地区广泛种植着 300 多个花形丰富多姿、色彩艳丽、植株高大、气势雄伟、香气醉人的紫斑牡丹栽培品种，使原来色彩单调、花型单瓣的野生牡丹演变成驰名中外的甘肃牡丹栽培品种群，不但在国内别具一格，深受牡丹爱好者的喜爱，而且使美国、日本及西欧国家同行赞叹不已，并大批引种栽培。其耐寒，耐旱，耐盐碱，可在室外抗−40℃低温，不用人工保护而安全越冬，适合寒冷地区栽植，适于在西北、东北等寒冷地带推广种植，从而扩大牡丹的栽培区域。

我国牡丹真正意义上的牡丹商品化始于 20 世纪 80 年代，牡丹产业化始于 20 世纪 90 年代，生产面积逐年快速扩大，产值成倍增长，在国内外花卉市场中占有越来越多的份额，牡丹产业已成为花卉这个朝阳产业中发展最快的花卉之一。北京、上海、广州经济发达地区，人民生活水平高，对牡丹等花卉的需求量越来越大，成为观赏牡丹、盆栽牡丹的主要生产消费区，与菏泽、洛阳牡丹主产区联合，走集约化经营道路，强调高投入、高产出，牡丹生产也发展迅速。因此，经过多年的发展，我国几个牡丹主产区初步实现了规模化生产、批量化供应，建立了各自的商品牡丹生产基地，逐步走向牡丹的产业化经营。但产业化经营的程度比较低，还不能满足现代国内花卉生产、消费的需求，不适应国际市场竞争环境，存在产品结构不合理、经营规模小、产品科技含量低、专业化生产程度低、市场营销体系不健全等一系列问题。

二、国外牡丹的生产现状

牡丹不但深受中国人民的喜爱，也深受其他国家人民的喜爱。早在公元 8 世纪的唐开元年间，牡丹传入日本，经过长期演变，成为日本牡丹体系，现在在国际市场上占有主导地位。1787 年牡丹传入英国，1820 年引入美国，1887 年引入法国。

在国外，日本牡丹占有重要地位，日本引进中国牡丹后，经过大规模实生苗选育的方法进行品种改良，逐渐形成了符合日本民族审美心理的并适应日本气候、土壤条件的日本牡丹品种群，多为单瓣或半重瓣类型，花瓣质厚，色泽纯净而鲜艳，花茎直立，无花头下弯、叶里藏花现象。另外，日本还有许多切花及冬季开花的寒牡丹品种，其牡丹盆栽和促成抑制栽培技术也较先进。日本于 20 世纪初，开始向国外出口牡丹，日本以其先进生物技术和栽培技术，很快在国际牡丹市场中占据主导地位。日本花卉产业化经营已较为完善，这就为日本牡丹的产业化经营打下坚实的基础，使日本牡丹产业化经营发育较为完善，保证了日本牡丹在国际市场的地位。

二次世界大战期间，日本牡丹生产和出口曾一度中止，品种佚失十分严重，但现已全部恢复，每年大约生产 2 000 万株商品苗，其中 10% 以上销往美国。目前日本最大的生产基地在岛根县，栽种面积 60hm²，每年生产幼苗 135 万株，产值 2 亿 1 600 万日元；其次是新泻县，面积 15hm²，每年生产幼苗 57 万株，产值 5 000 万日元。日本约有 312 个栽培品种，其中日本品种 211 个。

欧洲于 18 世纪输入中国的牡丹，到 19 世纪中期，Robert Fortune 从我国上海向欧洲大量引种，中国牡丹在欧洲得到长足的发展。经过长期的驯化栽培，19 世纪末已经形成了一个适应当地环境的牡丹品种群——欧洲牡丹。欧洲牡丹与中国牡丹非常相似，有时被划为同一类型，实质上欧洲牡丹是中国牡丹的改良产物，它完全保留后者的性状特征，但能很好地适应欧洲的气候。19 世纪末，日本大量向欧美出口牡丹，促进了欧洲牡丹的发展，在引进日本牡丹的同时，也引入了成熟的栽培技术，并已为大家掌握，从而奠定了日本牡丹在更大范围内传播的基础，成了西方牡丹栽培的主流。19 世纪 80 年代，法国以从我国引种成功的紫牡丹和黄牡丹为亲本，培育出世界上第一批黄色的品种，其花色鲜艳且有光泽，与中国淡黄色的牡丹品种很不相同，即"Lemonine"

系列品种。法国现在约有 200 个品种，荷兰也已育出牡丹品种近 200 个，而且凭借他们先进的育种手段和强大的经济实力，每年不断育出新品种。

从 19 世纪开始，美国陆续从欧洲和日本引进中国牡丹。到 20 世纪逐渐兴盛起来，A. P. Saundens 教授及其助手以从日本引进的牡丹品种及从英国引进的黄牡丹为亲本，培育出一系列金黄、杏黄、紫黑、猩红及棕色的品种，现在已达 400 多个品种，花型多为单瓣，这极大地丰富了牡丹的花色品种。

18 世纪末 19 世纪初，中国牡丹在欧洲被驯化的过程，为欧美发展牡丹积累了经验，奠定了群众基础，也为日本牡丹向外扩散创造了契机，敏睿的日本园艺商认识到了这一点，并占领了广阔的欧美市场，从而促进和带动了 20 世纪以来日本牡丹商品化生产的持续发展，使日本牡丹在欧美一直是栽培的主流。目前近百年的高速发展，正使日本牡丹进入平台期，而牡丹将成为一种流行花卉的趋势正在国际上形成，西方民众初识中国牡丹时的热情也在回潮，为我国牡丹的发展创造了难得的历史机遇。因此，国家有关部门和牡丹产区的有关部门要认真研究对策，切实增大科研和技术投资，努力发展新生产技术，提高牡丹苗木的商品性，使新一轮的输出能给中国牡丹发展注入活力，避免再蹈只有输出而无回报的历史覆辙。

国外牡丹的种植，主要分盆栽与地植两大类。盆栽土壤以含有丰富的泥炭苔藓和腐叶土为主，移栽地里一般是秋季裸根栽种，如在其他季节，即用粗麻布把根部包成土球一起栽入土中，麻布腐烂后即变为养分供给根系。国外商业性苗圃用的繁殖方法为根接法。即把牡丹枝条嫁接到砧木强壮的根上，切口在土表下约 15cm 处。牡丹在国外也用于庭园栽植。植株高度可达 2m，花径达 20～30cm。每到暮春时节，花朵盛开，硕大无比，清香四溢，冠居群芳，虽远离故国，也大有一种"花王"的气派。

与其他花卉相比，牡丹产业的发展在国外起步较晚，规模也不大。据中国统计资料显示，2001 年世界牡丹花卉的产值为 5.2 亿美元，占世界总花卉的 1% 左右，但近年来发展较快，2001 的年增长率为 36%。国外牡丹品种类型多，切花、盆栽及寒牡丹品种均有，且花色纯正齐全，栽培技术、管理措施先进科学，切花、盆栽、促成抑制栽培技术、切花保鲜技术等都走在我国前列。国外的花卉产业较为发达，牡丹的切花、盆栽大部分是在温室里进行的，对牡丹产品生产的温度、湿度、光照等生态条件实行自动控制。一些先进的栽培管理技术得到广泛应用，如无土栽培、植株化控、病虫害生物农药防治、水肥管理采用滴灌和微喷相结合，提高了牡丹的生产效率和产品质量。国外牡丹产业化经营发育较为完善，牡丹生产的专业化、机械化、标准化程度高，大多数公司只从事牡丹产业链中某个环节的业务或只生产一种或某几种牡丹产品，高度专业化的生产，有利于专业技术的提高和先进的科学技术及管理方式的应用，提高了牡丹产品的产量和质量，也有利于实现生产的机械化，从而降低产品的生产成本。

花卉产业化经营是 20 世纪 60 年代一些发达国家兴起的一种花卉产业纵向组织经营形式，主要依靠经济和法律关系将花卉业与其相关的工商服务等行业联合而成。通过公司企业模式、合作社模式和合同生产模式将花卉生产及销售的各个环节有机结合成一个统一整体，各个环节既有明确的分工，又有有效的合作，顺利实现了生产与市场接轨。像其他花卉一样，牡丹的生产也实现了产业化经营，通过社会化的服务、专业化的生产、快速高效的市场营销体系，实现牡丹的生产和销售稳定增长。

三、我国牡丹发展中存在的问题

1. 野生资源破坏严重，优良品种资源大量流失国外，野生牡丹由于自身独特的生物学特性，限制了其在自然界中的更新和发展，而人为的影响和破坏，更使野生牡丹的生存"雪上加霜"。由于牡丹是美丽而名贵的花卉，野生牡丹是优良的育种原始材料，常常吸引各园林和林业部门，甚至国外对其大量引种。而引种栽培和养护管理措施的不当往往导致引种的失败；野生牡丹又可以采收加工成丹皮出售，成为当地农民重要的经济来源之一，一些牡丹的野外分布区，因大量采挖牡丹根，野生资源受到极大地破坏，这些均直接或间接地导致野生牡丹资源的枯竭。少数牡丹生产销售者为追求经济效益，采取低价倾销的办法，竞相压低牡丹售价，一些国内的优秀品种以极便宜的价格流失海外，不仅破坏了牡丹正常的市场销售，也给我国牡丹的发展造成不可避免的损失。因此，规范销售市场、完善销售体制既是保护多数牡丹生产者和生产企业的合法权益，也是保护我国优良种质资源、防止资源流失的重要举措。

2. 种苗生产单一化，催花品种占绝对优势，其他观赏品质佳或可用于盆栽和切花生产或 1 年可多次开花的品种类型数量极少，市场供求矛盾突出。

新中国成立前直至新中国成立初期，牡丹产区主要进行药用生产，种苗以'凤丹白''赵粉'和'盛丹炉'等可以加工成丹皮的药用品种为主。改革开放以后，特别是 20 世纪 80 年代以来，由于南方花卉市场的繁荣，对春节期间能够应时开花的催花品种需求加大，促进了催花技术的日益成熟，筛选出的催花品种也日渐增多，催花品种的种苗的需求量也随之扩大，每年年底，仅南下广东一带催花的种苗数量就可达 20 万株左右。因此，目前在山东菏泽、河南洛阳两地，基本形成了以'胡红''赵粉''紫二乔'（'洛阳红'）'银红巧对''肉芙蓉''宏图''鲁菏红''鲁粉''粉中冠'等以催花品种为主，其他非催花品种为辅的生产格局，而一大批形色兼美、适应性强、发展潜力大的品种数量极少，其中能够一次性提供 50 株以上的品种只有 60 个左右。特别是近年来，外商对我国牡丹的优秀品种需求量增加很快，这一问题就越加突出。客户需求量大的品种如'三变赛玉''冠世墨玉'等难以提供足够的数量，而'朱砂垒'等市场需求量不大的品种却比比皆是。不能按需定产是生产盲目性和无序性的主要表现，也是造成供求矛盾突出的重要原因。

3. 新、奇、特品种少，品种培育大多属近亲繁殖，无明显的优势可言；传统品种亟待复壮。长期以来，牡丹产区，特别是中原地区的新品种培育大多局限在品种群内部，以品种杂交组合为主，这样固然提高了杂交结实率，但杂交后代优良变异少，几乎无明显的优势可言。特别是近 10 年来，这一问题更加明显。杂交后代花色以紫、紫红、粉紫等占绝大多数，花型也以单瓣型、荷花型、菊花型及皇冠型居多，而纯黄、纯红、蓝及复色品种几乎没有，曲型的托桂品种也极少，盆栽、切花和寒牡丹品种也有广泛的销售市场，但这些品种的培育至今还停留在观察、选育阶段，尚无成熟的品种出现。特别是由于切花品种上的缺乏和栽培技术的落后，使我们许多该赚的外汇白白流走。盆栽品种因长期无性繁殖和栽培养护管理简单落后，普遍存在老化和退化现象，迫切需要更新和复壮。

4. 栽培管理和繁殖技术落后，新技术应用和重视不够，产品国际竞争力差。自牡丹有史可考的 1 000 多年来，我国牡丹的栽培管理措施和繁殖技术一直没有太大的变化和突破，长期以来牡丹生产者一直沿用传统的方法和技术，而传统方法的简单和落后难以切实提高种苗质量，近年来开发较成功的无土栽培技术很少在大田生产中推广，目前仅在冬季催花中少量应用，无土栽培的优势无从体现，规范化、工厂化、批量化的生产更难以实现；繁殖技术中，仍以传统的分株、嵌接、劈接占主导地位，对新的嫁接方法（贴接、芽接等）重视不够，而组织培养技术一直久攻不下，这些都造成了我国牡丹种苗品质低下，产品国际竞争力差的现状。

即使是一些优秀的品种，也难以理想的价格出售，"优质优价"无从谈起。更有的外国花商宁可出高价购买他国的优质种苗，对中国牡丹则普遍反映品种质差而不愿购买，因此我国的牡丹种苗只能凭低廉的价格在世界牡丹市场中立足。这无疑阻碍我国牡丹的发展。

5. 牡丹主产区病虫害日渐严重，经济损失较大。近年来由于长期栽培及土地的逐渐老化、退化，以及对病虫害的防治措施不力，使牡丹主产区的病虫害不但有日渐严重的趋势，而且随全国各地的引种而扩散至全国范围内。受病虫侵害的植株数量大，往往来不及救治已大面积死亡，造成重大的经济损失，其中以根腐病、茎腐病最普遍、最严重，根结线虫虽不会造成植株的快速死亡，但受害植株生长衰弱，枝细叶稀，开花少而小，甚至不开花，也将导致植株最终死亡。土壤中存留的根结线虫不仅会侵染到其他作物，而且传播病毒，引发其他病害。以上病虫害均还未找到有效而彻底的防治方法，现有的防治方法成本高，对大面积受害区来讲，人、财、物力的消耗也较大。

第三节　种植牡丹的意义与发展前景

素有"国色天香"盛誉，被推崇为中国"国花"的牡丹，是融"端庄、典雅、绚丽、幽香"于一体的名花，也是富贵吉祥、和平幸福和繁荣昌盛的象征。牡丹不仅有观赏价值，而且还具有很高的食用和药用价值。将牡丹的根加工制成"丹皮"，是名贵的中草药。其性微寒，味辛，无毒，入心、肝、肾三经，有散瘀血、清血、和血、止痛、通经的作用，还有降低血压、抗菌消炎的功效，久服可益身延寿，养血和肝，散郁祛瘀，适用于面部黄褐斑，皮肤衰老，常饮气血活肺，容颜红润，改善月经失调、痛经，止虚汗、盗汗。

随着我国改革开放的深入，市场经济的稳定发展，牡丹苗、鲜切花和冬季催花在国内外市场供不应求。单是山东荷泽市每年运往北京、上海、洛阳、广州、西安和哈尔滨大中城市的牡丹种苗就多达 100 万株；远销世界各地也达几十万株，特别是在西欧市场"牡丹热"正在迅速兴起。据统计，单是巴黎每天就需要牡丹鲜切花 6 000 打，计 7.2 多万株。牡丹不仅是名贵的观赏花卉，它的树根经加工后还是一种优良的中药材——丹皮。丹皮味辛、微寒，入心、肝、肾三经，有消炎抗菌、消热、活血散瘀、降低血压的功效，是治心脏、妇科病的良药。牡丹花瓣、花粉又是制作食品和保健饮料的上等原料。研究证明，花瓣、药粉中含有 13 种有用成分，其中 9 种具有抗癌作用，引起各界人士的关注，为牡丹业的开发利用开辟更广阔的前景。

一、牡丹种苗及绿化用苗市场分析

近年来，随着我国经济的快速发展，城市建设也日新月异，人们生活水平也迅速提高，为了改善环境、美化环境，城市园林绿化对花木的需求量也日益增加。作为我国十大名花之一的牡丹，在我国向来深受广大人民的喜爱，被推崇为"花王"，有"国色天香"之美誉，也是"国花"的强有力竞争者，牡丹走近大众园林、街头绿地，走近广大人民群众，已是大势所趋，尤其是2008年北京奥运会，作为我们国家繁育富强象征的牡丹更是必不可少。仅绿化一项，就每年需要牡丹100万株，并且以30％速度增加。若加大科研力度，培育适应不同的牡丹品种，使牡丹南上北下，西下西部各省（自治区），扩大菏泽牡丹的种植区，会成倍地增加需求。另外，培育出耐旱、耐热的街头绿化专用牡丹，也会拓宽牡丹的应用范围，拓宽牡丹消费市场。再者每年春节催花，就达100多万株，以后随着花期控制的不断完善，利用现代化的保护设施生产的催花牡丹叶花并茂，克服了以往有花无叶现象，预计国内年需求量100万盆以上。案头牡丹改变了牡丹不宜盆栽，而无法走进千家万户的局面，以小、巧、轻、雅的美姿，走向市场，预计国内市场年需求量在200万盆以上，切花牡丹的工厂化生产，也会需要大批优质的牡丹种苗。

在国际上，经过欧美对中国牡丹的引种，以及日本牡丹在欧美近百年的市场开发，牡丹成为国际流行花卉已成趋势，这必然带来更大的需求。据不完全统计，仅国外市场每年需要牡丹盆花100万盆以上，种苗3 000万株。过去我国牡丹的出口以资源出口为主，质量差，在国际市场的份额少，价格低，我们应加大科技投入，大力培养中国牡丹，提高牡丹种苗质量，变资源优势为商品优势，就会在需求逐渐扩大的国际牡丹市场中占有更多市场份额，既扩大了商品牡丹的出口，又是菏泽牡丹的一条重要销售渠道。总之，随着国内外牡丹市场的发展，牡丹种苗及绿化用苗生产有着非常广阔的市场。

二、牡丹盆花、切花市场分析

在国内，观赏牡丹的消费，主要是绿化用苗、春节及重大节日催花盆栽，应用渠道单一，供应期集中，不利于牡丹市场的进一步拓展。若使盆栽牡丹工厂化、规模化生产，结合花期控制，做到四时供应，解决花后牡丹的复壮问题就会使牡丹走大众家庭，成为牡丹消费的主力军，每年仅元旦、春节、国庆节牡丹催花仅国内就需要100多万盆，且以10％～30％的速度增加。案头牡丹以其小、巧、轻、雅的美姿走向市场，预计国内每年约需200万盆。

牡丹花大色艳，水养持久，自古就是插花的好材料，国外的牡丹消费主要就是进行牡丹的切花生产。据报道，仅国外每年就需要牡丹、芍药鲜切花在3 000万枝以上。在国内，随着我国经济的快速发展，人们生活水平的不断提高，对切花的需求会快速增长，在国外切花销售占花卉总销售的50％以上，所以国内对切花牡丹的需求会有更大增加。但是，我们还没有选育出适合出口的专用切花牡丹品种，还没有解决牡丹切花工厂化生产及牡丹切花贮存、运输中保鲜的技术难题，不能做到四季按需供花。若加大科研投入，尽快解决牡丹切花生产的技术瓶颈，牡丹切花市场将是一个更为广阔的牡丹消费市场。

三、牡丹中药材市场分析

牡丹的应用最早是从药用开始的，《神农本草经》中已有记载。药用部分是牡丹的根皮，称为丹皮，四年生药用牡丹每公顷可产商品丹皮 6 000～9 000kg。丹皮中含有多种药用成分，主要药用部分是牡丹酚（$C_9H_{10}O_3$），具有抗菌消炎、镇静镇痛、降血压、抗痉挛等功效，是主要的中药材，每年有大量生产，供应国内外需要。丹皮全国年需求量在 290 万～750 万 kg，每年出口量在 40 万～60 万 kg，是 40 种大宗药材品种之一。菏泽也是丹皮的重要生产基地，主要是出售中药原材料，通过按照 GAP 标准加强药用牡丹基地建设和生产技术规范，生产出达到 GAP 标准的绿色高质量的丹皮产品，扩大市场竞争力和出口量。若通过科研攻关，招商引资，进行以牡丹皮为主的中药材深加工，将大大增加丹皮的附加值，扩大牡丹皮的需求，进一步促进菏泽牡丹的产业化发展。

四、牡丹深加工产品市场分析

牡丹不但可以绿化、盆栽、切花，而且也可通过加工制牡丹干花，用于插花等花卉装饰工程，有着广阔的销售前景，也可以使大田开放的牡丹花得以利用。1999 年 12 月，"牡丹花有效成分提取工艺放大及应用实验"通过了山东省科学技术委员会的鉴定。这一新技术是通过提取牡丹花中的天然有效成分，为生产化妆品、保健品、医药、香精提供原料。2002 年，利用牡丹花提取的牡丹香精油、牡丹黄酮生产"天霞"花妆品，开启了菏泽牡丹产业向深加工和精加工方向发展的新篇章。山东省菏泽牡丹保健品有限责任公司通过引进中国中医研究院最新科研成果，与中国药材公司共同开发出新型保健品——牡丹保健茶（袋包），此产品是采用现代科学方法提取牡丹根皮的有效成分，使用具有除痰消脂的绿茶为载体精制而成，具有活血化瘀、滋补肝肾、化痰祛湿的功效；山东天生药业有限公司（鄄城县）与中国中医研究院合作，利用牡丹花开发出具有美容、安神、养血、调经、降压之功效的"牡丹花茶"，对中老年人特别是妇女保健尤为有益，两个项目均有着广阔的开发前景。牡丹花还可以酿酒，花瓣和花粉可以食用，有丰富的营养价值，可以作为食品工业的重要原料。随着牡丹深加工工艺的完善，开发更多的牡丹产品，加强对牡丹的综合利

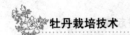

用，也会进一步增加对牡丹的需求。

牡丹全身都是宝，有着广阔的开发前景，加快菏泽牡丹深加工产品的开发，积极推进菏泽牡丹规模化、产业化的发展。

牡丹是一种名贵的观赏、药用植物，需要较严格的栽培技术条件，从育苗到栽植管理的技术措施是否科学得当，会直接影响到植株的正常生长发育和寿命长短。为此，必须根据牡丹的生长发育特性和不同的栽培用途而进行精心科学的管理。本书以栽培技术为重点，简述各项管理措施。

第四节　牡丹育种方向

一、育种方向

俗话说："有的放矢""对症下药"，正确的育种方向是牡丹新品种培育成功的前提和关键。育种工作切忌盲目和随意，就中国牡丹发展的现状及国际市场的需求看，牡丹育种应侧重于以下几个方向：

（一）提高观赏品质

（1）丰富花色，增加花色种类。花色是牡丹观赏品质的重要方面，虽然我国牡丹白、粉、红、紫、蓝、黄、黑、绿八大色系俱全，也有复色品种，但黄色品种不仅种类少，而且色泽普遍偏白，较淡，盛开后更趋于白色，红色、蓝色和黑色也并不纯正，更偏于红紫、蓝紫和深紫色，红色品种也仅有'种生红'是真正纯红色的，纯白色的品种也不占优势，复色品种就更少了。因此，丰富花色可谓是当前育种的首要任务。

花色育种包括两个方面的内容：一方面不仅要丰富单一花色，而且要求单色花色泽细腻而清纯，色正而杂色少，着重增加黄、黑、蓝、红、绿，以及其他如棕色、金色系列的品种。我国珍贵的野生资源大花黄牡丹、紫牡丹、黄牡丹、狭叶牡丹、四川牡丹、卵叶牡丹等具有优良的花色基因，正是培育这些花色的原始育种材料，国外目前已有了纯黄、橙黄、杏黄、棕黄、紫黑及棕黑系列的品种，因此我们必须迎头赶上。另一方面要增加一株一色或多色、一花二色或多色的品种也是十分必要的。

（2）在培育花型端庄、丰满、花径大的品种的同时，还要着手培育花径小而开花量大的品种，因为不同的人往往喜爱不同的花型，但普遍对半重瓣、重瓣类花型较为偏爱。在国外多喜爱单瓣及半重瓣类（菊花型、蔷薇型等）花型，对单瓣类花型则要求花形端正、花瓣挺直、不下垂、不变形。中国人传统观念上的大而丰满的花型仍很受欢迎。近年来，花小而多的品种也较有市场，这类花朵小巧而密集的品种极适合做盆栽、案头及盆景之用，发展潜力很大。

（3）株型多样化包括两个方面：一方面要求株型高大、挺拔、丰满、开花繁茂，适于庭院及专用绿地的绿化和美化，以做孤植、对植、丛植及列植等。西北品种群在这方面优势突出，可重点选育。另一方面从产品微型化的角度考虑，要求培育出一批株型低矮、小巧，年生长量小，根系细、短而多，适于盆栽、案头及盆景。这一类株型可以从中原品种群中重点选育。

（4）花香、花色、花形俱美。"国色天香"是牡丹的特色，不同品种群韵牡丹均有程度不同的香味，但在育种中突出花香尚未引起足够的重视，其实牡丹不同品种的花香各异，有些品种的花香虽沁人心脾、醇厚浓郁，却失之于形、色；有些品种虽形、色兼美，但失之于香。因此，选育清香沁人或芬芳馥郁且花形、花色俱美的品种也十分重要。

（5）培育有观赏价值的"芽牡丹"和"叶牡丹"。早春牡丹萌发时，幼芽颜色、形态各异，特别是芽色，呈紫红、褐红、红、紫、碧绿等，深深浅浅，或被毛或光滑，不仅是早春识别牡丹品种的依据，也为早春的牡丹园增添了迷人的景色，日本人已培育出了早春观芽的"芽牡丹"。近年来，牡丹品种的叶色变异十分丰富，一些品种叶片紫红，一些则青翠碧绿，还有个别品种在同一株上甚至在同片叶上出现紫红和碧绿的颜色，兰州和平牡丹园甚至选育出了黄缀相间的花叶品种。芽和叶虽然不是牡丹的主要观赏器官，但选育一些观赏价值高的"芽牡丹"和"叶牡丹"也十分有意义。

它们使人不仅能观赏到牡丹美丽的花朵，同时也可以在花前、花后欣赏到牡丹的另一番风采。特别是叶色紫红的野生原种卵叶牡丹被发现，更使培育紫色叶的观叶品种成为可能。

（二）延长花期

牡丹由于中花品种较多，给人以花期过短、过于集中的印象，常有人叹惜牡丹"养花一年，看花十日"。因此，延长牡丹韵花期一直是牡丹生产和科研工作者的希望。在品种选育中，一要对花期特早或特晚的品种给予重点培养；二要重点选留一些单花花期持续时间长的品种，或没法延长现有品种的单花花期，"双管齐下"，以使牡丹的整体花期在原有基础上再延长 10～15 天。

有些品种的花香虽沁人心脾、醇厚浓郁，却失之于形、色；有些品种在现有栽培牡丹中如遇秋季"小阳春"气候，也常会萌芽、开花，谷雨时节形成 1 年 2 次或多次开花的现象。特别是江苏盐城的枯枝牡丹，每年不仅春季开一次花，有时在当年 10～12 月份，甚至在翌年 1～2 月份也能够开花。因此，应在探索诱发这一现象的内外部原因的基础上，选育出每年能稳定地于秋、冬季节

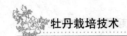

两次或多次开花的寒牡丹，也是延长牡丹花期的重要内容。

（三）增强抗性

（1）培育抗湿热、抗干燥寒冷、抗温度骤变性强的品种，这是促进牡丹北上和南移的基础，也是进一步扩大牡丹栽培分布的必要条件。

第一，利用野生资源中耐湿热性强的杨山牡丹及现有的江南、西南品种并有目的地选择观赏品质好的其他品种分别做父母本，培育出观赏性和抗湿热性俱佳的品种，对增加适应在我国江南及西南地区栽培的品种数量、品种较为单一的现状，以及扩大牡丹在长江流域及华南地区的影响有十分重要的意义。

第二，紫斑牡丹和西北品种在我国牡丹资源中最耐寒、耐旱、耐干燥气候和瘠薄土壤，充分利用这一资源，开展逐步引种驯化工作，进一步增强其抗性，对改变我国寒冷、干燥（旱）、土壤瘠薄的"三北"地区的绿化面貌必将发挥重大的作用。

第三，在环境温度骤升或骤降的情况下，仔细观察抗性强的品种，对选育抗倒春寒、抗骤热的品种很有意义。

（2）培育抗病虫害能力强的品种。由于长期的连作栽培及养护管理不当等原因，加之全国各地的引种，目前牡丹主产区的病虫害不但有严重的趋势，而且逐渐向各地扩散，其中以腐烂病（根腐病、茎腐病）和根结线虫病最为严重。植株发病后，不但观赏品质下降，而且由于防治周期长、成本高，往往造成人、财、物的重大损失，因此选育抗病虫害能力强或增强现有品种的抗病能力十分重要。

（3）培育抗城市大气、土壤污染，抗噪音，耐粗放管理的绿化品种，让牡丹走进公共绿地。

牡丹虽好，但人们大多只能去公园、植物园中的牡丹、芍药专类园或厂矿、机关等的专用绿地观赏，在公共绿地中却难觅芳踪。目前，仅河南省洛阳市将其用于少数街道的绿化，甘肃省兰州市将其用于街心花园，在号称"牡丹之乡"的山东菏泽，市区竟不见一株牡丹，即使在首都北京，人们也难以在路边、街心花园、立交桥旁一睹牡丹的风采。因此，培育一批开花繁茂、色泽鲜艳、生长健壮、繁殖容易、耐粗放管理，且对城市的大气、土壤、噪音污染抗性强，并能发挥一定空气净化作用的品种，对丰富城市绿化树种，使"牡丹上街"的设想得以实现有积极的意义。

（四）培育满足不同栽培目的的品种

目前，牡丹切花在国际市场上十分热销，因此选育一些年生长量大、萌枝力强、花型适中、花色可人且水养期长、耐贮运、耐冷藏的切花品种迫在眉睫，这也是我国目前较为缺乏的栽培类型。此外，用作微型盆栽的品种，适于催延花期的品种，砧木专用品种，观赏、药用俱佳的品种及主根粗肉厚，出根率高，品质好的专用及药用品种等都有广泛的发展前途。出于缩短育种周期、加快育种进程、提高育种效率的目的，也需要选育一些播种繁殖容易、出苗快且实生苗开花的品种。

二、育种途径

一般来说，任何花卉育种均要经过以下几个程序：首先选定育种对象，确定育种目标。各地可根据具体情况，有针对性地考虑当地资源、市场供销情况和育种者自身优势，确定重点选育或改良哪些性状。其次就要收集育种的原始材料，原始材料是指在育种过程中，可以利用的种质资源，包括野生原种、传统品种及新品种等，没有丰富的原始材料就谈不上培育优良品种，这是育种的物质基础。第三是通过对这些原始材料进行整理、分类，研究其生物学特性，在此基础上，进行引种驯化、杂交或自交、辐射或化学诱变、多倍体处理及现代的遗传工程技术等多种育种手段，创造出丰富而广泛的变异。最后，可以从那些变异广泛而丰富的后代中，选择出有利的、符合育种目标和方向的变异或优良的性状组合，通过无性或有性繁殖将其扩大到一定数量，再对这些后代不断观察和对比，若它们所具有的优良性状能够稳定一致地遗传或保持下来，符合新品种的新颖性、特异性、稳定性、一致性的要求，即可申报新品种，开展良种繁育及推广工作。

牡丹的育种也基本遵循上述途径，其中第三步是实现育种目标的必要环节，它包括牡丹育种的方法和手段。在牡丹育种中，以杂交育种和选择育种较为常见，其他方法也有运用。

（一）杂交育种

杂交育种是指通过两个遗传性不同的个体之间进行有性杂交获得杂种后代，继而在后代中通过选择而培育出新品种的方法。它不仅能将 2 个或多个种品种的优良特性和特征结合起来，产生巨大的杂种优势，使后代表现出超越亲本的优良性状，而且通过杂交还可以将野生种（类型）的某个优良性状转移到栽培品种中来，因此杂交成为目前牡丹育种的主要方法。

1. 自然杂交 让植株自然授粉、结籽，不经过选配亲本和去雄、套袋的过程，于秋季采摘成熟种子，播种 3～5 年后，从开花的实生苗中选择具有优良性状的后代，经反复评选、观察而育成新品种的方法，也有人称之为实生选种。这是我国劳动人民自古就采用的方法，该法在育种工作初期较为行之有效，山东菏泽、河南洛阳、甘肃兰州等地都通过这一方法育出一批新品种。

但自然杂交盲目性大，基本上是被动地等待变异的产生，特别是长期的、大量的自交之后，已难以从实生群体中发现有较大变异的后代，具有目标性状的变异后代产生的概率也很低，新颖性和特异性大大减弱。例如，长期自然杂交的后代，花色多为紫红、紫、粉红色，变化较少，黄、蓝、绿、纯红、黑及复色品种极少，甚至没有。因此，长期依赖自然杂交培育新品种难以产生较大突破。

2. 人工杂交 这是经有目的地选配亲本，用人工授粉的方法获得杂种后代，再从中培育新品种的方法。这是实现育种目标的重要手段。它包括确定育种目标、合理选配亲本、人工杂交授粉获得杂种种子及培育并选择杂种后代四个过程。

在明确育种目标后，选配适当的亲本十分重要。首先亲本必须生长健壮、无病虫害，父本不可选择雄蕊退化或瓣化、花粉粒畸形或败育的品种，母本不宜选择雌蕊发育不全或瓣化、胚珠败育的品种。一般以花粉粒多、发育完好的品种做父本，结实力强的品种做母本，父母本一方或双方一定要具有目标性状，且两者的优良性状能够彼此互补作为亲本选配的原则。值得注意的是，通过对牡丹主要性状遗传规律的多年观察后发现，杂交后代较多地表现出偏母遗传的规律，母本的性状对后代影响较大，因此选配亲本时，母本应更多地带有目标性状。

在花色育种中，可按"加色"或"减色"的方法来选配亲本。对一些特殊花色的育种，只有选择具有这种花色的野生种或品种进行杂交，再通过对杂交后代的选育而得。如欲培育出黑色品种，父母本可选择黑色（墨紫色）系的种或品种，杂交后代的花色会更黑，如'冠世墨玉'就是'黑花魁'和'烟笼紫珠盘'的杂交后代；如欲得白色品种，则父母本均应选择白色的品种或野生种。如用金黄色或黄色的种或品种与红色的种或品种杂交可行橙色系列的后代，与墨紫色的种或品种杂交可得棕褐色系列的后代等。

人工杂交授粉包括母本去雄、套袋、父本花粉采集、授粉、授粉后的管理及种子采收。

母本去雄、套袋：经观察发现，牡丹虽为异花授粉植物，但紫斑牡丹栽培品种（属西北牡丹品种群）有2%~18%的自交结实率，而中原牡丹品种的自花及同品种内异花授粉完全不育；'凤丹'系列的品种则有20%左右的自交结实率。根据这一观察结果，母本为中原牡丹品种时，可省去雄和套袋工作，从而大大减轻工作量；当选用西北牡丹或'凤丹'系列的品种做母本时，则要经过去雄这一步。

去雄就是将母本的雄蕊在成熟之前去掉。此时，花瓣变松，花蕾含苞欲放，花药呈黄绿色尚未破裂。一旦开裂，即表明雄蕊已经成熟，此时再去雄已晚。去雄时，用镊子将雄蕊垒部剔除，注意要夹花丝，不要夹花，以免弄破花药使花粉散出。操作时要小心，切勿碰伤雄蕊的柱头。如果是不同的母本，每去一次雄，都要用70％的酒精消毒，以免污染花粉。为防止除父本外的其他花粉参与授粉，去雄后，要立即套上硫酸纸袋，并挂上标签，写明去雄日期、操作者姓名和母本名称。注意，袋子的大小要给花朵的开放留有空间。

父本花粉采集：对选定为父本的植株，在其含苞欲放时，也应套上硫酸纸袋，以避免其他品种花粉混入而导致花粉污染。花粉采集的最佳时间为上午9～12时，以当天开放的花朵最好，如果花药过于成熟，花粉粒的生命力则大大降低。花粉采下后，应尽快授粉，如果雌蕊柱头还未开始分泌黏液，则可在阴凉处暂时存放，一般可保持生命力3～5天，若将整个花蕾在花药还未破裂时采下，用吸水纸和保鲜膜包好，置于0～4℃条件下，防止发霉，可贮存20～30天，但生命力则会随贮存时间的推移逐渐减弱。一般实生苗的花粉远较长期营养繁殖苗的花粉贮藏期长，且生命力也较强。

授粉：当母本的花瓣完全张开时，就进入了盛花期，此时牡丹的花径最大，花型、花色最典型，柱头上也开始分泌大量黏液。从外观上看，柱头发亮，时间历时3～8天不等，这时即为人工授粉的最佳时期。授粉时间以晴天上午9～12时现采花粉发现授粉最好。操作时，用毛笔或授粉棒蘸取父本花粉，轻轻涂抹在母本的柱头上。为保证授粉成功，在第一次授粉后的几天内，最好再连续授粉2～3次，每次授粉后要立即套袋，并标明父本名称、授粉日期及次数。授粉用具在每授完一个组合后更换或经70％酒精消毒后再授第2个组合。

在授粉过程中，多父本混合授粉是常用的方法，即将2个以上品种的花粉混合后，给同一母本授粉，这一方法省时、省力、结实率和杂种苗出苗率均较高，杂种后代的变异较单父本杂交更丰富，可供选择的余地较大，但育出的新品种往往不知道确切的父本，花色也不够纯正，淘汰的比例较大。

为创造更多、更丰富的变异，获得杂种优势更强的后代，对牡丹进行不同品种群之间、不同种之间、不同亚组之间，甚至在牡丹组与芍药组之间进行远缘杂交是十分必要的，但亲缘关系较远的情况下杂交难以成功。因此，克服远缘杂交不孕，提高杂交结实率和杂种种子成苗率十分重要。一般较常用的方法如下：

（1）花粉蒙导法：将母本的花粉经高温杀死后，与父本花粉混合，使已死亡的母本花粉的花粉壁上的蛋白酶蒙蔽柱头上的识别蛋白，抑制因子失效，父本花粉得以萌发。也可以在母本柱头成熟前，先授一次父本花粉，增加柱头蛋白和花粉蛋白的亲和力，待柱头开始分泌黏液时，再多次授以父本花粉。

（2）处理柱头法：在授粉前后，向母本柱头上喷父本柱头的浸提液，或喷一定浓度的硼酸或激素，以促进花粉的萌发，提高柱头蛋白亲和力。也可以将母本柱头甚至花柱去除，直接将花粉授在柱头或子房上，甚至用注射器直接把花粉注入子房内。

（3）杂种胚离体培养：有时即使能够受精，但受精后，胚乳不发育，因而也不能正常结实。因此，可以通过杂种胚离体培养来解决这一问题。

（4）通过栽培措施调节花期：有时杂交亲本花期不遇，特别是牡丹组和芍药组远缘杂交时，花期不遇便是首先要克服的障碍，可以用催延花期的栽培技术措施来调整两者花期，使其基本同时开放。兰州和平牡丹园将牡丹种植于海拔较高的山区，以推迟花期，再与园内的芍药杂交的方法也很可取。另外，也可以利用我国南北不同地域物候期的差异采集花粉异地授粉。

（二）选择育种

植物在生长发育过程中由于基因突变、染色体的结构和数目及细胞质基因等的变异，会引起表现型上的变异，通过人为地对这些表型变异进行选择、提纯和比较鉴定而获得新品种的方法，称为选择育种。变异是选择育种的基础，没有变异就谈不上选择。

牡丹选择育种的途径很多，其中芽变选种是牡丹育种的古老方法之一，牡丹有不少的古老品种就出自于芽变，"潜溪绯者……本是紫花，忽于丛中时出绯者，不过一二朵。明年移在他枝，洛人谓之转枝花"（宋·欧阳修《洛阳牡丹记》）。这一方法，至今仍在牡丹育种中广泛采用。

牡丹的芽变选种至少要满足 3 个条件：第一发生了变异；第二变异是有利用价值；第三变异可以分离、固定。当植株受到外界环境刺激（如病虫害损伤、温度骤变等）和栽培技术的影响以及在个体新陈代谢发生变化时，都可能引起体细胞的突变，使某些芽条的外部形态或整个植株的生理特性发生变异。发生变异的芽条一经发现，且变异的性状有利用价值，就要及时用分株、嫁接、扦插或压条等无性繁殖的方法分离母株加以固定。如果不及时分离，变异的性状还有可能恢复。对分离固定后的芽条还需进行连续地培育和观察，如果性状稳定且优于原有性状，在扩大到一定数量后，即可作为新品种申报。如中原品种'玫瑰红'就是于 1971 年从'乌龙捧盛'的芽变中获得的。'大棕紫'

'少女裙''首案红'等品种中都曾发现过芽变的现象，但芽变产生的性状并不优于原株，即使分离、固定也没有培育成新品种的价值，这时芽变选种也没有什么意义了。

（三）辐射育种

牡丹的辐射育种是指利用放射性同位素或激光处理牡丹的种子、植株或芽体，诱导其发生突变，然后在后代中选择符合人们要求的类型，继而加以培养和繁殖，从而获得新品种的方法。

山东农业大学和山东菏泽赵楼牡丹园曾先后两次分别对牡丹种子的植株用放射性同位素钴 60，进符 7 射线处理，由于剂量不当，未能诱导出理想的变异。但从两次实验的结果来看，$1.03×10^{-2}$C/kg 左右的剂量为临界剂量或半致死剂量，超过 1.29C/kg 即为致死剂量。

辐射诱变在牡丹新品种培育和品种改良中应用较少，尚未产生出新优品种，但该方法仍不失为有效的育种方法之一。

除上述方法之外，还可以采用多倍体育种等方法。近年来，基因工程和细胞工程技术发展较快，相信这些技本在牡丹育种中也必将大有用武之地。

第二章 牡丹种质资源与文化

第一节 牡丹简介

一、概述

牡丹别名：洛阳花、富贵花、花王、木芍药等。

科属：芍药科，芍药属。

学名：*Paeonia Suffruticosa*。

原产地：中国。

牡丹是中国洛阳、菏泽、彭州、铜陵、牡丹江市的市花。每年 4 月 11 日至 5 月 5 日为"中国洛阳牡丹文化节"。牡丹在中国被称为花之富贵者也。

牡丹花语：花型宽厚，被称为百花之王，有圆满、浓情、富贵、雍容华贵之意。生命，期待，淡淡的爱，用心付出。高洁，端庄秀雅，仪态万千，国色天香，守信的人。

概述：牡丹为我国特产名花，它那丰满的花容、烂漫的姿态、绚丽的色彩，自古以来被尊为花中之王，有"富贵花"之称。长期以来，我国人民把它作为幸福美好、繁荣昌盛的象征。我国牡丹栽培历史悠久，在唐朝已是皇宫中珍贵的花卉，在骊山专门开辟了牡丹园。牡丹现为我国十大名花之一。

二、形态特征

牡丹是落叶灌木，茎高达 2m，枝多而粗壮；叶通常为二回羽状复叶，互生，小叶阔卵形至卵状长椭圆形，长 4.5～8cm，先端 2～3 枝顶，裂片不裂或 2～3 浅裂，表面绿色，无毛，背面浅绿色；花单生枝顶，花大型径 10～20cm，花梗长 4～6cm。花型有多种，花色丰富，有紫色、深红色、粉红色、黄色、白色、淡绿色等；雄蕊长 1～1.7cm，花丝紫红色、粉红色，上部白色，长约 1.3cm，花药长圆形，长 4mm；花盘革质，杯状，紫红色，顶端有数个锐齿或裂片，完全包住心皮，在心皮成熟时开裂；萼片 5，雄蕊多数，重瓣种雄蕊及雌蕊因瓣化的程度不同多不显现；蓇葖果成熟开裂，外部密布黄褐色绒毛。成熟时开裂，种子大，圆形或长圆形；黑褐色。根肉质，粗而长，分枝少，须根亦少，根皮和根肉色泽因品种而异，常作为鉴定品种的主要依据之一。

花期4月下旬至5月；果期6月。根为肥大的肉质根，用种子繁殖的主根比较明显；用分株、嫁接繁殖的主根不明显，一般深入地表下30～60cm，长者可达90cm以上。

牡丹原为山中野生的花木，其株形、花色、花形都比较单一，花部构造也很简单，仅有单瓣花，具花萼5枚；花瓣5～11枚，雄蕊多数；离生心皮5枚。而现在的栽培品种，发生了巨大变化，不仅因花瓣增多形成了半重瓣和重瓣花，而且花色多，花型丰富，花期有早有晚。在株形、分枝习性及生命力和抗性上也都与原来的野生种大不相同。在不同品种间也有明显差异，主要表现在以下几个方面：

（一）株型

因品种不同，牡丹植株有高有矮、有丛有独、有直有斜、有聚有散，各有所异。一般来说，按其形状分为5个类型：

1. 直立型（图2-1）　枝条直立挺拔而较高，分布紧凑，展开角度小，枝条与垂直线的夹角多在30°以内。节间较长，新生枝年生长量在10～15cm，一般五年生株高40～50cm，高者达1m以上。如'首案红''紫二乔''姚黄'等。

2. 疏散型　枝条多疏散弯曲向四周伸展，株幅大于株高，形成低矮展开的株形，枝条展开时与垂直线的夹角多在45°以上，新枝长，较软。如'赵粉''守重红''山花烂漫''青龙卧墨池'等。

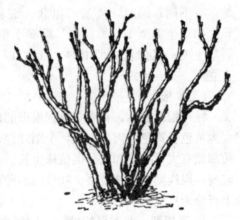

图2-1　直立型

3. 开张型（图2-2）　枝条生长健壮挺拔，向四周斜伸开张，角度在上述两者之间，株形圆满端正，高矮适中，新枝年生长量6～8cm，一般五年生株高在30～40cm。如'状元红''银红巧对''金玉交章'等。

4. 矮生型　枝条生长缓慢，节间短而叶密，枝条分布紧凑短小，年新枝

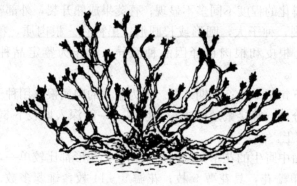

图 2 - 2　开张型

生长量为 2~4cm，一般五年生株高 15cm 左右。如'美人红''罗汉红''海云紫'等为代表。

5. 独干型　多为人工培植的艺术造型，具有明显的主干，主干高矮不等，一般在 20~80cm。主干上部分生数枝，构成树冠（有的无树冠），形态古雅，酷似盆景，生长较慢，一般成型期需 8 年以上。如'十八号'等。

上述每一植株类型中，因植株品种不同，其直立程度、高矮、斜伸角度等亦有不同；同时，枝条的粗壮、细弱、硬挺、直弯等也有不同程度的差异。如矮生类型中'罗汉红'即属于粗壮矮生型，而'出梗夺翠'则属于细弱矮生型；又如直立型中的'首案红'属粗壮直立型，'姚黄'则属于细硬直立型。

（二）根

牡丹根系发达，具有多数深根形的肉质主根和侧根。初生根始为白色，渐变为黄色至褐色，肉质白色，个别红色，肉质中心木质化，俗称"木心"。肉质部储有大量养分和水分供植株生长，一般来说，根深的植株枝叶茂盛，植株较高；根浅则枝短株型矮。牡丹因品种不同，其根型、数量也不一致，但大体上可分为三类：

1. 直根型　此类型的根深（四年生的牡丹根可入土 80cm 以上），但根条稀疏，没有明显的主根，仅有几十条粗细均匀的粗"面条根"，根光滑、皮白，根上极少分生小根，根（加工后称"丹皮"）产量高，质量好。如'凤丹''赵粉''二乔''墨魁'等。这类牡丹多为药用兼观赏用品种。

2. 坡根型　此类根条粗细长短不一，分生侧根较多，交叉生长，俗称"鸡爪根"，多数入土较浅，斜坡角度大。如'青山贯雪''白玉''黄花葵'等品种，此类牡丹产丹皮质量、产量低于直根型，不适于药用栽培。

3. 中间型　此类根条稀密适中，无明显主根，生有多数粗细匀称、根皮光滑的"面条根"，平均入土深度在 70～80cm，如'种生黑''姚黄'等，既可观赏，又可药用。

（三）芽

牡丹的芽外由 6～8 枚鳞片所包，所以牡丹芽又称"鳞芽"。牡丹以鳞芽越冬。牡丹的芽按功能和分化程度分为花芽、叶芽、潜伏芽和不定芽 4 种。

1. 花芽　牡丹的花芽为混合芽，能抽枝、长叶、开花。着生在枝条顶端的称为"顶生花芽"，开过一次花的枝条，花茎便自行干枯回缩一段。着生在干枯花茎下部的叶腋间的花芽称为"腋生花芽"或"侧生花芽"。花芽一般都比较肥大饱满，剥除鳞片，可见"花胎"（即鳞芽内部的幼小花蕾）。

2. 叶芽　叶芽只抽枝长叶，多数着生在花芽下部的叶腋间，也有着生在枝条顶端的，较花芽瘦小，萌发后发育成枝条。

3. 潜伏芽　潜伏芽着生在新枝的最下部，形状瘪小，如粟粒，俗称"狗鳖"。平时不萌发，在花芽、叶芽或枝条受伤后才能萌发，其寿命较长，可维持 10～15 年之久。

4. 不定芽　着生在根茎处的芽叫做"不定芽"。出土后抽生为萌蘖枝，俗称"土芽"。不定芽萌发力特强，是接穗、更新老枝（股）和增加新枝的主要来源。不定芽当年不开花，生长旺盛者，在顶部当年可发育分化形成花芽，翌年开花。

牡丹芽因品种不同其形状、颜色等方面均有差异，形态百出，各有特征。大体上有圆锥形、珍珠形、扁圆形、长锥形、鹰咀形等；各形状之间又有大小、鳞片的多少、芽质瘪瘦和虚实等差别；颜色也有青绿、黄绿、土红、土黄、银灰、棕褐和不同程度的紫红色等；另外，还有花色和混合色，是秋季分辨品种的主要依据。因此，单靠芽的形状、颜色等很难识别牡丹的品种，需靠长期耐心细致地观察，才能掌握每一品种鳞芽的特性。

（四）分枝

因当年生新枝上节间长短不同，着生芽数及新枝萌发力强弱也不同，分枝的习性也有明显差异，但分枝上有以下类型：

1. 单枝型　当年生新枝节间长，着生芽较少，仅在基部 1～2 节部位或第 1～3 节部位上生芽，并且在这些新芽中，当年仅有一芽萌发成为当年生新枝，该类型一般株高枝稀，如'姚黄'等。

2. 稠枝型　当年生新枝节间短，着生新芽较多，一般 3～5 个，新芽发枝力强，每个新芽在当年都能抽出形成短枝，枝多较稠、丛生。这类品种的植株一般较矮，分枝密。如'瑛珞宝珠''丹炉红''脂红'等。

（五）叶

牡丹叶互生，由叶片、叶柄组成。叶形、大小、色泽、质地等因品种而异可分为以下类型：

1. 大形圆叶型 全叶大而圆，长 40cm 以上，宽 25cm 以上，小叶宽大，圆钝而肥厚，呈广卵形或卵形；侧小叶边缘缺少；叶面多平展。如'王红''大胡红''墨魁''首案红'等。

2. 大形长叶型 全叶大小同前，但小叶较狭长，呈长椭圆形，质较薄，边缘缺刻少而尖，叶较稀而平展或下垂，如'银粉金鳞''冰凌罩红石'等。

3. 小叶圆叶型 全叶较小，长 20～30cm，小叶短而厚，边缘缺刻少而圆钝。如'葛巾紫''蓝田玉''美人红'等。

4. 小形长叶型 全叶大小同上，但小叶较狭，边缘缺刻尖而上卷。如'脂红''烟龙紫'等。

5. 中形叶型 全叶中等大小，长 30～40cm，小叶长椭圆形，边缘缺刻多且较尖，又上卷，叶多斜伸。如'假葛巾紫''状元红''大棕紫'等。

另外，还有特殊的叶型。如"三奇集盛"，每个叶柄上只生 3 枚不规律的圆形叶片，比一般品种少 2/3，为二回一出复叶；又如'肉芙蓉''大棕紫'，每一叶柄上着生三组叶片，分为顶五后六，共 11 枚小叶，比一般品种多两片。

牡丹叶的颜色以绿色、黄绿色为主，个别品种的叶有深浅不同程度的紫晕；有的叶面上还缀有紫色或黄色的斑点；叶背面多为灰绿色和浅灰色，个别的品种（如'鹤白'）茸毛特别多。

（六）叶柄

牡丹的叶柄有粗细、硬软、长短之分，长者可达 40cm，短者不过 10cm；叶柄凹处多为暗紫、紫红、灰褐、黄绿等不同颜色。叶柄的长短，特别是叶柄和枝条夹角的大小因品种不同差异较大，同时对花的观赏价值影响也较大，叶柄与枝夹角大，叶面平展或下垂，叶也较稀，如'墨魁'，花朵均着生在叶丛之上，形成花美叶秀、相得益彰的观赏价值；相反，叶柄较短，叶柄与枝条夹角较小，因枝叶紧密，花朵常藏在叶丛中，造成"叶里藏花"现象，大大降低了观赏价值。

（七）花

牡丹花大色艳，品种繁多。有的品种花器齐全，萼片、雄蕊、雌蕊发育正常，如'似荷莲''凤丹白'等；但有的品种雄、雌蕊瓣化或退化，形成了多姿形美的花型，五彩缤纷的花朵。

根据花瓣层次的多少，传统上将花分为：单瓣（层）类、重瓣（层）类、千瓣（层）类。在这三大类中，根据花朵的形态特征分为葵花型、荷花型、玫瑰花型、半球型、皇冠型、绣球型（传统上把皇冠型和绣球型称为起楼）六种花型。这种分类方法比较直观地反映了花朵的各种变化形态。

（八）果实种籽

单瓣花结骨果五角，每一果角结籽 7～13 粒，种籽类圆形。外果皮始为绿色，有毛，成熟时为蟹黄色，种籽为黄绿色，过熟时果角开裂，种籽为黑褐色，每千克可称干种 2 400～3 000 粒。重瓣花一般结果 1～5 角，但种籽仅有部分成实，或完全不实；千瓣花类不结果和籽。

三、生态习性

牡丹原产于中国西北部地区，野生分布于甘肃、陕西、山西、河南、安徽等省（自治区、直辖市）的山地或高原上。这些地区气候特点一般春季干旱而少雨，夏季多雨而凉爽，冬季比较寒冷。牡丹长期生活在这样的自然环境中，便产生了对此环境的适应性，从而形成了性喜凉恶热、宜燥惧湿而具有一定耐寒性的生态习性。因此，在我国黄河中下游地区（年平均温度 12～15℃）广泛栽培，生长良好，冬季可以露地越冬。适宜在疏松、深厚、肥沃、地势高燥、排水良好的中性沙壤土中生长，酸性或黏重土壤中生长不良。牡丹虽喜阳光，但不宜在强烈充足的阳光，不耐夏季烈日曝晒，否则易使叶片枯焦，花瓣萎蔫，温度在 25℃ 以上则会使植株呈休眠状态。开花适温为 7～20℃，但花前必须经过 1～10℃ 的低温处理 2～3 个月才可开花。最低能耐 −30℃ 的低温，但北方寒冷地带冬季需采取适当的防寒措施，以免受到冻害。南方的高温高湿天气对牡丹生长极为不利。因此，南方栽培牡丹需给其特定的环境条件才可观赏到奇美的牡丹花。

四、生物学特性

1. 生命周期的变化　牡丹生命周期的变化也像其他高等植物一样，具有阶段性。牡丹的生命周期始于胚的形成，终止于植株的死亡。在此期间经历着幼年、青年、壮年及老年 4 个阶段。一般在较好的环境和正常的栽培管理下，其寿命可达百年或数百年之久。根据实践牡丹的株龄大体分为：1～3 年为幼年期；4～14 年为青年期；15～40 年为壮年期；40 年以上为老年期。通常幼年期生长缓慢，3 年以后生长发育逐渐加快，4～5 年开始能正常开花，是观赏最佳株龄期，因此有"老梅花，少牡丹"的说法。牡丹春节催化时，多选择定植后 4～5 年的植株，这样生长势旺，催化效果好。

2. 年周期的变化

（1）牡丹年周期的变化，有较明显的生长期和休眠期之分，其变化规律受以下三个因素的影响较为明显：不同地区牡丹年周期的变化不同。例如，中原牡丹品种群大体上从2月初至10月末或11月初为生长期，而11月至翌年2月为休眠期。越往北，牡丹生长期较中原品种群越晚。因低温不足，休眠不能被彻底解除。长江以南栽植的牡丹苗木大多不能被直接用以春节催花；否则，催花将难以成功或催花质量较低。

（2）年生长发育的十三个时期。我国中原地区的花农，习惯把牡丹从开春萌发至秋末落叶休眠的生长发育年周期，细分为十三个时期。

①萌芽期。我国中原地区的2月中下旬，在平均气温稳定在3～5℃时，越冬鳞芽开始膨大，并逐渐绽裂。

②发芽期。3月上旬，气温达6～8℃，鳞芽尖端胀裂，俗称"蚊子咀"，露出鳞芽，俗称"蚂蜂翅"。花芽则可看见花蕾尖，多呈土红色、黄绿色、暗紫色等。

③现蕾期。3月中旬，气温达10℃左右，花蕾长出鳞片包，茎上叶序基本形成，花蕾直径1cm左右，幼枝长3cm左右。

④小风铃期。3月下旬，当年新枝长至10cm，叶片叶柄紧靠新枝并随茎直立生长，并逐渐展开。花蕾直径一般在1.5～2.0cm之间，与"小风铃"大小相似，传统称为"小风铃期"；在此期间，气候常忽冷忽热，变化异常，有些不抗寒的品种，易受冻害，花蕾停止生长或发育不良，出现只长雄蕊、雌蕊而无花瓣的异常现象。

⑤大风铃期。4月上旬，当年新枝长至15cm左右，叶柄离开新枝斜伸，叶片平展，由暗红转为绿色带紫晕；花蕾（除短颈品种外）高于叶面之上，直径一般为2～2.5cm，内部组织器官发育已经完成。

⑥圆桃透色期。大风铃期后5～7天，花蕾已基本发育成熟，圆满硬实如桃形，萼片下垂，并逐渐完成着色过程，从花蕾顶端可看出花的颜色。这时当年新枝长势极慢，达到20cm左右后，一般不再伸长。

⑦开花期。4月中下旬，"谷雨"前后，气温稳定在17～22℃时，花蕾泛暄（发软）绽开，至花瓣的凋谢，称为"开花期"。在此期间，常会出现一段明显地回暖气候，最高气温可达25℃左右，促使牡丹花蕾很快开放。

⑧叶片放大期。5月上旬，花凋谢后，叶片迅速放大，习称"叶片放大期"。此时叶片增大增厚，颜色加深，呈绿或深绿色。

⑨鳞芽分化期。随着花的凋谢，叶腋间已孕育着新的鳞芽，5月下旬至7

月底 8 月初，鳞芽开始分化。在此期间，营养生长相对变慢。

⑩种籽成熟期。8 月初，骨果由绿变黄，呈蟹黄色时种籽已经成熟，可进行采收；若收获过晚，果角部分开裂，种籽呈褐色或黑色，成熟过度，难于发芽。

⑪花芽分化期。进入 8 月中旬，花芽分化加快，9 月上旬至 10 月中旬一般品种花芽已基本分化形成，芽外观饱满、光滑圆润。此时只要有适当的方法措施（低温或激素解除休眠），便可进行催花。此时根部迅速萌出新根。

⑫落叶期。10 月下旬至 11 月上旬，叶片逐渐变黄，形成离层而脱落。

⑬相对休眠期。11 月中旬，植株基本停止生长，进入相对休眠期，翌年 2月中旬，"雨水"前后，又开始萌动生长，年复一年，周而复始。

（3）牡丹年周期变化常因不同年份气候条件的变化而变化，特别是受气温的影响更为明显。例如，中原品种群在正常年份，早春气温稳定在 3.5～6℃时萌芽，6～8℃抽发新枝，8～16℃花蕾迅速发育，16～22℃开花，22～25℃进行花芽分化。但是，若发生春暖或春寒的年份，各物候期明显提前或推迟。

（4）不同牡丹品种的年周期变化不同。即使在同一地区、同一年份的相同气候条件下，不同品种的萌芽、开花早晚也不相同，从而形成了早、中、晚花期各异的品种。

3. 枯梢退枝特性 牡丹的花朵开于当年生枝的顶端，其枝的长短对于植株总高度、着花状况都有重要影响。其长度常因品种、株龄及栽培条件不同而异，长者可达 50～60cm，短者仅 10cm 左右。但是，这并非当年实有的生长量，因牡丹存在着枯梢退枝的现象，即当年生枝在冬季来临时，上半部分就会枯萎变褐而死亡，所以当年生枝的实际长度仅是余下的下半部分的生长量而已，俗称"牡丹长一尺退八寸"正是指的这一现象，这也是牡丹具亚灌木特性的明显表现。由于当年生枝上部叶腋内无芽点的部分不能完全木质化，仅有下部叶腋内有芽点的部分才能完全木质化。所以，在寒冷的冬天，上部分枝条自行枯死，下部分枝条则来年延续生长发育。这是牡丹长期适应高原、山地冷凉气候条件的遗传特性的表现，也是牡丹乍长较慢的主要原因之一。枯梢退枝的程度因品种而异，也与外界环境条件有关。

4. 花芽分化特性 牡丹开花后在果实、种籽发育的同时，新的花芽也随之开始分化。牡丹的芽都是混合芽，因其在枝条位置上的差异，有定芽和不定芽之分。定芽是指顶芽和侧芽，主要着生在一年生枝上；不定芽则着生于二年生以上的老枝上。这些芽只要经过顺利花芽分化，都能正常开花，而绝大多数花芽都是定芽和侧芽。一般而言，能够开花的花芽在入冬后大小在 0.5cm×0.3cm

（长×宽）以上，若小于此形态指标，则表明花芽分化停止，仍为叶芽。

花芽的分化均在花谢后进行，起始时间从初夏时节，前后经历3~5个月，进行花芽分化的芽大都是当年生枝条基部的腋芽，一般入冬土壤封冻才结束，来年发育成枝条的顶芽和侧芽。

5. 开花特性 气候正常年份，我国中原一带每年"雨水"前后，鳞芽开始萌动膨大，"惊蛰"前后顶端破裂显蕾，"春分"前后抽出花茎，叶片展开；"清明"左右花蕾迅速增大；"谷雨"左右开始开花。春季我国南方气温稍高，牡丹在3月底4月初就可开花，北方气温回升较晚，要到5月初才可开花。

早开品种由鳞芽萌动到花开，一般需55~60天，晚开品种有的需65天以上。花期7~15天，盛花期5~7天。开花气温条件为：3~5℃时冬芽开始萌动膨大，6~8℃时抽茎、显蕾、放叶，12~15℃时则花蕾增大发暄，16~22℃时花开，超过26℃时生长变慢，30℃以上时呈半休眠状态。

温度虽然能影响整个开花过程，能使牡丹提前或推迟开花，但牡丹的积温对花开得早晚也起到一定的作用，积温不足，即便达到开花所需要的温度条件，也不能开花，所以适当提高温度能加速积温的积累，使牡丹提前开花。牡丹开花所需积温，如以3.6℃为其生物学起点温度，则积温为315.2℃。

另外，在不同温度条件下开花虽有早晚之别，但不论在温室、塑料大棚内催花或露地栽培，牡丹开花的温度要求16~18℃之间是一致的，而低于16℃则不开花。

6. 根生长特性 在年周期内，牡丹根系也有生长期和休眠期的交替，但与地上器官的活动并不完全重合。春季，当20cm土层温度稳定在4~5℃时，根系开始活动，萌发新根，这与地上部分芽的萌动同步。随气温升高，生长趋旺。在展叶现蕾期和开花期，首先根系主要通过从土壤吸收养分并动用自身的贮藏物质，以满足地上部分迅速生长发育对养分的需求，其次才是根系自身的伸长和加粗。夏季高温时节，地上部分进入花芽分化与种子发育阶段，根系活动微弱，处于半休眠状态。入秋，气温降低，根系开始二次生长，这一时期的特点是大量营养物质在根皮（主要是次生韧皮部）中积累，并且地上部已进入休眠期，根系还在产生新根，根系进入休眠期晚于地上部分，因而其生长期也比地上部分长，这是一年中牡丹适于仲秋进行分株移植的重要原因。秋季气温下降至30℃以下，根的生长最快，以后转弱，以致停止生长。

五、繁殖方法

牡丹可用播种、分株、嫁接、压条和扦插等方法进行繁殖，而广泛使用的是分株和嫁接两种方法。近年来已能用组织培养生长点、花芽和胚的方法产生试管苗,这样可以加速牡丹的繁殖速度和大大增加繁殖数量。

(一) 有性繁殖

牡丹种子繁殖,通常在培育药用种苗、选育新品种和繁殖嫁接用的砧木时采用。单瓣型、荷花型的牡丹结籽多而饱满;重瓣花型的因雄蕊和雌蕊瓣化或退化,结籽少或不结籽。为了提高牡丹的结实率,可进行人工辅助授粉,此方法多用于培育新品种。

(1) 种子采收 种子繁殖的牡丹实生苗一般3年后就能开花结籽,但籽粒不充实。5年生以结籽多、饱满而出苗率高。分株繁殖的则需3年以后结籽才能充实。

①采收时间 牡丹的果实为蓇葖果,蓇葖果一般有3~5个果荚,每一个果荚里含有6~16粒大型种子。牡丹种子阔椭圆状球形或倒卵状球形,长10.3~12.1mm,宽8.6~9.8mm,表面黑色或棕黑色,有光泽。常具1~2个大型浅凹窝,基部略尖,有一不甚明显的小种孔,种脐位于种孔一衡,短线形、灰褐色;外种皮硬,骨质;内种皮薄,膜质。胚乳半透明,含油分;中间有一空瓢,胚细小。直生,胚根匿锥状,子叶2枚。近圆形,千粒重198g。种子的出苗率由于成熟度和播种时间的早晚不同,为65%~95%。牡丹种子的成熟期,因地理纬度和品种不同而不同,在黄河中下游菏泽、洛阳一带,种子的成熟期为7月下旬至8月上旬;黄河上游兰州一带为8月下旬至9月上旬;长江流域安徽铜陵一带则为7月下旬。

②采种方法 牡丹种子要适时分批采收。采收不可过早或过晚。过早种子不成熟,质地嫩且含水多,容易霉烂和干瘪;过迟则种子变黑、质硬、皮厚,影响出苗。一般当果荚由绿转黄时,将其摘下。历代花农在实践中积累了丰富的采种经验。明朝薛凤翔在他的《牡丹八书》中提到了牡丹种子成熟过程、采收早晚和发芽的关系,牡丹子"喜嫩不喜老……以色黄为时,黑则老矣……然子嫩者,1年即芽,微老者2年,极老者3年始芽"。所以,育苗后有1年出苗的,2年出苗的,直至3年苗才出齐,道理就在于此。

(2) 种子处理 果实采收后,应采取以下措施对种子进行处理:第一,果实采收后,不可置于直射阳光下,应连同外壳堆在室内阴凉通风处,使其干燥后熟。每隔2~3天翻动1次,以防内部发热霉变。如此经过10~15天的堆放,果荚由黄绿色逐渐变为褐色至黑色,大多数果荚自行开裂,爆出种子,此时将种子拣出。第二,将拣出的种子放入清水中浸泡1~2h后,去掉浮在水面上的杂物和不成熟的种子,取水中下沉的饱满种子与草木灰搅拌后立即播种。

第三，牡丹种皮坚硬，不易透水，播种前可用 50℃温水浸种 24～28h，使种皮变软、吸水膨胀。用 98%酒精浸泡 30min，或用浓硫酸浸种 2～3min，也可起到软化种皮、促进萌发的作用。浸种后必须用清水冲洗种子。第四，牡丹的种子具有上胚轴休眠的特性，收获时胚未发育成熟，胚发育早期要求较高的温度（15～22℃）30 天，后期要求 10～12℃较低的温度 30～40 天。胚形态上发育完成后长根，根系不断长大，又要求 0～5℃低温条件打破下胚轴休眠，时间需 15～20 天，打破下胚轴休眠后，牡丹种子在 10℃左右长茎出苗。所以，在生产中，牡丹种子秋季仅下胚轴向下生长，胚根突破种皮，形成幼根，直至翌年春季开始发芽。

播种前可用 500～1 000mg/kg 的赤霉素浸种 24h；也可在种子生根后向胚芽上滴加赤霉素，每天 1～2 次，7 天后可解除上胚轴休眠，幼芽可很快长出。

（3）播种时期与方法　俗话说"七芍药，八牡丹"，就是指牡丹的繁殖以农历 8 月为宜，因此牡丹的播种时间一般在农历 8 月下旬至 9 月上旬进行。此时地温较高，利于牡丹生根，如因其他原因，不能马上播种时，将种子与细沙拌匀堆放在室内或置入瓦盆内进行沙藏，在沙藏过程中注意保持湿润，沙藏时间不宜超过 20 天，在种子生根前必须下地。若当年不能播种，则置于背风向阳处继续沙藏，第 2 年春季土壤解冻后，沙藏种子的胚根已长出，此时将种子小心地播下地，播种地要求土质松软肥沃，排水良好。

整地做畦前，先施足底肥，一般每亩施饼肥 300kg。如果土壤过干，要浇透水，待墒情适宜时再做畦，墒情不适时严禁播种，播种一般采用条播或撒播。畦宽 150cm，条播按行距 20cm 播种，覆土厚 3cm 左右。为防旱保墒并提高地温，使种子萌发整齐，可再加盖 2cm 厚的草或覆盖地膜，然后再覆土 6～8cm 厚。条播每亩需种子 25～35kg，撒播则需 50kg 左右。

（二）无性繁殖

1. 分株　此法较常应用，其优点是操作简便，能保持品种优良性状。分株后次年即可开花，但繁殖系数低。一般分株繁殖的母株，应多留根蘖，供分株繁殖用。

分株是将一棵牡丹分成数棵小牡丹进行栽植的方法。分株多在"秋分"至"寒露"期间进行，分株时可将 4～5 年生的牡丹株挖出，去掉覆土，日晒 1～2 天，让其根部失水变软，按自然生长势从根部（五花头处）劈成数棵，每棵需带有部分细根，植株大、芽子多的可分株多一些，否则就少分。分株后的小棵就根据"五花头"上的芽子多少进行修剪老枝，有 2～3 个芽的老枝宜留 10cm，5～7 个芽的老枝宜留 5～7cm，只有一个嫩芽的可不修剪。剪枝后还要修剪根部，将粗根和中等根剪去（做丹皮加工入药），小根细或根少的可留粗根或不剪。若发现有病株，可用药浸根后栽植（图2-3）。

图2-3 分株繁殖

2. 嫁接 是经常采用的繁殖方法，可用于珍贵品种的保存，对于生长较慢的品种，经嫁接可以加速生长，提早开花，一般比播种牡丹提早1～2年。此法可以保持优良品种的特性，虽然嫁接繁殖比播种繁殖系数小，但比分株繁殖系数大。

嫁接是用一繁殖稀有品种或同株上着有不同花色。嫁接的时间可在"处暑"至"寒露"时间，最佳期"白露"前后，成活率达80%～90%，砧木可选芍药根，牡丹实生苗，接穗要选择植株下部生长的一年生壮枝，长6～10cm，带有健壮顶芽和2～3个侧芽的，接穗要随采随用，暂时不用的要保护好。选择接穗品种主要有朱砂垒、盛丹炉、赵粉、状元红、姚黄等。嫁接的方法有嵌接或劈接。砧木直径粗时，可采取嵌接；砧木接穗粗细相近时，可采取劈接。不论哪种方法，都要使接穗与砧木的皮部形成层紧密结合为佳。

（1）枝接

①嵌接法：生产中多用以芍药根为砧的嵌接法。从2～3年生芍药上取下1.5～2cm的粗根作砧，放阴凉处2～3天，变软后待用。若挖起就接，根砧质脆，不易嫁接。接穗宜用基部一年生萌蘖枝，以节间较短的好，长5～10cm，带1～2个充实芽。嫁接时在选好的接穗下面对称地斜削两刀，注意使切口平滑。切口长2～3cm，横断面成三角形。后将根砧顶部修平，自一侧向下切一直口，长度与接穗切面相同。用右手拇指在切口对面向切口方向挤压，使砧木切口张开立即放入削好的接穗，使二者形成层密合，然后松开拇指，用麻皮等

37

物捆缚，用配好的稀泥浆涂抹切口（图2-4）。

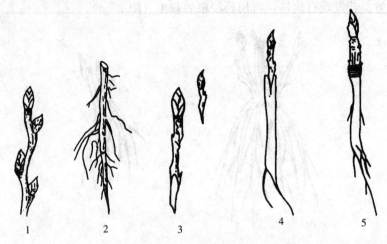

图2-4 嵌接法

1. 牡丹当年生壮枝（接穗） 2. 芍药根砧 3. 削好接穗 4. 接穗插入砧木 5. 绑扎

②劈接法：此法操作较嵌接困难，但因砧木根系未受损伤，接苗成活后生长旺盛。嫁接时在砧木距地面6～7cm处剪平，随后削取接穗。其余操作方法与嵌接相同，接后就地培土、封埋（图2-5）。

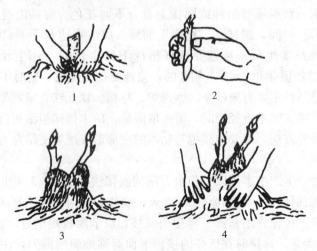

图2-5 劈接法

1. 根砧 2. 接穗 3. 接穗插入砧木 4. 埋土

枝接中，各地接穗多带2个芽，而日本牡丹产区多用单芽枝接。其操作顺序如图2-5。

（2）芽接。

①贴皮法。在砧木当年生枝条上连同木质部切削掉一块长方形或盾形切口，再将接穗的腋芽连同木质部削下一大小和砧木上切口大小形状相同的牙块，然后迅速将其贴在砧木切口上，用塑料带扎紧。

②换芽法。将砧木上嫁接部位的腋芽连同形成层一起取下，保留木质部完整的芽胚；用同样方法将接穗上的芽剥下，迅速套在砧木的芽胚上。注意两者要相互吻合，最后用塑料带扎紧。

嫁接植株注意管理：接后1个月，认定接芽已成活时，解开塑料带，去掉砧木上赘芽。砧木上的叶片应保留，使养分集中于接芽，使当年形成饱满花芽，翌年即可开花。

（3）一株多色牡丹的嫁接　一株多色牡丹或者叫"什样锦"的培育，可以用枝接，也可用芽接，但都是高接。

砧木与接穗的选择与组合：

①砧木与前述牡丹芽接相同。主要用'凤丹白'或其他牡丹实生苗，多年生，独干（干高20～30cm）而多分枝。为使砧木本身的花色成为"什样锦"中的主色调，也可选用生长旺盛、着花容易、干性强、较易繁殖的品种，如'洛阳红'等。

②接穗选花色、花型不同，花朵艳丽但花期基本一致的优良品种，如'赵粉''白雪塔''似荷莲''二乔''洛阳红''姚黄''胡红''蓝田玉''首案红''青龙卧墨池'等饱满健壮的枝条。

3. 扦插　牡丹扦插不易生根，目前很少使用。多在"白露"至"秋分"期间，细心管理方可成活。这个时期气温18～25℃，地温18～23℃，只要保持土壤湿润，7～10天可以形成愈伤组织，半个月后切口处就可以发出1～3条新根，插后50～60天，新根可以长出4～7条。到12月份时，根部基本停止生长。扦插时，要选用1～3年生无病、健壮充实的枝条，剪成长10～15cm的插穗，按行距10cm、株距8cm扦插。扦插苗床，宜用沙质壤土，扦插深度为插穗2/3左右。插后要保持床土湿度，夏天要注意遮阴，冬季要防寒。为保证较高的成活率，北方产区，插前枝条用赤霉素500～1 000mg/kg或500mg/kg吲哚乙酸处理时，可促进生根。

牡丹扦插成活的关键措施是选择好健壮的插条，并用激素处理，使其多生根，插后适时浇水，保持土壤湿润、枝条新鲜，同时避免过湿而引起插条基部腐烂。为防止温度过低而受冻，立冬时覆盖塑料薄膜，严寒时要加盖草苫，草苫早揭晚盖，保持通风、透光、湿润。翌年 3 月份拆除草苫，白天揭开塑料膜，两头通风。4 月上旬拆除塑料膜，加盖遮阳网遮阳。注意防止干热风的侵袭。一般扦插后 2 个多月插条即可愈合生根。发根后应使之略见阳光，增强生命力。秋后选择长势强壮的移植地中，3 年后即可现蕾开花；长势弱的可仍留原处继续培养 1 年，然后再分栽。特别是在 5～6 月份叶面要勤喷水，并适当遮阴，2 年后即可移栽到大田。

4. 压条法 压条繁殖是牡丹繁殖的古老方法，它是将枝条环状剥皮后压入土中，待生根后与母株分离，形成新的植株。此法不能大量繁殖，故在牡丹栽培中应用极少。但对某些品种嫁接不易成活，为了保存品种时可以采用。常有以下两种压条方法。

（1）空中压条 小暑前后，当地上部生长茂盛时，于植株外围选 2～3 年生枝条，将下部刻伤，用竹筒或塑料薄膜在伤口下方扎紧后装入培养土，保持土质湿润，2 个月左右可生新根，切离母株后即可栽植。也可以在牡丹花期后 10 天左右、枝条半木质化时进行嫩枝吊包育苗，成活率相对较高。具体做法是：在牡丹开花后 10 天左右枝条半木质化时，于嫩枝基部第二、三叶腋下 0.5～1cm 处环剥（宽约 1.5cm），用脱脂棉蘸生长素溶液如吲哚丁酸（IBA）50～70mg/L 或生根粉（ABT）1 号 40～60mg/L，缠于环剥口，以塑料薄膜在枝条切口部位卷成长筒状后固定，填入炉渣与苔藓混合基质，从吊包的边缘将基质适当压实，填到吊包高度的 3/4 时，将上口用大头针封住，并用竹竿将吊包固定或直接固定在邻近枝条上，然后及时用注射器向每个吊包注射约 30mL 的水，使包内基质保持湿润。以后每隔 15～20 天注水保湿，嫩枝生根率可达 70% 以上。当能从吊包外看到嫩枝萌发的幼根时，要及时从母株上剪下移入花盆或培养床上。培养土要用优质的腐殖土，移栽时把塑膜小心拆掉，勿使基质散裂，以免损伤幼根。

空中压条较地面压条繁殖系数提高，且发根快，苗矮而壮，适宜盆栽。

（2）地面压条 选择近地面的 1～2 年生枝，入秋后在当年生枝与多年生枝交接处割伤或刻伤后压入土内，并用石块等物压住固定，经常保持土壤湿润，促使萌生新根。若在老枝未压入土的部分也进行刻伤，使枝条呈将断未断状态，则更有助于促发新根。到第二年入冬前须根较多时，剪断压条，分开栽植即可成为新的植株。

也可以在每年 5 月底 6 月初花期后，选择健壮的 2～3 年生枝，在当年生枝与多年生枝交界处刻伤后压入土中，经常保持土壤湿润，以促进生根。翌年秋季须根已较多，可与母株分离种植。

依据花农经验，可以利用顶端优势原理，采用连续平茬技术，多次对植株地上部分各主要枝条进行截断，使母株体内的激素得以重新调整，促进活动芽与隐芽的萌发，从而形成大量新枝条，然后进行压条繁育新植株。该方法优点是简便易行，省工省时，繁殖系数较大，成苗多而快，苗株整齐。

由于牡丹木质坚脆，易断裂，枝条不易低压或枝条多集中于上部，可利用容器（木框等）将地面人为升高进行压条。方法：根据母株冠幅大小，制作可将母株围住的木框，选择花芽多且生长健壮的枝条，在基部上方5～8cm处刻伤或扭枝，用细绳在所选枝条中部扎紧并适当下拉使枝条略微弯曲，将细绳的另一端固定在木框上，用细土填平木框。管理时注意补充水分和在雨季及时排水，以免积水烂根。冬季为保持地温及湿度，应搭建简易塑料薄膜棚。一般经过2～3个月即可生根。生根后扒开枝条周围的细土在已生根部位的下方2cm处剪断，使其脱离母株，即可移栽在大田中培养。

5. 组织培养法

（1）组培过程　一般是将剪下的外植体先用清水冲洗干净，一般利用牡丹腋芽上的茎尖（2～3mm）、嫩叶切块（1cm×1cm）、叶柄切段（1～2cm）；去掉部分表皮组织，然后放入70%～75%的酒精中浸泡5～10s进行灭菌，并用无菌水冲洗2～3次，然后在5%的安替福民溶液中浸7～10min进行表面灭菌，再用无菌水冲洗三四次后用消毒镊子夹取材料接种在培养基上培养。经过1个月，当苗长至1～2cm时再转到壮苗培养基上继续培养，再过1个月，当苗高3～4cm时开始进行生根诱导。

（2）培养基　牡丹组织培养的基本培养基为MS，其他附加成分（mg/L）主要有吲哚乙酸（IAA）、萘乙酸（NAA）、吲哚丁酸（IBA）、赤霉素（GA）、水解蛋白（LH）、6-苄基嘌呤（BA）、6-糠氨基嘌呤（KT）、异戊烯基腺嘌呤（2ip），还有0.5%的活性炭、3%或2%的蔗糖作为碳源。培养基用0.7%的琼脂固化，pH5.8，培养基在压力为 $1.1kg/cm^2$、温度121℃的条件下消毒15min。培养温度为25℃±1℃，每天光照10h，光照强度为1 500～2 000lx。

六、国内外研究进展

中国于1984年开始了牡丹组培快繁技术的研究，然后英国、法国、美国、荷兰、朝鲜及日本等国家也进行了研究。20多年来，中外学者对牡丹的组织培养进行了大量的研究工作，已用花药、种子的胚和上胚轴、种子、茎尖、腋芽、花芽、嫩叶、叶柄等外植体材料进行培养，均取得了不同程度的进展。

目前利用这种方法虽已育成生根的组培苗，加大了繁殖系数，但由组培苗过渡到商品苗，还存在着许多问题，组培苗的生根、炼苗、出瓶等尚待进一步深入研究。国内组培苗还没有形成商品苗批量生产。

第二节　野生牡丹种质资源

全世界芍药科芍药属植物有30多个品种，植物学家将芍药属划分成牡丹组、北美芍药组、芍药组3个小家族。根据植物性状演化趋势和植物进化规律来推断，其中的牡丹组是最原始的类群，依次进化为北美芍药组、芍药组。牡丹组约有9个品种，全部原产于中国。也就是说，世界各地栽培的牡丹，追根溯源，都起源于中国，中国是世界牡丹的发祥地。更准确地说，中国青藏高原的东南部、秦巴山地和黄土高原山地应是芍药属植物起源、演化及分化发展中心，也是多样性中心。

从目前的情况看，中国不仅是牡丹的发祥地，还是世界牡丹生产第一大国，是世界上最早研究牡丹药用的国家，是世界上最早输出牡丹的国家，是世界上最早观赏栽培和商业栽培牡丹的国家，也是世界上最早开展牡丹育种的国家，以及世界上牡丹文化的发源地。

在植物分类学上，牡丹属于芍药科芍药属植物。科学家们已经确认，芍药科是现存60个最原始的被子植物科之一，而牡丹（牡丹组）又是芍药科中最原始的类群。从1804年英国植物学家安得鲁斯（H. C. Andrews）根据从中国广州引种到英国的植株确定了栽培种的拉丁学名（即 Paeonia suffruticosa Andr.）以来，已经过去了200多年，其间由外国科学家确定了野生种多个，但种源关系不清，直到20世纪90年代，才由中国科学家对该组植物进行了认真地调查整理，野生资源基本查清。现已确定牡丹野生种9个，分布于我国11个省（自治区）。牡丹组一般划分为两个亚组。

一、浅裂叶亚组（革质花盘亚组）

浅裂叶亚组有5个种，其分布区域由四川西北部向北到大巴山及秦岭山脉，再由秦岭向北到黄土高原山地。秦岭山脉包括甘肃境内的西秦岭、陕西境内的中秦岭和河南境内的伏牛山区，东西长1 000多千米。这一带分布有矮牡丹、卵叶牡丹、紫斑牡丹、山牡丹和四川牡丹，这些种呈小叶卵形、圆形至披针形，浅裂或全缘，其中矮牡丹、紫斑牡丹和杨山牡丹与现有栽培牡丹关系最为密切，是中国现有数以千计的栽培牡丹的祖先。它们多见于海拔900～

3 100m之间山地落叶阔叶林与灌丛中。矮牡丹为二回三出复叶，小叶 9 枚，顶小叶 3 裂，中裂片再 3 裂；花心的柱头、房衣（花盘）、花丝为紫红色，植株较矮，这些性状在中原牡丹中表现十分突出。而紫斑牡丹叶为二回至三回羽状复叶，小叶 15～19 枚以上，房衣（花盘）、柱头、花丝为黄白色，花瓣基部有明显紫斑，植株较为高大。这些性状在中原牡丹中也有表现，但主要表现在西北一带的栽培牡丹中。杨山牡丹由秦岭向东，可分布到安徽东南部，其叶片为二回三出复叶，小叶 15 枚，卵状披针形，全缘。该种是现有药用牡丹——'凤丹'的祖先种。

上述 5 个种中，分布于四川西北部、甘肃南部的四川牡丹，其形态特征和生态习性介于革质花盘亚组和肉质花盘亚组之间，是一个过渡类型，该种在产地有零星栽培，但尚未见有在育种中应用的报道。

二、深裂叶亚组（肉质花盘亚组）

深裂叶亚组有 4 个种，即紫牡丹、黄牡丹、狭叶牡丹和大花黄牡丹，主要分布在云南北部和西北部、四川西南部、贵州西部及西藏东南部。其主要特征是二回三出复叶，小叶叶片深裂，且裂片狭长；由 2～4 朵花组成花序。除大花黄牡丹外，其余种有块状根及地下茎。上述几个野生种见于海拔 2 300～3 700m 之间。其中大花黄牡丹分布海拔最高，在 3 000～3 700m 之间。但由于原产地冬季并不十分寒冷，因而它的抗寒性和越冬性是所有野生种中最低的。

上述种类中，黄牡丹分布范围最广，并有丰富的变异品种。大花黄牡丹植株高大，可达 3m 以上，仅分布在西藏东南部林芝到米林约百余公里的藏布峡谷。这些种类中，黄牡丹、紫牡丹先后被引种到法国、英国及美国，并先后与引自中国和日本的栽培品种进行了远缘杂交，先后培育出一系列黄色、深紫红色及许多中间花色的品种，在世界各地广受欢迎。

该亚组 4 个种，也有学者认为应定为两个种，即将其中的紫牡丹、黄牡丹、狭叶牡丹几个近缘种合并为滇牡丹，且不再区分种下类型。实际上，紫牡丹和黄牡丹定名已久，花色差异很大，实生后代未发现性状分离现象，适当加以区分是必要的，不然在园艺分类上会引起混乱。

应当强调指出，人们将牡丹视为"富贵花"，常常将它与"娇气"联系在一起。而乔羽作词的《牡丹之歌》却说牡丹花"曾历尽贫寒"，真实反映了牡丹原种生境的实际情况。近年来，科学家在野外考察过程中发现，紫斑牡丹野生种有的在悬崖峭壁上顽强生长，四川牡丹在长满荆棘的荒坡上结伴而生，黄牡丹在十分干旱的黏质土壤上仍然开花不断。由于野生牡丹分布海拔高，大部分野生种抗寒性极强，尤以紫斑牡丹表现突出。紫斑牡丹一般耐－30℃低温，而在黑龙江则已选育出耐－44℃绝对低温的品种，使人们真正感觉到牡丹"不特芳姿艳质足压群葩，而劲骨刚心尤高出万卉"，确非虚语。

值得关注的是，我国野生牡丹资源保护的形势十分严峻。根据古文献记载，野生牡丹在我国曾有广泛的分布，除现有分布的陕西、甘肃、云南、贵州、四川、西藏、山西、河南、湖北、湖南、安徽等11个省（自治区、直辖市）外，古代浙江、山东、河北、重庆、青海、广西等省（自治区、直辖市）也有野生牡丹，并且古代野生牡丹分布点多面广。野生牡丹根系具有药用价值，在相当长的时间内人们大量采根药用，与此同时，野生牡丹的生境遭到很大地破坏，栖息地面积急剧减少，野生居群的恢复已相当困难，而像矮牡丹、紫斑牡丹等物种已处于濒危状态，亟待加以保护。为保护好珍贵的野生牡丹资源，我国已将四川牡丹、矮牡丹、黄牡丹、紫斑牡丹、大花黄牡丹列为国家级重点保护植物。有关专家提出两种保护方式：一是在自然界的原生地保护，这种方式优点是牡丹基因可以在适宜的自然生境下保存，但缺点是保护的成功与否取决于人为因素特别是当地老百姓和政府的认识水平，可通过建立自然保护区等进行原生地保护，严格禁止随意采挖；二是集中利用我国植物园、牡丹基因库等就近迁地保护，利用我国各地的植物园或基因库将不同生态类型的牡丹保存到适宜的植物园或牡丹基因库内，形成网状保护。

第三节　牡丹的四大品种群种质资源

中国牡丹有着丰富的种质资源。由于各地牡丹在发展过程中受当地自然因素和文化要素的影响，形成了各具地方性特色的品种。

中国牡丹资源特别丰富，根据中国牡丹争评国花办公室专组人员调查，中国云南、贵州、四川、西藏、新疆、青海、甘肃、宁夏、陕西、广西、湖南、广州、山西、河南、山东、福建、安徽、江西、江苏、浙江、上海、湖北、内蒙古、北京、天津、黑龙江、辽宁、吉林、海南、香港、台湾等地均有牡丹种植。大体分野生种、半野生种及园艺栽培种类型。

牡丹栽培面积最大最集中的有菏泽、洛阳、彭州、临夏、铜陵县和北京等。通过中原花农冬季赴广东、福建、浙江、深圳、海南进行牡丹催花，促使了牡丹在以上几个地区安家落户，使牡丹的栽植遍布了中国各省（自治区、直辖市）。

牡丹种群介绍

中国是世界牡丹的发祥地和世界牡丹王国。牡丹在长期栽培与发展演化过程中，逐步形成了中原、西北、江南及西南四大品种群落。除此之外，还有许多地方性品种亚群。近年来据调查统计表明，全国牡丹品种总数已达千种以上。

（一）中原牡丹品种群

1. 历史沿革　中原牡丹品种群的栽培历史最为悠久，中国牡丹的主要栽培中心始终位于中原（黄河中下游）地区，成为中国牡丹园艺品种体系形成的主线。中原是中国牡丹园艺品种的发祥地。

2. 栽培分布　主要分布于黄河中下游地区，包括河南、山东、河北、山西等省（自治区、直辖市）。分布中心在山东菏泽、河南洛阳和北京。是我国栽培历史最悠久、品种类型最多、生态适应性最广的品种群。实际上中原牡丹品种的栽培分布，向南在上海、杭州，向东已在青岛、烟台，向西在甘肃兰州，向北在长城以南都能正常开花。如今经防寒越冬，已在黑龙江的哈尔滨、大庆、牡丹江、尚志以及到青海西宁等地也能露地栽培，正常开花；稍加防寒即可安全越冬。可见中原牡丹品种群对环境的适应能力是很强的。在国外，已经引种栽植到日本、荷兰、英国、法国、德国、美国、澳大利亚、意大利、新加坡等国家。

3. 野生原种　主要野生原种是矮牡丹（*paeonia jishanensis*），如紫斑牡丹（*P. rockii*），在杨山牡丹（*P. ostii*）也参与了中原牡丹品种的形成。

4. 主要特点

（1）本品种群植株高低不一，一般情况下，较其他品种群为矮。但有杨山牡丹血统的少量品种，则株型较高。本品种群叶形变化较多。

（2）品种群中部分品种花瓣基部具有深色斑或深色晕，显示带有紫斑牡丹的血缘。形成中原品种群的3个野生原种中，只有紫斑牡丹花瓣基部具有墨紫色大斑，而矮牡丹和杨山牡丹在花瓣基部只稍有淡紫色晕。

（3）花型种类最为齐全，各花型均有，花型演化程度最高，皇冠型台阁型品种较多，也较典型。

（4）花色多样，富于变化。有白色、粉色、红色、紫色、墨紫色、绿色、淡黄色、雪青色等和复色，色彩浓淡富于变化，在4个品种群中，花色最为丰富。

（5）品种达500多个，在4个品种群中数量最多。

（6）生态适应性广。既有喜阳耐晒的品种，也有喜阴畏光的品种；既有耐干旱瘠薄的品种，又有耐湿热、盐碱的品种，能适应多种生态环境。

5. 主要品种

（1）姚黄　花蕾圆形，端常开裂。花朵皇冠型，淡黄色；花冠 16cm×10cm。外瓣 3～4 轮，瓣基有紫斑，内瓣褶叠紧密，瓣端常残存花药；雌蕊退化或瓣化。花开叶上，株型高，直立。一年生枝长；鳞芽圆尖形。中型圆叶，斜伸；小叶卵圆形，黄绿色。生长势较强，成花率高，开花整齐，花形丰满。

（2）魏紫　花蕾扁圆形，花朵皇冠形，紫色；花冠 12cm×8cm。外瓣 2 轮，瓣基有紫色晕，内瓣细碎，密集皱卷，端部常残留花药；雌蕊小以至消失。花朵侧开。株型矮。枝细弱，节间短。一回三出小型圆叶，平伸，浅绿；小叶广卵形。晚花品种，植株瘦小，生长缓慢，但成花率高。

（3）魏花　亦称'洛阳魏紫'。花蕾扁圆形；花朵皇冠型，紫色，瓣端粉白色，稍有光泽；花冠 18cm×12cm。外瓣 3 轮，内瓣直立褶叠；雌蕊退化变小。花朵直立。株型中高。枝较粗壮，节间较短。中型圆叶，斜伸；小叶圆形，缺刻多，叶脉下凹，叶面粗糙，深绿，中花品种，生长势强，成花率高，分枝多，萌蘖枝多。

（4）小魏紫　花蕾圆尖形，花朵皇冠型墨紫红色；花冠 16cm×5cm。外瓣 2～3 轮，瓣基墨紫色晕；内瓣稀疏而皱，端残存少量花药；雌蕊小。花藏叶下。株型中高，半开展。枝较细弱，节间短。中型长叶，平伸，绿色有浅紫晕；小叶长卵形，缺刻少，边缘上卷。为中花品种，生长势较弱，成花率低，萌蘖枝少。

（5）豆绿　花蕾圆形，端常开裂；花朵皇冠型或绣球型，黄绿色；花冠 12cm×6cm。外瓣 2～3 轮，瓣基有紫斑；内瓣密集皱褶；雌蕊瓣化或退化。花朵下垂。植株较矮，开展；枝细，节间短；鳞芽狭长，似鹰嘴，浅褐绿色。中型长叶，平伸，绿色稍有紫晕；小叶阔卵形，缺刻多，叶背密生绒毛。晚花品种，成花率高，萌蘖枝多。

（6）赵粉　花蕾大，圆尖形；花朵皇冠型，亦有荷花型、金环型，粉色；花冠 18cm×8cm。外瓣 2～3 轮，形大质薄；内瓣整齐，基有粉红晕；雌蕊小型或瓣化，偶有结实。花朵侧开。株型中高，开展。1 年生枝较软而弯曲，浅绿，节间长。鳞芽圆尖形。中型长叶，质软，稀疏，平伸，黄绿色；小叶长卵形至长椭圆形，缺刻浅，端锐尖。中花品种，生长势强，成花率高，萌蘖枝多，根产量高。该品种是中原牡丹粉花类中的佼佼者。

（7）二乔　花蕾扁圆形；花朵蔷薇型，复色。同株或同枝可开紫红色和粉色两色花，同一花朵上亦可有紫粉两色相嵌。花冠 16cm×6cm。花瓣质硬，排列整齐，瓣基墨紫色斑；雄蕊稍有瓣化；雌蕊 9~11 枚，房衣、柱头紫红色。花开叶上。株型高，直立。枝较强硬，节间较长；鳞芽圆尖形。中型圆叶，稍稀疏，斜伸；小叶卵形，端渐尖，在粉花枝上的叶缺刻少而浅，叶面黄绿色，紫红花枝上的缺刻少而深，二色镶嵌花枝上的叶，则按镶嵌位置，在枝上相应部位着生两种叶色、叶形的叶片。中花品种，生长势强，成花率高，萌蘖枝多。

此外，全株仅开紫红色花的品种，又称'紫二乔'，洛阳亦称'洛阳红'，为洛阳主栽品种；全株仅开粉红色花的品种，又称'粉二乔'，洛阳称之为'洛阳春'。

(8) 胡红　亦称'大胡红'，花蕾圆尖形，有时顶部开裂。花朵皇冠型，有时呈荷花型或托桂型。浅红色，瓣端粉色。花冠 16cm×7cm。外瓣大，2~3 轮，基深红晕；内瓣皱区紧密，瓣端常残留花药；雌蕊瓣化成嫩绿色彩瓣。花直上或侧开。晚花品种，株型中高，半开展，枝节间短；鳞芽圆锥形，紫红色。大型圆叶，质厚较密，平伸，深绿色多紫晕；小叶卵圆形，缺刻少，端钝，下垂。生长势强，成花率高，花丰满细腻，萌蘖枝多。亦为重要的催花品种。

(9) 小胡红　花蕾圆形，花朵皇冠型，红色。花冠 15cm×6cm。外瓣较大，3~4 轮，基具紫红色晕；内瓣短，曲褶密集，杂有少量雄蕊；雌蕊小型或成绿色彩瓣。花朵直上。中晚花品种，株矮，枝细，节间短。小型圆叶，质厚，平伸，绿色有深紫晕；小叶近圆形。生长势较弱，成花率高，分枝少，萌蘖枝多。亦为重要的催花品种。

(10) 首案红　花蕾扁圆形，花朵皇冠型，深紫红色。花冠 15cm×10cm。外瓣大，2~3 轮，质硬，平展；内瓣紧密褶叠；雌蕊多瓣化成绿色彩瓣或退化变小，花朵直上。株型高，直立。一年生枝粗，暗紫色，节间较长。鳞芽大，圆锥形。大型圆叶，肥厚，斜伸；小叶阔卵形，叶面深绿，粗糙。该品种为中偏晚花品种，其成花率高，萌蘖枝少，为三倍体品种。根系深紫红色，为牡丹中少有的奇品。

(11) 葛巾紫　花蕾扁圆形；花朵菊花型至蔷薇型，紫色；花冠 16cm×5cm。花瓣 5~6 轮，基深紫红色晕；有部分瓣化雄蕊，雌蕊退化而且变小。花梗细软，花朵侧开。该品种是晚花品种，株矮，枝细弱，节间短。中型圆叶，较密，平伸，深绿色带深紫色晕；小叶卵圆形，缺刻多，端锐尖。该品种生长势弱，成花率稍低。

（12）玉板白　花蕾涧尖形；花朵荷花型，白色，花冠 17cm×4cm。花外瓣圆整，质硬，基有粉色晕；雄蕊正常，偶有瓣化；雌蕊正常，房衣粉白色，花朵直上。株矮，直立；枝细硬，鳞芽大，圆尖。中型长叶，稀疏，质硬，斜伸，深绿色；小叶长卵形，缺刻少而深，端渐尖。该品种为早花品种，虽生长较慢，但成花率高，萌蘖枝较少。

（13）蓝田玉　花蕾圆形，较小，有紫晕。花朵皇冠型，粉色微带蓝色；花冠 15cm×5cm。外大瓣 2 轮，平展。具浅紫色纹，基紫色晕；内瓣卷曲密集，一瓣端残留花药，雌蕊退化或瓣化成绿色彩瓣。花朵直上，株形矮，半开展。枝较粗壮，节间短；鳞芽圆尖形，顶部易开裂。中型圆叶，平伸，黄绿色有紫晕；小叶卵圆形，缺刻少，端钝。中晚花品种，成花率高，花朵丰满。

（14）种生红　花蕾圆尖形，端常开裂；花朵楼子台阁型，红色；花冠 14cm×6cm。下方花花瓣多轮，质硬，排列整齐，瓣基深紫色晕，雄蕊多瓣化，雌蕊亦瓣化成正常花瓣；上方花花瓣量少，褶叠，稍大，端多齿裂，雌雄蕊退化变小。花朵侧开。株矮，半开展。枝较粗壮，节间短。中型圆叶，质厚，稠密，平伸；小叶卵形，叶面黄绿色。中晚花品种，生长势中，株型紧凑，成花率偏低，但花色艳丽。

（15）粉中冠　花蕾圆尖形；花朵皇冠型，粉色，花冠 16cm×9cm。外大瓣 2～3 轮，基粉红色晕；内瓣紧密耸起，呈球状；雌蕊瓣化，黄绿色。花朵直上，花期中。植株中高，开展。枝较短；鳞芽圆尖形。中型长叶，较密，斜伸，绿色；小叶长卵形。

（16）淑女装　花蕾扁圆；花朵金心型，有时为单瓣型，粉色，花冠 18cm×6cm。外大瓣 2 轮，平展，圆整，瓣基深粉色晕；沿外瓣内一圈小型瓣卷曲，稀疏，中有正常雄蕊，雌蕊小型或略瓣化，花侧开，花期中。株中高，开展。枝较粗壮，节间稍长；鳞芽圆尖形；中型长叶，较稀疏，平伸，叶面绿色；小叶长卵形，端渐尖。该品种系山东菏泽赵楼牡丹园在 1967 年育出，其生长势强，成花率高，萌蘖枝多。

（17）粉盘托桂　花蕾扁圆形；花朵近托桂型，偶有皇冠型，外瓣粉紫色，内瓣浅粉紫色；花冠，14cm×5cm。外瓣大，2～3 轮，圆整，内瓣细碎曲皱；雄蕊部分瓣化；雌蕊常瓣化成绿瓣。花朵直立，花期中晚。株型高，直立，枝较粗壮，鳞芽狭长；节间长。中型圆叶，较稀疏，斜伸，叶黄绿色；小叶卵圆形，多缺刻。该品种由洛阳王城公园 1969 年育出，其生长势中，成花率高，萌蘖枝多。

（18）红艳艳　花蕾圆尖形；花朵菊花型，紫红色；花冠 16cm×5cm，花瓣6～8轮，基部有紫斑；雄蕊正常。偶有瓣化；雌蕊正常，房衣紫红色，柱头红色，花朵直上，花期串，株型高，直立。枝粗壮，节间短，鳞芽狭尖，中型长叶，斜伸；小叶圆形或披针形，缺刻少，顶小叶深裂；叶面黄绿色，背多毛。北京景山公园20世纪70年代育出，其生长势强，成花率高，萌蘖枝多。

（19）珊瑚台　花蕾圆尖，花朵皇冠型，浅红色；花冠15cm×10cm。外瓣大，3～4轮，质地较薄，瓣基墨紫色斑；内瓣紧密皱褶隆起，雌蕊小型或瓣化。花朵直上，花期中。株矮，半开展。枝细硬，节间短，鳞芽圆形，小型长叶，较密，斜伸；小叶长卵形。该品种系菏泽赵楼牡丹园1970年育出，其生长势强，成花率高，株丛紧密，花形丰满，鲜艳夺目，萌蘖枝多，单花期长。

（20）霓虹焕彩　花蕾圆形，端常开裂；花朵彩瓣台阁型，洋红色；花冠15cm×7cm。下方花花瓣多轮，瓣基墨紫色斑；雄蕊少，雌蕊瓣化成嫩绿色彩瓣；上方花花瓣稍大，褶皱，雌蕊小型。花朵直立或侧开，花期中，株塑高，半开展。1枝粗壮，节间较短，鳞芽大，圆锥形；中型圆叶，枝厚，斜伸，中密，小叶卵圆形，缺刻多而浅，端突尖，叶面粗糙，深绿色。该品种由菏泽赵楼1972年育出，其生长势强，成花率高，花形丰满，花色艳丽，萌蘖枝多。

（21）锦绣九都　花蕾扁圆形，花朵彩瓣台阁型，红色；花冠16cm×9cm。下方花花外瓣3轮，宽大，瓣基紫红色晕，雄蕊多瓣化，雌蕊瓣化成绿色彩瓣；上方花花瓣皱褶细碎，花心雄雌蕊正常。花朵直上，花期中。株中高，半开展。枝粗壮，节间较短，鳞芽大，长圆形。小型圆叶，质硬，斜伸。小叶椭圆形，缺刻多，叶脉下凹，叶面绿色。该品种由裕阳王城公园1969年育出，其生长势强，成花率高，分枝多，萌蘖枝亦多。

（22）冠世墨玉　花蕾圆尖形，花朵皇冠型，有时呈托桂型，墨紫色，有光泽，花冠17cm×8cm。外瓣3～4轮，质硬，瓣基墨色斑；内瓣褶叠紧密，雌蕊退化或瓣化，花朵直上，花期中。植株中高偏矮，直立，枝较粗壮，节间短。鳞芽大，圆尖形。中型圆叶，较密；小叶卵形，多缺刻，端短尖，叶面粗糙，深绿色。该品种由菏泽赵楼牡丹园1973年育出，其生长势中，成花率高，株形紧凑，分枝少，萌蘖枝亦少。

（23）景玉　花蕾圆尖形，花朵皇冠型，初开粉白色，盛开白色；花冠17cm×9cm。外瓣2轮，形大质薄，平展，瓣基紫红晕；内瓣狭长褶叠，瓣端多浅齿裂，内杂少量雄蕊，雌蕊柱头变小，房衣紫色，花朵直上，花期早。株型高，直立。一年生枝长，节间亦长；鳞芽狭尖形。中型长叶，稀疏，斜伸；小叶椭圆形，缺刻少，端短尖，叶面深绿稍有紫晕。该品种由菏泽百花园孙景玉先生 1978 年育出，其生长势强，成花率特高，花形丰满，抗逆性强。

（24）大红一品　花蕾圆尖形，花朵菊花型，深红色；花冠 16cm×5cm。花瓣 6～8 轮。瓣基紫红色斑，雄、雌蕊正常，房衣、柱头紫红色。花侧开，早花品种。株中高，半开展。枝粗壮，节间短。中型长叶，质硬而密，斜伸；小叶圆卵形至阔卵形，多深缺刻，绿色有浅紫晕。该品种由菏泽赵楼牡丹园 1990 年育出，其生长势强，成花率高，花色鲜艳，适应性强，分枝多，萌蘖枝亦多。

（25）娇容三变　绣球型。花蕾圆形，顶部常开裂；花初开绿色，盛开粉色，后期近谢变粉白色，因而故名"三变"。花冠 16cm×6cm。外轮花瓣背面绿色，内瓣大小近似，质硬，褶叠，较稀疏，瓣端残留有花药，基部有紫红色斑；雌蕊退化变小或瓣化。花梗较短硬，花朵侧开。中花品种。株型中高，半开展，枝较粗；一年生枝较短，黄绿色；鳞芽圆尖形，顶部常开裂。中型长叶，稀疏，总叶柄长约 16cm，褐绿色，斜伸；小叶长卵形，缺刻少，端锐尖，下垂，叶面粗糙，绿色，具紫色晕。生长较旺盛，成花率低，萌蘖枝多。为传统品种。

（26）平湖秋月　皇冠型。花蕾圆尖形；花复色；花冠 18cm×10cm。外轮 2～3 轮，质地厚硬而平展，圆整，粉色，稍带粉蓝色，基部具浅紫色斑；内瓣窄长，卷曲而密集，呈淡黄色，端部常残留花药；雌蕊 5 枚，房衣浅紫色。花梗长而硬，花朵直长。中花品种。株型高，直立枝粗壮，一年生枝长，节间亦长。中型圆叶，稀疏；总叶柄长约 30cm，平伸；小叶柄紫色，小叶卵形或阔卵形，缺刻多，端钝，叶面光滑，绿色。生长势强，成花率高，抗倒春寒和病害，较耐盐碱，萌蘖枝小。

（27）黄花魁　荷花型。有时雄蕊有瓣化现象。花蕾小，圆锥形；花淡黄色，微有淡紫色晕；花冠 14cm×5cm。花瓣质硬，基部具紫斑；雄蕊正常或瓣化；雌蕊正常，结实力较强，房衣白色，花梗长，花朵直长。早花品种。株型高，直立。枝细硬，一年生枝长，节间亦长。中型圆叶，质硬，稀疏；总叶柄长约 16cm，斜伸；小叶近圆形，缺刻少，端钝，边缘上卷；叶面绿色，具深紫色晕。生长势强，成花率高，萌蘖枝少。为传统品种。

（28）玉兰飘香　单瓣型。花蕾圆形；花白色，有光泽；花冠 21cm×6cm。花瓣肥大圆整，质硬，基部有浅紫色晕；雄蕊正常或稍有瓣化；雌蕊正常，房衣粉紫色，柱头黄色。花梗挺直，花朵直上，中花品种。株型高，直立，枝条粗壮，鳞芽圆尖形。一年生枝长，节间长。大型圆叶，稀疏，质厚；总叶柄长约 15cm，稍平伸，浅紫红色，小叶柄长，小叶卵圆形，缺刻少，端钝，边缘下卷有紫红色晕。生长势强，成花率高，萌蘖枝多。

（29）早艳红　单瓣型。花紫红色，花冠18cm×6cm。花瓣3轮，宽大圆整，瓣质较硬；雌雄蕊正常，房衣紫红色，柱头紫红色。花梗较细，花朵直立。早花品种。株型中高，半开展。枝细而硬，一年生枝较长，节间较短。鳞芽圆尖形。中型圆叶，总叶柄长约13cm，斜伸，小叶卵圆形，缺刻较多，端锐尖，边缘上卷，叶面粗糙，深绿色。生长势强，成花率高，分枝多，萌蘖枝多。

（30）大金粉　荷花型或菊花型。花蕾圆尖形；花粉紫色；花冠15cm×16cm。花瓣4～6轮，宽大圆整，基部有深色晕；雄蕊正常，偶有瓣化；雌蕊正常，柱头紫红色，房衣紫红色，花梗较细，花朵侧开。中花品种。株型中高，开展。枝较细，一年生枝短，节间短。鳞芽圆尖形。中型长叶，总叶柄长约10cm，平伸；小叶披针形或卵圆形，缺刻较少，端渐尖；叶面粗糙，质硬，绿色，边缘具紫色晕。生长势中等，成花率高，分枝多，萌蘖枝多。为传统品种。

（31）墨洒金　荷花型。花蕾圆锥形；花墨紫红色，明亮润泽；花冠14cm×4cm。花瓣质软，端部具不整齐齿裂，基部具墨色斑；雌雄蕊皆正常，房衣墨紫色。花梗细软而长，花朵侧垂。中花品种。株型中高，偏矮，直立。枝细而硬，一年生枝较短，节间短；鳞芽小，狭尖形。中型长叶，质软，稀疏，总叶柄长约11cm，细而软，平伸；小叶长卵形或长椭圆形，缺刻少，端渐尖，下垂，叶面光滑明亮、黄绿色，边缘有紫红色晕。生长势弱，成花率较高，萌蘖枝少。为传统品种。

（32）黑花魁　菊花型。花蕾圆形，具紫色晕；花墨紫色，润泽细腻；花冠17cm×6cm。花瓣6～8轮，盛开时不平展，基部具墨色晕；雄蕊正常，时有瓣化；雌蕊正常，偶有瓣化成绿色彩瓣。花梗稍短而软，紫褐色，花朵侧开。中花品种。株型矮，半开展。枝较细，一年生枝短，节间亦短。中型圆叶，质软，总叶柄长约12cm，平伸，褐紫色，小叶柄稍短，小叶卵圆形，端突尖，缺刻少，叶面光滑，深绿色，有淡紫色晕。生长势稍弱，成花率高，萌蘖枝多。为传统品种。

（33）晨辉　菊花型。花蕾圆尖形；花浅红色，有润泽；花冠18cm×6cm。花瓣多轮，质稍硬，排列整齐紧密，由外向内逐渐缩小，端部色淡，基部具深紫红色斑；雄蕊正常，偶有瓣化；雌蕊变小，房衣紫红色。花梗短而硬，花朵直上或侧开。中花品种。株型矮，半开展。枝硬，一年生枝短，节间亦短。中型圆叶，质硬而密；总柄长约10cm，平伸；小叶卵形，质硬，缺刻较多，端短尖，边缘稍上卷，叶面粗糙，黄绿色。生长势中，成花率高，花色鲜艳，分枝多，萌蘖枝亦多。

（34）昆山夜光　皇冠型。花蕾圆尖形；花白色，晶莹素洁；花冠 16cm×6cm。外瓣 3～4 轮，质硬而平展，基部稍有淡紫色晕；内瓣大而波曲，雄蕊完全瓣化；雌蕊瓣化成嫩绿色彩瓣。花梗较短，花朵常隐于叶丛中。晚花品种。株型中高，开展。枝粗壮，一年生枝短，节间较短。中型圆叶，质地硬，总叶梗长约 13cm，背面有凸斑；小叶卵形，缺刻少，端突尖，连缘上卷；深绿色，背面灰绿色，多毛。生长势强，春寒花蕾易受冻害，成花率中。为传统品种。

（35）玫瑰紫　蔷薇型。花蕾圆尖形；花紫色；花冠 16cm×6cm。花瓣多轮，质较硬，端部色淡，基部有墨紫色斑；雄蕊部分瓣化，雌蕊变小。花梗硬，花朵直上。中花品种，稍晚。株型高，直立。枝较粗壮，一年生枝长，节间较长。中型长叶，稀疏；总叶柄长约 9cm，细硬，斜伸；小叶长卵形或卵状披针形，端渐尖，边缘波状上卷，叶面有绿紫色晕。生长势强，成花率高，萌蘖枝较少，易患叶斑病，落叶早。

（36）李园春　千层台阁型。花蕾圆尖形；花粉红色；花冠 16cm×7cm。下方花花瓣外 2～3 轮，形大，稍开展，内瓣褶皱而稀疏，雄蕊量少，雌蕊瓣化成嫩绿色彩瓣；上方花花量少，质薄而曲皱，雌雄皆退化变小。花梗细长而硬，花朵直上。中花品种。株型中高，直立。枝较细硬，一年生枝长，节间较短。小型长叶，质硬稀疏；总叶柄长约 10cm，细硬，斜伸；小叶椭圆形，缺刻少，端渐尖，叶面浅绿色。生长势中，成花率高，花色细腻，娇艳，分枝少，萌蘖枝亦少。

（37）青龙卧墨池　托桂型，有时呈皇冠型。花蕾圆锥形；花墨紫色稍浅；花冠 19cm×6cm。外瓣 2 轮，宽大，微上卷，基部具墨紫色晕；内瓣卷曲，瓣间有正常雄蕊；雌蕊瓣化成绿色彩瓣。花瓣较短，微软，花朵侧开。中花品种。株型中高，开展。弯曲，一年生枝长，节间亦长；鳞芽狭尖形。大型圆叶，质地厚；总叶柄长约 16cm，平伸；小叶卵形，缺刻少，端钝，下垂，叶面黄绿色，具紫色晕。生长势较强，成花率高，分枝少，萌蘖枝亦少。为传统品种。

（38）粉面桃花　金环型。花蕾圆尖形；花深粉红色；花冠 20cm×7cm。外瓣 6 轮，宽大稍有齿裂，质厚，基部具浅红色晕，端部粉白色；内瓣较大而皱，内外瓣间有一圈正常雄蕊；雌蕊瓣化成绿色彩瓣。花梗粗硬，花朵侧开。中花品种，稍晚。株型高，半开展，枝粗壮，一年生枝长，节间亦长。中型圆叶，质厚硬，稠密；总叶柄长约14cm，粗而斜伸；小叶卵形，缺刻多，端短尖，边缘微上卷，叶面绿色。生长势强，成花率较高，萌蘖枝多。

（39）玉美人　金环型。花蕾圆尖形；花粉白色，娇嫩细腻；花冠18cm×7cm。外瓣3轮，形大，质薄而较硬，基部具浅粉色晕；内瓣较大，内外瓣之间存有一圈正常雄蕊；雌蕊柱头退化，房衣粉红色。花梗较软，花朵侧开，晚花品种。枝型中高，偏矮，半开展。枝较细，一年生枝短，节间亦短。中型长叶；总叶柄长约14cm，平伸；小叶柄长，小叶长椭圆形或长卵形，缺刻少而浅，端渐尖，边、缘止卷。其鳞芽、新枝、叶皆翠绿色，早春具有很高的观赏价值。生长势中，成花率高，萌蘖枝较多。

（40）烟花紫　皇冠型。花蕾圆尖形；花墨紫色，有光泽；花冠16cm×7cm。外瓣2轮，圆整平展，基部具墨紫晕，质地细腻；内瓣密集，皱褶，瓣间杂有少量雄蕊；雌蕊退化或瓣化成黄绿色彩瓣。花梗长而直，花朵直长。中花品种。株型矮一半开展。枝较细，一年生枝短，节间亦短，浅紫色；鳞芽狭尖形，端弯，形似鹰嘴。中型长叶，总叶柄长约9cm，较细而斜伸；小叶长椭圆形，缺刻较多，边缘上卷，叶脉明显，叶面深色，背面多绒毛。生长势较弱，成花率较高，花形丰满、整齐，株态匀称端庄，萌蘖枝少。为传统品种。

（41）种生花　皇冠型。花蕾圆尖形；花复色；花冠15cm×9cm。外瓣2轮，形大，较平展，花瓣下部浅粉色，端部具浅紫色晕，基部淡花黄色；内瓣稀疏而皱；雄蕊部分杂于瓣间；雌蕊退化变小或瓣化。花梗浅紫色，长而硬，花朵侧开。中花品种。株型矮，开展。枝细弱，一年生枝短，节间亦短。小型长叶，稀疏；总叶柄长约11cm，细而硬，浅紫色，斜伸；小叶长卵形，端锐尖，边缘上卷，叶面深绿色，具深紫色晕。生长势弱，成花率高，抗逆性差，分枝少，萌蘖枝亦少。为传统品种。

（42）锦绣球　楼子台阁型。花蕾圆尖形；花深紫红色，润泽；花冠15cm×12cm。下方花外瓣2～3轮，大而质硬，基部具深紫色晕，内瓣卷曲，密集，瓣端稍有残留花药，雌蕊瓣化成紫红色彩瓣；上方花花瓣较大，直上，雌蕊退化或瓣化。梗长而硬，花朵直上。中花品种，株型中高，直立。枝粗壮，一年生枝较长，节间稍短；鳞芽圆尖形。小型长叶，质硬，较密，总叶柄长约10cm，硬而斜伸；小叶长卵形，缺刻多，端渐尖，叶面深绿色，边缘具浅紫色晕。生长势强，成花率高，花形丰满，适应性强，萌蘖枝多。

（43）锦袍红　花蕾扁圆形，花朵蔷薇型，紫红色，花冠18～20cm。花瓣7～10轮，内瓣小，中有正常雄蕊，雌蕊5～8枚，花丝、房衣淡紫红色，柱

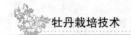

头红色。植株中高，稍开展。一年生枝粗，长 25～30cm，黄绿色，略棕色晕；叶片黄绿色带古铜色晕，叶脉深。叶柄圆形，柄凹棕褐色，上部紫红色。生长势强，萌蘖枝较多。为主要栽培品种。

（二）西北牡丹品种群

1. 历史沿革　西北牡丹的观赏栽培约始于唐代。甘肃天水一带早已有牡丹栽培。西北牡丹明清之际栽培日盛。如栽培中心临夏，当时有"小洛阳"之称。

2. 栽培分布　分部于甘肃省渭河中上游的天水、甘谷、武山、陇西及静宁；大夏河中下游的夏河、临夏、和政；洮河下游的临洮、康乐，以及兰州、榆中等地；陇东的平凉也有较多栽培。此外，青海西宁及其以东地区、陕西西安及其以西地区和宁夏的固原地区也有分布。栽培中心在兰州、榆中、临夏、临洮等地。

3. 野生原种　紫斑牡丹和矮牡丹的野生分布区主要在黄土高原、黄河流域地区。从西北牡丹品种的主要性状表现中可以证明，西北牡丹品种群的主要野生原种是紫斑牡丹，但也带有矮牡丹的血缘。

4. 主要特点

（1）植株高大，萌蘖枝少。年生长量较大，叶形变化较少，总叶柄长。

（2）花瓣基部具有墨紫色或紫红色大斑。花瓣厚，花香浓郁。

（3）花型演化程度较中原品种群为低。台阁花品种数量较少。

（4）品种数量较多，有 100 多个品种。开花时间长。

（5）耐寒、耐旱、耐碱，生长旺盛，病虫害少，可在寒冷、干旱的西北地区种植。

（6）播种繁殖为主，分株、嫁接等方法应用较少。

5. 主要品种

（1）美人面　花荷花型至菊花型，粉红色，盛开时粉白色。花大，花冠 20cm×10cm。内外花瓣均大型，外瓣基部有大块墨紫色斑，内瓣有深紫红斑，长达花瓣的 1/3～1/2。雌蕊正常，柱头黄色。房衣紧抱，端尖裂，黄白色。植株半开展。小叶狭长，叶背有疏毛。该品种花大，花多，早开，花期长，耐日晒，有清香。生长势较强。

（2）粉狮子　花托桂型，淡粉色转白色。花冠 16cm×7cm。外瓣 2 轮，瓣基大型墨紫色斑占据整个花瓣基部，高达花瓣的 1/3，紫斑周围的紫纹呈辐射状。内瓣狭长，略扭曲，瓣基墨紫斑长达花瓣的 3/5～3/4，部分雄蕊花丝宽大，花丝紫红色。雌蕊正常。房衣羽裂，黄白色。植株半开张，枝条粗壮。

小叶宽圆形，叶背具疏毛，脉基毛多。叶柄圆形，柄凹淡黄褐色，该品种又称粉银针，花色偏白，又称玉狮子，中花品种。其花型特殊，为牡丹中少见的托桂型品种。花多而繁。最大植株丛围 12.6m，高 1.83m，着花平均 325 朵，被称为"牡丹王"，临夏习见栽培，兰州偶见。

（3）青心白　花皇冠型，白色。花冠 18cm×7cm。外瓣大，2 轮，端浅裂，瓣基有大型深紫红斑，内瓣略小，瓣基有紫斑条纹，长达全瓣的 1/2，瓣中有一条白纹。内瓣间夹多数正常雄蕊。雌蕊退化为极小型或无。植株较开展；枝条粗壮，生长势强，萌蘖枝多。叶片大或中大，较密，深绿色。小叶稍宽，叶背面及小叶基部多毛。叶柄圆形，柄凹红褐色。该品种花大，花繁，色纯，为中晚花品种。花耐日晒，稍有清香。

（4）玫瑰千叶红　花皇冠型至绣球型，玫瑰红色。花冠 15cm×7cm。外瓣 2 轮，瓣基墨紫斑长达花瓣的 1/3。内瓣较多，中心瓣与外瓣间有较多条形瓣，夹极小型紫红色花瓣及少量雄蕊，花丝淡红色。内瓣端多三裂，瓣基紫斑中有白纹分为两半。雌蕊正常，柱头肉红色，房衣黄白色。植株近直立，生长健壮。叶大型，小叶宽圆，浅绿色，叶背疏被柔毛，叶脉毛稍多，小叶柄有毛。柄凹浅紫红色。中花品种。临夏、和政习见栽培。

（5）金花绣球　花皇冠型至绣球型，红色。花冠 16cm×7cm。外瓣稍大，瓣基有墨紫色斑。中心瓣高起，瓣端常残存花药，部分花瓣中央有条纹将瓣基紫斑分为两半。内外瓣间有较多条形瓣，瓣间有正常雄蕊，花丝淡紫红色。雌蕊正常，柱头肉红色。房衣抱 5/4，黄白色。植株稍开展。叶深绿色，小叶宽圆形，有深缺刻，叶背疏具柔毛，中花品种。临夏有栽培。

（6）朱砂红　花皇冠型（瓣少时开成荷花型），紫红色或深紫红色。花冠 15cm×6cm。外瓣 2 轮，瓣基墨紫色。内瓣瓣端有波状缺刻，瓣基深紫红色斑，长椭圆形，长达花瓣的 1/2。雌蕊周围及内瓣间杂多数雄蕊，花丝紫红色。雌蕊正常，柱头深红色。房衣紧抱，紫红色。植株半开展，生长势中等，萌蘖枝中多。叶片小，叶面粗糙，深绿。小叶近卵形或有深缺刻，叶背多毛。花梗、柄凹均有暗紫褐色晕。该品种花期较早，花繁，栽培容易。但在烈日下，内部花瓣易焦。有将花色较深的称为紫朱砂、焦头朱砂。临夏习见品种。兰州有栽培。

（7）三转　皇冠型，花色由雪青、浅紫变为粉红色。花冠 14cm×7cm。外瓣稍大，宽倒卵形，瓣基有大块紫红色斑，近椭圆形；内瓣细碎；中心瓣稍宽，内外瓣间多为宽 1.2～2.5cm 的条形瓣。瓣端有波状缺刻，瓣基紫斑有白纹分为两半，紫斑长达花瓣中部。有正常雄蕊，花丝紫红色。雌蕊正常，柱头黄色。房衣抱 1/3，乳黄色。新枝绿色。小叶椭圆形，有深缺刻，叶背疏具柔毛。柄凹浅褐色。花期中。因花色多变得名。临夏习见栽培。

（8）大耦　花皇冠型，淡雪青色至浅粉红色。花大，外瓣 2 轮，瓣基墨紫色斑，大型，周围紫红条纹呈辐射状。内瓣瓣端褶皱状，有浅波状缺刻。内外瓣间有少量托桂瓣，瓣基具紫斑花纹，夹部分雄蕊，花丝紫红色；雌蕊正常，柱头黄色。房衣深齿裂，黄白色。植株较直立，茎粗壮，萌蘖枝多。叶大，小叶宽圆形，叶背多毛。叶柄粗圆，柄凹紫褐色。中早开花品种，临夏习见栽培。

（9）绿蝴蝶　花绣球型，白色，瓣端多绿色斑块或部分花瓣呈绿色。花冠 14cm×6cm，外瓣 2 轮，中大，瓣基墨紫色斑近三角形，夹部分雄蕊，花丝紫红色；雌蕊正常，柱头黄色。房衣紧抱，端齿裂，黄白色。植株半开展，偏矮，生长势中下。新枝绿色有紫红晕，多弯曲状。叶小，小叶狭长，叶背疏被柔毛。本种因瓣端常有绿色斑似蝴蝶落于花上而得名。花期中。临夏、和政习见栽培。

（10）红蔷薇　花绣球型，鲜红色，艳丽。花冠 15cm。外瓣较小，基墨紫色斑近长卵形，背中部有白条纹。内瓣中部有白条纹将瓣基紫斑分为两半。有少量正常雄蕊，花丝淡紫红色。雌蕊正常，柱头肉红色。房衣紧抱，顶端为紫红色。植株略开展，中高，生长势中等，萌蘖枝多。新枝绿色略带紫红晕。叶斜伸，浅绿色。小叶狭长，稍内卷，背疏被柔毛，柄凹深紫红色。本种花繁色艳，花稍小而有清香。侧芽开花常成蔷薇型。兰州有栽培。

（11）佛头青　花彩瓣台阁型，初开淡黄色，盛开后转黄白色。花冠16cm×8cm，下方花外瓣 2 轮，瓣基有较大的紫红色斑，内瓣的紫斑可长达花瓣的1/2，中有白纹，夹多数正常雄蕊，花丝白或淡黄色。雌蕊 5 枚，柱头淡绿色，或瓣化成彩瓣，瓣基部有大块墨紫斑，中有白条纹。房衣黄白色或带紫色条纹。上方花有少数花瓣，中有 100 余枚雄蕊。植株半开展，生长势中等。枝粗壮，新枝绿色。叶深绿色，小叶椭圆形，有深裂，叶背疏被柔毛，脉基毛多。柄凹淡黄色。

（12）金花状元　花彩瓣台阁型，红色。花冠 16cm×8cm。外瓣 2 轮，瓣基有较大的墨紫色斑，内瓣瓣基紫斑呈长椭圆形，长可达全瓣的 1/2。中心瓣与外瓣间有较多条形瓣，夹部分雄蕊，花丝淡紫红色。雌蕊正常，柱头肉红色，或完全瓣化成红色彩瓣。中间有两条绿白色条纹，瓣基有紫斑。上方花仅由钧余枚小型雄蕊组成，多无花药。植株半开展，生长势中等。新枝绿色略有紫晕。小叶宽圆，有深裂，叶背多毛。叶柄圆，柄凹紫褐色或紫红色。中开花品种，花蕾半开时，花外瓣包住中心未全开的细瓣及正常雄蕊，金黄色花药夹于花瓣之中，甚为艳丽，因而得名。临夏习见栽培。

（13）黑天鹅　花单瓣型，暗紫红色。外瓣基部有黑斑。雄蕊多数，花丝紫红色。雌蕊正常，柱头紫红，房衣紧抱，紫红色。植株稍开展。一年生枝黄绿色。小叶浅绿，背多毛。柄凹紫红色。该品种生长势弱，花期早。

（14）争春　花为荷花型，桃红色，花冠 17cm×7cm。瓣基深紫红斑近菱形，内瓣中部白纹将其紫斑分为二。雌蕊 5 枚，瓣化，房衣深尖齿裂，紫红色，内又有 2 枚雌蕊，柱头肉红色。植株高大，半开展。1 年生枝绿色。叶深绿，斜伸，背多毛，柄凹紫红。单株着花量 129 朵。为花期最早品种。

（15）墨池烟霞　花菊花型，雪青色，花冠 16cm×6cm。瓣基墨紫斑大，长圆。内瓣紫斑多有白纹分之为二。雄蕊无，雌蕊个别瓣化；柱头淡肉红色，房衣紧抱，带红晕。植株较高，开展。一年生枝绿色带棕褐晕。叶片小，深绿，背多毛，柄凹紫红色。单株着花量 110 朵，单花花期 8 天。该品种亦称蓝墨相映，长势中，萌蘖枝多，花香浓。花期中。

（16）思春（甜蜜的梦）　花近蔷薇型，淡粉色。花冠 18cm×7cm。瓣基墨紫色斑大。内瓣上大下细线形，缘皱曲。内外瓣间夹有雄蕊，花丝淡紫红色。内瓣紫斑有白纹分之为二。雌蕊 5 枚，柱头黄色，房衣黄白色。一年生枝黄绿色。叶浅绿，斜伸，背疏毛。柄凹黄褐色。单株着花量 136 朵。其生长势较强，花大香浓。中晚花品种。

（17）菊花粉　花为托桂型，初开粉红，盛开粉白。花冠 14cm×8cm。瓣基深紫红色斑，内瓣窄，端多齿状裂。雄蕊多数，花丝淡紫红色。雌蕊 5 枚，柱头黄色。房衣深齿裂，白色。该品种生长势中下，花繁，中早开花品种。

（18）紫冠玉珠　花皇冠型，深紫红色，花冠 16cm×6.5cm。外瓣基部黑色斑大型。雄蕊多数，花丝浅紫红色。雌蕊 5 枚，柱头淡黄色，房衣紧抱，乳白色。植株较高，半开展。一年生枝黄绿色。叶斜伸，绿色，背叶脉有簇毛，柄凹紫褐色。该品种生长势中，为中早开花品种，花不耐日晒。

（19）玫瑰撒金　花皇冠型，玫瑰红色。花冠 16cm×8cm。瓣基墨紫色斑近菱形；内瓣紫斑多有白纹分之为二。雄蕊少数，花丝淡紫红色。雌蕊正常，柱头粉红色，房衣紧抱，紫红色。植株近直立。一年生枝黄绿略带紫晕。深黄绿色，近平展，叶背多毛，柄凹褐色。花蕾圆桃形。其生长势中，中花品种。花有清香，不耐日晒。

（20）紫球银波　花皇冠形至绣球型，蓝紫红色。花冠 17cm×11cm。花瓣大，基深紫红斑亦大。雄蕊少数，花丝紫红色；雌蕊 5 枚，柱头浅黄绿色或部分瓣化。房衣抱 2/3，乳白色。植株较高，枝开展。一年生枝黄绿色带褐晕。叶绿色，柄凹褐色，叶背有疏毛。单株着花量 68 朵，单花花期可达 10 天。生长势弱，花香浓。中花品种。

(21) 北国风光　花绣球型，白色，花冠 17cm×9cm。外瓣 2 轮，瓣基墨紫色斑，近卵形或菱形。内瓣基部紫斑中有白色条纹，有少数正常雄蕊，花丝白色。雌蕊 7 枚，五大两小，柱头淡黄色。房衣全抱，端齿裂。植株半开张，枝斜伸，新枝绿色带紫褐晕。叶大，黄绿色，叶缘紫褐色。小叶长卵圆形，叶背疏生柔毛。叶柄圆形，柄凹上端紫褐色，下端淡褐色。花期中。

(22) 理想　花绣球型，深玫瑰红色，花冠 15cm×12cm。瓣中大，整齐，瓣基紫红斑小。雄蕊无，雌蕊近瓣化。植株高大，开展。1 年生枝绿色。花蕾圆形，单株着花量 80 朵。生长旺，萌蘖枝中多。单花花期可达 10 天。花期中。

(23) 朝霞　花绣球型，蓝红色，花冠 15cm×10cm。瓣基墨紫斑近菱形。雄蕊少数，花丝白色。雌蕊部分瓣化，绿白色。房衣抱 2/3，端齿裂，黄白色。植株高大，近直立。一年生枝带紫红晕。叶深绿，叶缘紫红色，叶背疏毛，柄凹紫红。花蕾圆形，单株着花量 210 朵，单花花期 8 天以上。其生长势强，花香浓，花期中。

(三) 江南牡丹品种群

1. 历史沿革　从宋代起已有数十个性状优异的品种。其历代栽培中心的转移如下：杭州（宋代）→暨阳（明代，今江苏江阴，一说是浙江诸暨）→铜陵、宁国、杭州、上海（清代）→铜陵、宁国、杭州、上海。

2. 栽培分布　分布于长江中下游的安徽、江苏、浙江等省（自治区、直辖市）。铜陵、宁国、杭州、上海等地为栽培中心。主要栽培地有盐城（江苏）、乐昌（广东）、南昌（江西）等。药用牡丹'凤丹'分布于安徽铜陵凤凰山、南陵丫山一带。该品种群历史悠久，最早的牡丹专著《越中牡丹花品》就已记载有 30 多个品种。

3. 野生原种　主要原种为杨山牡丹。

4. 主要特点

(1) 株丛高大直立。一年生枝长，土芽少，分枝性强，开花多，蔚为壮观。

(2) 开花早，当地花期 3 月下旬至 4 月上中旬。

(3) 根系浅，耐湿热。对夏季高温多雨、冬季温暖湿润的气候适应性强。

(4) 历史上品种数量众多。如计楠《牡丹谱》(1890) 收集品种 103 个，嘉兴一带牡丹名冠一时。

(5) 根系浅，耐湿热，适合在中国南方广大地区推广栽植。嫁接、分株繁殖为主，药用牡丹主要用播种繁殖。

5. 主要品种

(1) 徽紫 花朵蔷薇型，紫红色，花冠 15cm×6cm。花瓣 6～8 轮。瓣基有深紫红辐射纹。花心有正常雄蕊、雌蕊。花丝、房衣、柱头均紫红色。植株中高。一年生枝黄绿色。粗壮，长 25～30cm。9 小叶复叶较密生，绿色，小叶大，有深缺刻，叶脉下凹。柄凹上端紫红，下端黄褐色。

(2) 玉重楼 彩瓣台阁型，白色，花冠 16cm×8cm。下方花外瓣 5～6 轮，瓣基有红晕，内夹一圈正常雄蕊和 5 个发育不全的雌蕊，房衣紫红色，深齿裂；上方花有多轮高起花瓣，常带紫红纹，中间夹正常雄蕊，花丝浅紫红色，约有 9 个小型或略瓣化的雌蕊。花侧开。株型高，半开展；茎粗壮，一年生枝长 40cm 以上，绿色。9 小叶复叶近平展，黄绿色，小叶卵状椭圆形。叶柄长圆，柄凹下部浅黄色。生长势中，萌蘖枝中多。该品种生长势强，花有清香。一年生枝长，适作切花。催花也较容易。

(3) 玉楼春 花为彩瓣台阁型，初开粉红色，鲜艳，瓣基红色。花冠 14cm×8cm。下方花外瓣 5～6 轮，内有一圈正常雄蕊，花丝红色，房衣黑紫色，有半瓣化雌蕊；上方花内瓣高起，房衣深紫红色，雌蕊 8 枚，柱头紫红色。花梗软，花头下垂，中晚花品种。株高型，半开张。一年生枝黄绿色带红晕，基部叶小叶 11 片，有深刻缺；叶柄圆，柄凹紫红色。该品种生长势中，花有淡香。

(4) 粉玉楼 植株高大，半开展，生长势中；早花品种，花朵蔷薇型，粉银红色，花径 18～20cm。本品花形丰满，花色艳美，花有清香。

(四) 西南牡丹品种群

1. 历史沿革 天彭（今成都市彭州市）牡丹从唐代开始栽培，主产地在丹景山，种牡丹甚多。到宋代，引入洛阳品种，栽培大盛。陆游《天彭牡丹谱》(1178) 载："大抵花品近百种，其中著者四十。"到清末天彭牡丹走向衰退，现又恢复发展起来。

2. 栽培分布 分布于四川、云南、贵州、西藏东南部等地。以彭州栽培历史最为悠久，最负盛名。主要栽培在成都彭州、大理、丽江、昭通、武定、贵阳、拉萨等地。

3. 野生原种 天彭牡丹主要是由中原牡丹和西北牡丹引种后，那些适应当地生态环境的品种残留下来，与当地原有品种经过历代栽培选育而形成的。

由此可见，天彭牡丹的野生原种，主要应为紫斑牡丹和矮牡丹，或有杨山牡丹的血统。

4. 主要特点

（1）植株高大，叶片大，花梗长，花瓣基部有紫斑或红晕。枝叶粗壮而较稀疏。丽江品种叶狭长，顶裂浅，缺刻少，脚芽多。

（2）根系浅，耐湿热，生长势强。

（3）花型演化程度高，彭州的重瓣品种中，多台阁花品种。

（4）花径大，着花量较少，花期较长。

（5）以分株、嫁接繁殖为主，其他方法较少。

5. 主要品种

（1）彭州紫　花初生台阁型，紫红色，有光泽，花冠 15cm×7cm。下方花外瓣 3～4 轮，瓣基黑紫红斑；内瓣一圈小型膜质瓣，200 余枚，边缘白色，瓣间残存少量雄蕊。上方花有数十枚较大型花瓣。雌蕊两轮，9～11 枚，略瓣化。叶大型，斜伸，较稠密；小叶宽大肥厚，深绿色，倒阔卵形，2～5 裂。当年生枝及叶柄浅绿色有紫红晕。枝干直立，高可达 1.5cm，萌芽力强，生长势强，较耐阴，稍耐湿，耐寒，喜肥。该品种色彩美丽，香味浓，适应性强，为彭州牡丹之佳品。

（2）玉楼子　花彩瓣台阁型。中为雄蕊瓣花瓣，雌蕊 7 枚，瓣化成有绿色斑纹的彩瓣；上方花雄蕊瓣不规则形，瓣间夹有一圈正常雄蕊，花心仅有少量雄蕊，花丝紫红色。内外花瓣排列紧密。中有雌蕊 14 枚，小型，房衣及柱头紫红色。全叶大型，斜伸，较密；小叶肥厚，有光泽，带紫红晕，叶背有柔毛；叶柄黄绿色，柄凹紫红色。幼枝黄绿色有紫红晕。株高可达 2m 以上；萌芽力强，分枝多。花稍藏叶下，有较浓的玫瑰香味。着花多，为晚花品种。生长旺盛，较耐阴，适应性强。

（3）金腰楼　花为分层台阁型，粉红色，有光泽。花量大，可达 25cm×20cm。下方花外瓣 2 轮，瓣基紫红斑；内瓣较狭长，内外瓣间常有一圈正常雄蕊，花丝紫红色。雌蕊变瓣与正常花瓣无异；上方花中有较多碎瓣，排列紧密。中有雌蕊 6 枚，4 枚瓣化，2 枚退化。全花瓣可多达 880 枚。中花品种。植株高可达 2m，开展。枝条粗壮。全叶大型，斜伸，稍稀疏；小叶倒卵形，绿色，质厚有光泽，背面无毛；叶柄较长，柄凹紫红色。当年生枝黄绿色带酱褐色晕。该品种生长旺盛，较耐阴，适应性强。其花朵硕大，观赏价值高，为彭州的代表品种和主栽品种。

（4）胭脂楼　花为分层台阁型。胭脂红色，深浅相间，有光泽，花冠

17cm×10cm。下方花花萼瓣化（外彩瓣），外瓣大，2～3轮，瓣基紫红斑，内瓣窄小，内外瓣间有较多短瓣和条瓣，并夹有正常雄蕊，花丝紫红色。雌蕊变瓣与正常花瓣无异；上方花花瓣杂碎，夹正常雄蕊。雌蕊2枚，退化，柱头紫红色。植株半开展，高1.2～1.5m，萌芽力较强，分枝较多，叶较密。全叶大型，斜伸；小叶倒阔卵形，绿色有光泽。叶柄较长，柄凹紫红色晕。当年生枝黄绿色带紫红晕。该品种生长旺盛，适应性强，较耐阴，亦为彭州习见品种。

（5）紫绣球 花为球花台阁型。紫红色，有光泽，花冠21cm×18cm。下方花花萼瓣化，外瓣3轮，瓣基紫黑斑；内瓣较窄，内外瓣间有一圈退化的雄蕊变瓣与正常花瓣无异；上方花雄蕊亦全瓣化，但常残存花药。雌蕊14枚，退化变小。内外花瓣可达524枚。中花品种。植株半开展，高可达1.3m以上。全叶大型，斜伸，稀疏。小叶肥厚，粗糙，暗绿色，阔倒卵形，端骤尖；总叶柄较长，近圆形，柄凹有紫红色晕。当年生枝黄绿色带红晕。该品种生长旺盛，较耐阴，适应性强。有较浓的玫瑰香味。花梗较软，盛开时花头下垂，稍藏叶下。

（五）其他栽培类群

除前述四大牡丹品种群外，其他少量分布的还有延安牡丹、鄂西牡丹、寒地牡丹等。

1. 延安牡丹 据文献记载，延安及其周围陕北黄土高原及陇东黄土高原曾有野生牡丹广为分布。有的地方甚至"与荆棘无异，土人皆取以为薪"（欧阳修《洛阳牡丹记》）。至今，陕甘边境上的子午岭林区及延安附近林区还有紫斑牡丹及矮牡丹分布。宋代延安、宜川一带的牡丹品种如丹州红、延州红、丹州黄和玉蒸饼等已引种到洛阳。现延安万花山建有山地牡丹园。侧柏林下野生牡丹与栽培品种交相辉映，别有一番情趣。每年"五一"前后，延安万花山举行牡丹花会，观者如潮。延安牡丹栽培史上值得一提的是抗战期间，即1939—1940年牡丹花期，中共中央领导人毛泽东、周恩来、朱德等曾两次到万花山观赏牡丹，并要求当地农民群众注意保护好这座天然大花园，将来为人民服务。

延安万花山牡丹是个特殊的类群，近年来颇受植物学家、园艺学家的关注。这里的牡丹是个半野生半栽培的类群。在以侧柏为建群种的次生林下，既有矮牡丹的野生居群，又有零星分布的紫斑牡丹，以及二者的杂种系列，即介于矮牡丹、紫斑牡丹中间性状的植株。与此同时，也有一批人工培育的品种栽植在半山腰的崔府君庙周围。这些品种明显表现出矮牡丹与紫斑牡丹杂交后代的特征，形成有紫斑与无紫斑两大系列的所谓"平行演化"现象。据观察，这里牡丹品种约在 15 个以上，大多为单瓣型，少数为不典型的托桂型或皇冠型。根据其起源及品种结构，被划分为中原牡丹品种群延安亚群。

延安牡丹分布区属于暖温带半湿润偏旱气候区，在该环境条件下生长的牡丹应属温暖干燥生态类型。

2. 鄂西牡丹 鄂西即湖北西部。该区域从湖北保康荆山山脉到神农架林区有较丰富的野生牡丹资源，种类有紫斑牡丹、卵叶牡丹和杨山牡丹。这里是中国牡丹的分布中心和多样性中心之一。其中杨山牡丹经湖北恩施分布到湖南西北部的龙山县。这一带的襄樊、宜昌、保康、神农架，以及长江以南的恩施、建始、利川等地有牡丹的观赏栽培或药用栽培。

鄂西牡丹中襄樊牡丹栽培历史最早，南宋时即有诗文提到襄阳有牡丹栽培，到明代《襄阳县志》更有明确记载。今襄樊市隆中风景区在老龙洞辟地 2 000m² 建牡丹园。从 1984 年以来，每年 4 月举办花会。襄樊市所辖保县于明弘治十一年（1498）设县，清修县志中有牡丹野生分布的记载。牡丹栽培约始于明末清初，现有品种 30 多个。

鄂西南的建始牡丹产于该县花坪乡关口一带，品种有'锦袍红''湖蓝'等，以药用栽培为主，亦供观赏。栽培面积在 2 000 亩左右，盛时可达 5 000 亩。'锦袍红'与垫江的'太平红'等品种在重庆东部及湖北西部的万州、奉节、巴东和恩施一带广为栽培。

鄂西北襄樊、保康一带的品种来源：一是中原牡丹南移，经长期风化驯化的结果；二是当地野生牡丹直接引种驯化，产生变异；三是利用紫斑牡丹、杨山牡丹和卵叶牡丹进行人工杂交选育的结果。鄂西南建始一带的牡丹生长旺盛，这里的'锦袍红'等牡丹品种是中原牡丹南移，还是当地起源，有待进一步探讨。在山东菏泽，由建始引去的'锦袍红'已代替了当地生长势弱的原有品种，并已在中国牡丹产区广为传播。

鄂西牡丹分布区的地貌、气候和土壤条件有着一定变化，其中保康牡丹分布在海拔 320～1 680m 之间，属于鄂西北山地地貌，为亚热带北缘气候。而恩施、建始处于鄂西南山地平原区，分布在海拔 1 200～1 600m，这一带降水量较多，气温较高，但日照较少。鄂西南与重庆、贵州是我国云雾及雨日最多的地区。从总体上看，鄂西牡丹属温暖多湿生态类型。目前将鄂西牡丹暂划为一个品种亚群，但鄂西北与鄂西南生态气候条件有较大差别，品种起源与品种结构上也有所不同，鄂西南与重庆、贵州牡丹相近，也可以考虑另外划分为一个亚群。

3. 寒地牡丹 这里"寒地"是指我国东北地区中北部（含内蒙古自治区东北部），相当于中温带北缘及寒温带气候区。这一带过去曾被认为是牡丹栽培的"禁区"。但据考证，唐代东北牡丹江附近曾有过牡丹栽培。至金代，其都城上京亦有牡丹栽培（此据金章宗完颜璟《云龙川泰和殿牡丹》诗）。但此后牡丹就很少见到了。到 20 世纪 80 年代初，沈阳、长春、佳木斯、哈尔滨、尚志、大庆和牡丹江等地先后开展引种工作，均有成效，其中尚志市开展牡丹引种育种已 20 余年，选育出了一批能耐－44℃极端低温的品种（品系），如'紫袍金带''紫香莲''黑龙焕彩'等。现沈阳市植物园内建有牡丹园，长春市建有牡丹公园，哈尔滨建有森林植物园及太阳岛公园，牡丹江市人民公园内亦建有牡丹园，大庆市牡丹园正在建设中。东北地区有望经过一段时间的培育，筛选出一批适应东北寒冷气候的牡丹品种，形成中国东北牡丹品种群。

除上述牡丹品种群外，特别值得一提的还有二季开花牡丹，也叫寒牡丹或冬牡丹。这些植株秋冬季仅是枝顶部的一部分花芽萌发开花，而未萌动的芽春季继续生长开花。这是一类对冬季低温不太敏感，不需太低温度即可度过春化阶段的品种，分固定型和不固定型。我国牡丹传入日本后，日本经过长期培育研究，育出不经特殊处理即可在初冬开花的寒牡丹。目前，我国已经培育出几个二季开花牡丹品种，如'傲霜''黄海十月春'等。国内现有二季开花牡丹品种多从日本引进，品种有'户川寒''白峰''新东玄''丰明''春日山'等。美国育出的黄色牡丹品种'海黄'，具有不需低温处理就能连续开花的习性，在自然条件下，可以边生长边花芽分化，5～11 月可以连续开花，其开花机理值得研究和开发利用。

近几年来，洛阳各牡丹园每年都发现有秋冬季早春陆续开花的牡丹，品种有'藏枝红''似荷莲'和'银红巧对'等。山东菏泽亦已选育出一批秋冬二次开花品种。

综上所述，中国牡丹园艺品种体系从历史发展上看，是由一条主线和几条副线发展演化而成的。发展主线是中原品种群，副线有西北品种群、江南品种群和西南品种群等。

从历史演化来看，在中国栽培牡丹品种群的形成和发展中，中原品种群一直居于主要地位，其他品种群的发展，或多或少地受到中原品种群的影响。它们各品种种群间能相互交流，互相融合。但由于各品种群所在地自然条件和主要野生种源的不同，仍形成各具特色的品种群。所以，在各品种群相接近的部位，常表现品种群间明显的交流现象。如延安牡丹品种显现明显的中原品种群

和西北品种群的。

（六）国外牡丹的引种大大丰富了中国牡丹的种质资源

国外引种中国牡丹，经过一些育种学家的努力，形成了日本、欧洲、美国三大牡丹品种群。现在，国外牡丹已在国内广泛引种，为丰富中国牡丹种质资源起到了重要作用。

1. 日本牡丹品种群　日本是引种中国牡丹较早的国家，大约在公元 8 世纪，即 724—744 年间，牡丹通过日本遣唐史传往日本。据说是由空海和尚带回去的，开始只作为药用植物栽培。随后，由于中国牡丹品种和丰富的牡丹文化不断传往日本，牡丹作为象征繁荣昌盛的"富贵花"被日本人民所接受。江户时代中期，日本开始了以提高观赏品质为主要目的的品种改良工作，培育出数以百计的既能适应日本水土条件，又能满足日本人审美要求的品种，形成了特征鲜明的日本牡丹品种群。日本牡丹以单瓣、半重瓣花型为主，花头直立，花心显露，花色纯正、艳丽，花大而繁，且着花容易。现日本有品种 300 个左右。1948 年，日本的伊藤（*Toichi Itoh*）用芍药品种'Kakoden'与黄牡丹杂种'Alice Harding'杂交获得成功，杂交苗 1963 年在美国开花，至今已培育成功 60 多个牡丹、芍药杂交品种，称为伊藤杂种。这些品种含有牡丹基因，性状介于芍药与牡丹之间，但主要表现出芍药的特征，习性类似芍药，花繁叶茂，花期晚且较长，有的新培育品种花期可达 1 个月以上，观赏价值很高。

2. 欧洲牡丹品种群　欧洲牡丹品种有两大类群：一类是法国人于 19 世纪末将中国的黄牡丹与中国中原牡丹品种进行杂交，培育出一系列黄花品种，在国际市场上长盛不衰；另一类是英国、法国等直接从中国引进牡丹品种（主要是中原牡丹）经长期驯化后形成的品种类群。这类引种活动始于 16～17 世纪。欧洲人首先从进口的中国刺绣和瓷器上的牡丹图案而对牡丹产生兴趣。大约是 1786 年，英国邱园主人约瑟夫·班克斯（Joseph Banks）让东印度公司的外科医生亚历山大·邓肯（Alexander Duncan）在广州为他搜集牡丹，并于 1787 年送到邱园，1789 年开花。1804 年，英国植物学家安德鲁斯（H. C. Andrews）根据一株深粉色重瓣花给牡丹命名了拉丁学名（*Paeonia Suffruticosa* Andr.）。此后，著名植物采集家罗伯特·福琼（Robert Fortune），受英国皇家园艺协会的派遣，多次到上海引种中国牡丹，同时将中国用芍药根嫁接牡丹的繁殖技术介绍到英国，从而使英国及其他国家的牡丹有了较快的发展。现法国有牡丹品种约 200 个。

3. 美国牡丹品种群　美国开始引种牡丹较晚，在 1820 年前后先从英国引入牡丹，1836年又从中国引入牡丹，并培育了20多个品种。进入20世纪，日本牡丹、欧洲牡丹和中国牡丹相继进入美国，使美国牡丹得以发展。随后，美国育种专家桑德斯（A. P. Saunders）从法国引进黄牡丹和紫牡丹，与引进的日本牡丹进行杂交，培育出一批从深红色、猩红色、杏黄色到琥珀色、金黄色和柠檬色等颜色变化和组合的种间杂种后代，并从中选择命名了75个以上新品种。现美国牡丹品种约有400个。

上述3个牡丹品种群各有特色，目前在国内都有引种栽培，其中以日本牡丹品种引进最多。早在新中国成立初，日本牡丹在上海、南京即有引种，但多毁于战火。1980年以后，上海、菏泽、洛阳等地又多次引种，而以2002年前后洛阳市的引种规模最大，共引进各类品种160余个，其中包括法国、美国育出的黄牡丹系列、紫牡丹系列，以及日本育出的伊藤杂种系列。引进的日本牡丹及各种远缘杂交品种花期较晚，尤以黄仡系列远缘杂交品种（伊藤杂种）花期最晚，可延后15～20天或者更长。中原品种与西北品种及引进的日本、法国、美国品种若能合理搭配栽种，牡丹群体花期可以由原来的20天延迟到40天左右。这对以旅游业为特色的洛阳等地来说，有着非常重要的意义。

4. 中国牡丹在日本的传播和发展　日本是较早引进中国牡丹的国家。早在日本奈良时代的圣武天皇在位期间（724—749），中国牡丹就通过日本遣唐史传往日本，开始仅作为药用植物栽培。平安时代（794—1192），日本开始了牡丹的观赏栽培。江户时代（1603—1867）中期，日本进行了以提高观赏价值为主要目的的牡丹品种改良工作，运用选择育种的方法，注意从实生苗中选育新品种，从而培育出一批适应日本风土条件，并能满足日本人。1695年伊兵卫《花坛地锦抄》一书记载了437个牡丹品种，其中日本牡丹品种近300个，从中国引入审美要求的新品种，逐步形成了特征鲜明的日本牡丹品种群。到文政年间（1818—1829），日本牡丹进入最繁盛时期，江户城（即今东京）内开辟了多处著名的牡丹园。明治时代（1868—1912）初期，日本开始牡丹的商业栽培，在大阪的池田、兵库的宝冢、新泻的信浓川和阿贺野川流域及岛根的大根岛等地，相继出现了牡丹苗圃。当时大阪府池田成为牡丹栽培中心，并开始向国外输出苗木。大正年代（1912—1926）后，日本牡丹向外输出增多。20世纪70年代后，日本牡丹年商品苗产量达300万株左右，其中70%输往欧美各国。

5. 中国牡丹在欧洲的传播和发展　欧洲人首先是从中国进口的刺绣、瓷器中的图案以及画有牡丹的中国画上认识中国牡丹的，开始他们几乎不敢相信中国会有如此雍容华贵的花卉。1665年，荷兰东印度公司的代表在访问中国北京时，亲眼目睹了盛开的牡丹，并记载了这一事实。大约过了一个世纪，英国皇家花园——邱园的主人约瑟夫·班克斯读到了这篇文章，并看了许多中国牡丹画，对中国牡丹产生了浓厚的兴趣。1787年，约瑟夫·班克斯让东印度公司的外科医生亚历山大·杜肯（Alexander Duncan）到广州搜集牡丹并送到英国邱园。1789年，英国邱园栽培的中国牡丹有一株开出了高度重瓣的粉红色花，这便是有些历史文献中记载的"粉球"（CV. Powder Ball），也是最早成功踏上欧洲大陆的中国牡丹。

1804年，英国植物学家安德鲁斯（H. C. Andrews）正式给牡丹定了学名（*Paeonia suffruticosa* Andr.），这是在芍药属植物中首次被记载和命名的木本种。虽然现在已经证明牡丹不是野生种，而是以栽培杂种为对象进行记载并命名的，但根据国际惯例，这个拉丁学名是有效的。

1802年，一艘"希望"号轮船，把一批牡丹从广州运到英国哈德福夏郡，种植于 Abraham Hume 爵士的花园中，其中一株于1806年开出略泛粉色的白色单瓣花，花瓣基部的紫红色晕斑引人注目，被安德鲁斯定为新种（*P. papaveracea* Andr.）。该种曾被认为是栽培牡丹的野生原种。现在已经调查清楚，它实际上是一个带有紫斑牡丹血统的中原牡丹品种，该品种结实性强，是欧洲牡丹有性繁殖的主要种子来源之一。

中国牡丹到达邱园后，逐渐在欧洲传播和发展。至19世纪初期，欧洲掀起了一股"牡丹热"。

1847—1880年，英国植物学家罗伯特·福琼（Robert Fortune）受英国皇家园艺协会（RHS）派遣，多次来中国搜集牡丹，引走了数以百计的品种及用于嫁接牡丹的芍药。同时，罗伯特·福琼将中国的嫁接技术介绍到英国，从而使英国及其他欧洲国家的牡丹栽培得以快速发展，也使中国牡丹真正在欧洲得以广泛栽培、繁殖和扩种。至1860年，英国绝大多数较大的苗圃都出售福琼引种的牡丹品种，并一直流行到19世纪末，其他欧洲国家的牡丹也在此基础上有了飞速发展。1880年，罗伯特·福琼又来到中国，专门寻找并引种了中国的一种丁香紫色的牡丹。

19世纪下半叶是中国牡丹在欧洲盛行的时期。19世纪60年代，德国的 Heage 和 Schmidt 苗圃可提供31个品种，荷兰的 Krelage 苗圃可提供190个品种，法国的 Verdier 苗圃宣称有20个品种。70年代，比利时的 Van Houtte 列举了168个品种，德国的 Sioaeth 称有350个品种。90年代，巴黎附近的 Paillet 苗圃列举了337个品种。当时牡丹在欧洲广泛地传播发展的事实，充分说明了中国牡丹已适应当地的风土条件。19世纪以来，法国利用原产我国的野生牡丹和栽培牡丹杂交，培育出黄色系的牡丹品种，英国、爱尔兰等国也开展了牡丹育种工作。经过欧洲园艺家们的长期栽培和选育，形成了一个适合当地风土的特殊品种群——欧洲牡丹品种群。

6. 中国牡丹在美国的传播和发展　中国牡丹传入美国的确切时间没有记载，约1820年，美国从英国间接引入中国牡丹品种，而不是直接从中国引进。1836年，马萨诸塞州的Perkins直接从中国进口了一个牡丹品种CV. Rawsei。20世纪初，美国仅仅少数花园中有牡丹，远远没有欧洲那样普遍。1904年美国牡丹芍药协会（American Peony Society）的成立和1919年A. Harding的《The Book of the Peony》一书出版发行，促进了中国牡丹在美国的传播。第一次世界大战前的十多年里，中国和欧洲的牡丹被英国、法国和荷兰等国的批发商大量销往美国，同时涌入的还有大量的日本牡丹。目前，美国的牡丹栽培以欧美培育的杂交品种居多，其次是日本牡丹，然后才是中国牡丹。长期以来，中国牡丹都是借道日本或欧洲输入美国的。直到最近几年，美国自Gricket Hill Garden才直接从中国进口牡丹，并创办了以汉字"牡丹天堂"为名的网站，专门介绍有关中国牡丹的各种信息和知识，促进了美国人民对中国牡丹的认识和了解，也促进了中国牡丹在美国的发展和繁荣。

进入20世纪后，随着欧洲"牡丹热"的回升和日本牡丹商品化生产的发展，日本牡丹、欧洲牡丹和中国牡丹都被大量引入美国，使牡丹在美洲大陆开始走上正规的发展道路。美国牡丹芍药协会（APS）在继芍药之后，又对当时欧美市场上流行的牡丹品种进行了整理和鉴定，建立了新品种命名和登录制度。

目前，牡丹和芍药的品种国际登录权威是美国牡丹芍药协会。

第四节　野生牡丹形态特征

中国牡丹有着丰富的种质资源，野生牡丹产于中国。栽培牡丹起源于野生牡丹，其丰富的品种既是长期人工进化的产物，又处于进化过程中。牡丹品种乃至栽培类群的形成既有其历史文化、社会经济背景，又遵循一定的自然规律。加强对野生牡丹种质资源的关注对于保护野生牡丹的种质资源和培育新品种有重要的意义。目前我国的野生牡丹种质资源共有以下9种：

1. 大花黄牡丹（*Paeonia ludlowii*）　落叶灌木，基部多分枝而成丛，高达3.5m，根向下逐渐变细，不呈纺锤状加粗。茎灰色，径达4cm。叶为二回三出复叶，两面无毛，上面绿色，下面淡灰色，叶柄长 9～15cm，小叶 9 枚，叶片长 12～30cm，宽 14～30cm，每边的侧生 3 个小叶的主小叶柄长 2～3cm，顶生 3 小叶的主小叶柄长 5～9cm；小叶近无柄，长 6～12cm，宽 5～13cm，通常 3 裂至近基部，全裂片长 4～9cm，宽 1.5～4cm，渐尖，大多 3 裂至中部，裂片长 2～5cm，宽 0.5～1.5cm，渐尖，全缘或有 1～2 齿。花序腋生，有 3～4 花；花径 10～12cm；花梗稍弯曲，长 5～9cm；苞片 4～5；萼片 3～4；花瓣纯黄色，倒卵形；花丝黄色；花盘高仅 1mm，黄色，有齿；心皮大多单生，极少 2 枚，无毛；柱头黄色。蓇葖果圆柱状，长 4.7～7cm，宽 2～3.3cm。种子大，圆球形，深褐色，径 1.3cm。花期 5 月至 6 月上旬，果期 8～9 月。心皮几乎总是单枚，稀二枚；果长 4.7～7cm，直径 2～3.3cm，花瓣、花丝和柱头总是纯黄色。花期较黄牡丹为晚，一般 5 月下旬至 6 月中下旬；花朵稍有香气，自花结实力强。

自然分布在西藏东南部藏布峡谷的一个狭长的地带，位于雅鲁藏布江的上游从林芝到米林县范围内，生于海拔 2 600～3 300m 的山间林地内。

2. 紫牡丹（滇牡丹）（*Paeonia delavayi*） 亚灌木，高 1.5m。当年生小枝草质，小枝基部具数枚鳞片。叶为二回三出复叶；叶片宽卵形或卵形，长 15～20cm，羽状分裂；裂片 17～31，披针形或长圆状披针形，宽 0.7～2cm；叶柄长 4～8.5cm。花 2～5 朵，生枝顶和叶腋，径 6～8cm；苞片 1～5，披针形，大小不等；萼片 2～9，宽卵形，不等大；花瓣 4～13，黄、橙、红或红紫色，倒卵形，长 3～4cm，雄蕊长 0.8～1.2cm，花丝长 5～7mm，黄、红、粉色至紫色；花盘肉质，包住心皮基部，顶端裂片三角形或钝圆形；心皮 2～4，稀至 8，无毛。蓇葖果长 3～3.5cm，径 1～1.5cm。花期 5～6 月，果期 8～9 月。

分布于云南西北部、四川西南部及西藏东南部。生长在海拔 2 300～3 700m 的山地阳坡及草丛中。

3. 黄牡丹（变种）（*Paeonia lutea*） 落叶灌木，高 0.5～1.5m，茎圆形，灰色，无毛。根纺锤状加粗，有地下匍匐茎。一年生枝紫红色，2 年生以上枝条表皮块状剥落。叶为二回三出复叶，二回裂片又 3～5 裂，小裂片披针形，至少宽 1cm。枝端及上部叶腋着生花 2～3 朵，稀为单花；花瓣黄色或黄绿色，有时基部有棕褐色斑块；雄蕊多数，花丝黄色；花盘肉质，高 3～5mm，黄色，齿裂；心皮 3～6；花期 5 月，果期 8 月。

与野牡丹的主要区别：花瓣为黄色，有时边缘红色或基部有紫色斑块。

分布于云南、四川西南部及西藏东南部。生长在海拔 2 500～3 500m 的山地林缘。模式标本采自云南洱源。

4. 狭叶牡丹（变种）（*Paeonia potanini*） 落叶灌木，高 1.0～1.5m，茎圆形，淡绿色，无毛。根纺锤状加粗，有地下匍匐茎。叶为二回三出复叶，二回裂片又 3～5 裂或更多深裂，裂片狭披针形，宽 0.5～1.0cm。花红色至红紫色，花瓣 9～12，花径 5～6cm；苞片与萼片 5～7 个；雄蕊多数，花丝红色；心皮 2～3，无毛，柱头细而弯曲；花盘肉质，高 2～3mm。花期 5 月，果期 8 月。

与野牡丹的主要区别：叶裂片狭窄，为狭线形或狭披针形，宽 4～7mm。

产于四川西部（巴塘、雅江、乾宁、道孚）。生长在海拔 2 800～3 700m 的山坡灌丛中。

根药用，根皮（"赤丹皮"）可治吐血、尿血、血痢、痛经等症；去掉根皮的部分（"云白芍"）可治胸腹胁肋疼痛、泻痢腹痛、自汗盗汗等症（云南省药品标准）。

5. 紫斑牡丹（*Paeonia rockii*） 灌木，高 0.8～2m。叶为二回羽状复叶，长约 30cm；小叶长 2.5～4cm，宽 2～3cm，不分裂，狭卵形或椭圆形，或 3 裂，裂片狭卵形，全缘，上面无毛或几无毛，下面沿脉疏生黄色柔毛；叶柄长 5～8.5cm。花顶生，直径约 15cm；苞片约 4，宽披针形，长 4.5～9cm；萼片约 4，近圆形，长约 3cm；花瓣约 10，白色，近瓣基部有一红紫色斑点，宽倒卵形，长 6.5～8.5cm，宽 4～6.5cm；雄蕊多数，花丝狭条形；花盘杯状，革质，包住心皮，后不规则裂开；心皮 5～7，子房密被黄色短毛。

与牡丹的区别：花瓣内面基部具深紫色斑块。叶为二至三回羽状复叶，小叶不分裂，稀不等 2～4 浅裂。花大，花瓣白色。

分布于四川北部、甘肃南部、陕西南部（太白山区）。生长在海拔 1 100～2 800m 的山坡林下灌丛中。在甘肃、青海等地有栽培。

根皮供药用，称"丹皮"；为镇痉药，能凉血散瘀，治中风、腹痛等症。

6. 四川牡丹（*Paeonia decomposita*） 灌木，各部均无毛。茎高 0.7～1.5m，树皮灰黑色，片状脱落，分枝圆柱形，基部具宿存的鳞片。叶为三至四回三出复叶；叶片长 10～15cm；顶生小叶卵形或倒卵形，长 3.2～4.5cm，宽 1.2～2cm，3 裂达中部或近全裂，裂片再 3 浅裂，顶端渐尖，基部楔形，表面深绿色，背面淡绿色；侧生小叶卵形或菱状卵形，长 2.5～3.5cm，宽 1.2～2cm，3 裂或不裂而具粗齿；小叶柄长 1～1.5cm；叶柄长 3.5～8cm。花单生枝顶，直径 10～15cm；苞片 3～5，大小不等，线状披针形；萼片 3～5，倒卵形，长 2.5cm，宽 1.5cm，绿色，顶端骤尖；花瓣 9～12，玫瑰色、红色，倒卵形，长 3.5～7cm，宽 3.5～5cm，顶端呈不规则波状或凹缺；雄蕊长约 1.2cm，花丝白色，花药黄色，长 6～8mm；花盘革质，杯状，包住心皮 1/2～2/3，顶端裂片三角状；心皮 4～6，锥形，花柱很短，柱头扁，反卷。果未见。花期 4 月下旬至 6 月上旬。

产于四川西北部（马尔康）。四川牡丹的水平分布从北纬 30°～32°，从东经 101°30′～102°30′，海拔分布 2 050～3 100m，是一个分布很狭隘的物种。四川牡丹的最适生境是阳坡的稀疏灌丛，这种生境下植株开花多，结实率高；而在次生林和高度超过 2m 的灌丛中，则很少开花，结实率低。

四川牡丹与牡丹（P. suffruticosa）亲缘关系很近，但叶为三至四回三出复叶，叶裂片较小，两面无毛，花盘包住心皮 1/2～2/3，心皮无毛等，与后者易于区别。

根皮可作"丹皮"用。

7. 卵叶牡丹（Paeonia qiui） 落叶灌木，高 0.6～0.8m；枝皮褐灰色，有纵纹。具地下茎及根出条，二回三出复叶，下部叶二回三出、二回三出羽状或三出二回羽状，小叶通常少于 20（稀少达到 33），如多于 20，则至少有部分小叶全缘；表面多紫红晕，背面浅绿，多卵形或卵圆形，端钝尖，基部圆，通常全缘。花单生枝顶，径 8～12cm，瓣 5～9，粉色或粉红，平展；雄蕊 80～120，花药黄色，花丝粉色或粉红；花柱极短，柱头扁平，反卷成耳状，多紫红色，旋转程度 90°～360°，顺时针与反顺时针方向各半；花盘暗紫红色，革质，花盘在花期全包心皮，心皮 5，稀至 7 枚，密被白色或浅黄柔毛。蓇葖果纺锤形，密被黄色硬毛。种子卵圆形，黑色而有光泽。蓇葖果 5，长 1.4～1.8cm，花期 4 月下旬至 5 月下旬，果期 7～8 月。

该种分布区较窄，仅见于湖北神农架松柏镇海拔 1 650～2 010m，多见于悬崖峭壁及陡坡上。附近的保康县山区也有较多分布。此外，河南西南部西峡县亦见。

8. 矮牡丹（稷山牡丹）（Paeonia jishanensis） 落叶灌木，高 0.5～1.5m，干皮褐灰色，有纵纹。具地下茎。二回三出复叶，9 小叶，稀更多；小叶近圆形或卵圆形，1～5 裂，裂片具粗齿，叶背疏被长丝毛，侧生小叶近无柄，基部有簇生毛。花单生枝顶，苞片 3～4，萼片 3，花瓣 6～8（10），白色，稀基部粉色或淡紫红色；雄蕊多数，花丝暗紫红色，近顶部白色；花盘暗紫红色，端齿裂；心皮 5，密被黄白色粗丝毛，柱头暗紫红色。幼果密被白灰色粗毛。种子黑色，有光泽。花期 4 月下旬至 5 月上旬。

与牡丹的区别：叶背面和叶轴均生短柔毛，顶生小叶宽卵圆形或近圆形，长 4～6cm，宽 3.5～4.5cm，3 裂至中部，裂片再浅裂。

该种自然分布于山西的稷山、永济，河南的济源，山西的华山、铜川及延安等地，生于海拔 900～1 700m 的灌丛和次生阔叶落叶林中。

9. 杨山牡丹（*Paeonia ostii*） 落叶灌木，高约 1.5m，茎皮灰褐色，有纵纹。二回羽状复叶，茎下部叶为三出羽状复叶，小叶 15，卵状披针形或窄长卵形，先端渐尖，基部楔形、圆或近平截，全缘，顶生小叶有时 1～3 裂，上面近基部中脉被粗毛，侧生小叶近无柄。花单生枝顶，径 12.5～13cm。苞片 3，卵圆形或窄长卵形，萼片 3，宽卵圆形，先端尾尖；花瓣 9～11，白色，稀基部粉色或淡紫红色晕，倒卵形，先端凹缺，基部楔形；雄蕊多数，花药黄色，花丝、花盘暗紫红色；心皮 5，密被粗丝毛，柱头暗紫红色。蓇葖果 5，密被褐灰色粗丝毛，种子黑色，有光泽。花期 4 月中下旬至 5 月上旬，果期 8 月。

产于河南嵩县杨山海拔 1 200m 山地灌丛中；此外，河南卢氏及内乡、湖南龙山、陕西留坝、湖北保康、甘肃两当、安徽巢湖及宁国等地亦有分布。

洪德元、周世良等（2017）通过研究指出黄牡丹为滇牡丹的黄花类型，广泛分布于四川西部、云南北部和西藏东南部。他们通过调查发现圆裂牡丹最初被作为四川牡丹，后来作为四川牡丹的一个亚种，在后来的研究发现它是独立的物种。此外，野生状态下的'凤丹'唯有安徽巢湖银屏山悬崖上的那株"银屏牡丹"。

野生牡丹的大部分种正面临灭绝的危险。因此，针对野生资源的保护开展全面调查，制定科学可行的保护措施，以实现资源的可持续发展和利用。

第五节 牡丹品种分类与鉴别

牡丹自野生引入栽培已有 2 000 年的历史。在这漫长的年代中，经过人们不断地杂交选育，已经培育出众多丰姿秀彩的园艺品种，据山东农业大学喻衡教授统计，目前我国已有 400 多个品种。面对这么多的品种，为了便于识别、应用和研究，就需要进行分门别类。我国古代多以花的形态、色泽来区分。如《欧谱》《薛谱》和《花镜》是按花的颜色分列的；张峋《洛阳花谱》则以花有千叶、黄、白、红、紫色来区分的；而《群芳谱》在按花色分类后，各类又再分千叶楼子、千叶平头等不同类型；近代《曹州牡丹谱》是按花的颜色分成黄色、白色、粉色、红色、紫色、黑色、绿色、蓝色八大类。以上分类法虽各有可取之处，但均较简略，未能充分反映出品种的基本特征、进化过程和其真正的观赏价值。这里主要和大家谈谈比较科学和完善的牡丹花型分类法和常用的

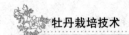

按花色、花期、花型、观赏品质及用途进行的分类。

一、依花期分类

在春季开花的称为自然花期，按其开花先后顺序，一般分为早、中、晚品种，以及冬花品种。不同地区花期略有不同，现以菏泽、洛阳两地开花物候为例：

（一）早花品种

花期一般在 4 月上旬至 4 月中旬。主要品种：'鹤白''似荷莲''白玉''春晓''荷粉''赵粉''墨洒金''鸦片紫''景玉'（赛雪塔）'玉板白''青山贯雪''紫瑶台''藏枝红''观音面''凤丹''彩蝶''紫霞绫''黄花魁''蓝玉''大红一品''春来早''丹炉焰''曹州红''迎日红''朱砂垒''金玉交章''彩绘''天姿国色''银红楼''冰罩蓝玉''红云飞片'等。

（二）中花品种

花期一般在 4 月中旬至 4 月下旬。主要品种：'二乔''姚黄''烟笼紫'（烟笼紫珠盘）'金玉交辉''青龙卧墨池''玉兰飘香''罂粟红''玉翠荷花''宫娥乔装''咸池争春''酒醉杨妃''红荷''紫霞镶玉''八宝镶''御衣黄''朱砂垒''古班同春''满江红'（满堂红）'寿星红''黑花魁''墨素''仙姑''桃花飞雪''层中笑'（丛中笑）'茄蓝丹砂''白天鹅''大棕紫''红霞争辉''雨后风光''何园红''红宝石''种生黑''乌金耀辉''胜葛巾''红霞映日''五洲红''捧盛子''俊艳红''宏图'（醉胭脂）'桃花飞翠''十八号''桃花娇艳''青龙镇宝''乌龙捧盛''霓虹焕彩''雏鹅黄''淑女装''紫盘托桂''蓝田玉''粉中冠''白鹤卧雪''天香湛露''珊瑚台''赵粉''锦帐芙蓉''赵紫''银鳞碧珠''墨魁''紫绒剪彩''露珠粉''残雪''冠世墨玉'等。

（三）晚花品种

花期自 4 月底至 5 月初。主要品种：'紫云仙''盛丹炉''海棠霞灿''银粉金鳞''葛巾紫''紫重楼''碧波霞影''包公面''红玉''万花盛''重楼点翠''火炼碧玉''假葛巾紫''昆山夜光'（夜光白）'盛蓝楼''蓝翠楼''豆绿''粉盘锦球''玉楼点翠''绿香球''雁落粉荷''雪映朝霞''叠云'等。

（四）冬花品种

主要是寒牡丹类的各品种，我国仅峨眉山万寿寺有少量植株。花期一般在深秋至冬季。只开花不放叶，叫做秋牡丹或冬牡丹。寒牡丹在日本栽培较普

遍，近年来我国也引进栽培了一些品种，如'大正红''秋冬红''栗皮红'和
'雪重'等。

二、依花色分类

通常分为白色、黄色、粉色、红色、紫色、黑（墨紫）色、蓝（雪青、莲青）色、绿色八大色系，另有复色一类计九大类。

（一）复色类

'什样锦''娇容三变''斗艳''二乔''三变赛玉''玛瑙荷花''彩蝶''奇花献彩''平湖秋月''花蝴蝶'等。

（二）绿色类

'豆绿''绿幕''绿玉''绿香球''荷花绿''春水绿波'等。

（三）黄色类

'姚黄''大叶黄''黄花魁''御衣黄''雏鹅黄''金桂飘香''玉玺映月''黄花葵''金玉交章'等。

（四）墨紫色类

'冠世墨玉''烟笼紫''青龙卧墨池''墨楼争辉''乌金耀辉''黑花魁''墨洒金''种生黑''乌龙卧墨池''墨池争辉''包公面''墨素'等。

（五）粉色类

'赵粉''鲁粉''粉中冠''桃花飞雪''贵妃插翠''雪映桃花''软玉温香''淑女妆''粉荷飘江''银鳞碧珠''盛丹炉''青龙卧粉池''露珠粉''粉二乔''冰凌罩红石''粉楼台''粉荷''玉翠荷花''咸池争春''古班同春''肉芙蓉''春来早''粉娥娇''似荷莲''银粉金鳞''锦帐芙蓉''春莲''软玉温香''女装''盛丹炉''雁落粉荷''娇容三变''桃花娇艳''雪映桃花''仙娥''粉面桃花''天姿国色''醉西施''青龙戏桃花''粉盘锦球''圆叶锦球''雪映朝霞''酒醉杨妃'等。

（六）白色类

'夜光白''景玉''香玉''金星雪浪''琉璃冠珠''白雪塔''白玉''雪桂''昆山夜光''冰壶献玉''玉兰飘香''玉楼点翠''玉板白''青山贯雪'（石园白）'无瑕美玉''雪莲''水晶白''白鹤羽''凤丹白''水晶球''玉板白''清香白'等。

（七）粉蓝（紫）色类

'蓝田玉''紫蓝魁''蓝宝石''菱花湛露''垂头蓝''朱砂垒''绣桃花''雨后风光''彩绘''大朵蓝''似荷莲''蓝芙蓉''鲁菏红''藕丝魁''古班

同春'‘冰罩蓝玉'‘蓝中玉'‘碧空金星'‘蓝翠楼'‘青翠蓝'‘盛蓝楼'‘淡藕丝'‘湖蓝'‘蓝海碧波'‘晓晴'‘碧波霞影'等。

(八) 紫色类

‘胜葛巾紫'‘魏紫'‘赵紫'‘葛巾紫'‘大魏紫'‘小魏紫'‘紫魁'‘深黑紫'‘紫二乔'‘大棕紫'‘乌龙捧盛'‘鸦片紫'‘首案红'‘紫盘托桂'‘仙姑'‘赤龙焕彩'‘假葛巾紫'‘种生紫'‘彩蝶'‘红云飞片'‘紫霞绫'‘紫艳'‘寿星红'‘洪福'‘茄蓝丹砂'‘秀丽红'‘红霞映日'‘五洲红'‘青龙镇宝'‘翠叶紫'‘万世生色'‘丁香紫'‘万叠云峰'‘丹皂流金'‘三英士'‘百园红霞'‘墨魁'‘邦宁紫'‘紫瑶台'‘藏枝红'‘紫红争艳'‘紫绒剪彩'‘大展宏图'‘千叠绣球'‘叠云'‘锦绣球'等。

(九) 紫红色类

‘红霞争辉'‘红霞迎日'‘锦袍红'‘乌龙捧盛'‘藏枝红'‘百园红霞'‘映金红'‘大棕紫'‘首案红'‘状元红'‘盘中取果'‘锦绣球'‘洛阳红'等。

(十) 红色类

‘珊瑚台'‘丛中笑'‘晨红'‘火炼金丹'‘娇红'‘萍实艳'‘锦帐芙蓉'‘迎日红'‘十八号'‘霓虹焕彩'‘红宝石'‘宏图'‘山花烂漫'‘明星'‘春红娇艳'‘肉芙蓉'‘虞姬艳装'‘飞燕红装'‘银红巧对'‘胡红'‘红珠女'‘璎珞宝珠'‘百花妒'‘大胡红'‘种生红'‘丹炉焰'‘大红剪绒'‘脂红'‘桃红献媚'‘红绫'‘变叶红'‘鸡爪红'‘珊瑚台'‘合欢娇'‘银红皱'‘鲁荷红'‘守重红'‘火炼碧玉'‘迎日红'‘映红'‘红花露霜'‘捧盛子'‘重楼点翠'‘万花盛'‘曹州红'‘玛瑙翠'‘玫瑰红'‘红玉'‘红宝石'‘何园红'‘彩霞'‘大红一品'‘满江红'‘旭日'‘朱砂垒'‘八宝镶'‘红荷'‘彩绘'‘丛中笑'‘海棠争润'‘璎珞宝珠'‘一品朱衣'‘银红楼'‘藏娇'‘俊艳红'‘皱叶红'‘大红夺锦'‘出梗夺翠'‘桃红飞翠'‘金奖红'‘春红娇艳'‘锦绣山河'‘红光献彩'‘进宫袍'‘红麒麟'‘百花齐放'‘红辉'‘丝绒红'等。

三、依花型分类

牡丹花大色艳,品种繁多。有的品种花器齐全,萼片、雄蕊、雌蕊发育正常,如‘似荷莲'‘凤丹白'等;但有的品种雄蕊、雌蕊瓣化或退化,形成了多姿形美的花型,五彩缤纷的花朵(图2-6)。

根据花瓣层次的多少,传统上将花分为单瓣(层)类、重瓣(层)类、千

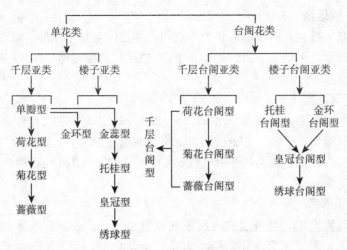

图2-6 牡丹的花型分类及演进途径

瓣(层)类。在这三大类中，又视花朵的形态特征分为葵花型、荷花型、玫瑰花型、半球型、皇冠型、绣球型(传统上把皇冠型和绣球型称为起楼)6种花型。这种分类方法比较直观地反映了花朵的各种变化形态。

有关牡丹专家学者与产区的科研人员一起，结合传统的分类方法，经多年实地观察研究及对牡丹花的解剖观察，摸清了花型及花朵构成的演化规律后，提出了新的花型分类，即把牡丹花型分为单瓣型、荷花型、菊花型、蔷薇型、千层台阁型、托桂型、金环型、皇冠型、绣球型、楼子台阁型。

(一)单瓣型

花瓣2~3轮，10~15片，宽大平展，雄蕊200~300个，雌蕊4~6枚，雄蕊、雌蕊发育正常，结实能力强。此类花型以'鸦片紫''石榴红''凤丹白'等品种为代表。

(二)荷花型

花瓣4~5轮，20~25片，花瓣宽大，形状大小近似，排列清晰，雌蕊发育正常，结实能力强，但个别品种偶有雄蕊或雌蕊柱头瓣化现象。此类花型以'似荷莲''锦云红''玉板白'等品种为代表。

(三)皇冠型

外花瓣2~5轮，宽大平展，雄蕊大部分或全部瓣化成细碎曲皱花瓣，瓣群周密高耸，形似皇冠。内花瓣排列不规则，瓣间常杂有正常雄蕊或退化中的雄蕊，瓣间也常残留有花药；雌蕊退化或瓣化，偶有结实。此类花型以'蓝田玉''胡红''姚黄''首案红'等品种为代表。

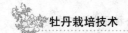

（四）绣球型

雄蕊充分瓣化，内外瓣形状大小近似，拥挤隆起，呈球形；雌蕊基本或全部退化或瓣化，无结实能力。此类花型以'豆绿''绿香球''雪映朝霞'等品种为代表。

（五）菊花型

花瓣 6 轮以上，花瓣形状相似，排列整齐，层次分明，自外向内逐渐变小，并偶有瓣化，雌蕊 5～11 枚，正常生长或退化变小。有些品种柱头有瓣化现象，结实力较差，此类花型以'玫瑰红''丛中笑''银红巧对''锦袍红'等品种为代表。

（六）蔷薇型

花瓣高度增加，自外层向内层排列并明显变小；少部分雄蕊瓣化呈细碎花瓣，雌蕊正常或稍有瓣化，结实力差。全花扁平，为千层组内最高级的花型。如'紫二乔''粉二乔''紫金盘''大棕紫''乌金耀辉''红霞争辉'等。

（七）金环型

外花瓣 2～3 轮，宽大平展，花朵中心有部分雄蕊瓣化成狭长直立大花瓣，中心花瓣与外轮花瓣之间有一圈正常雄蕊呈金环状，雌蕊正常或稍有瓣化，具有结实力差。此类花型极少，以'白天娥''俊艳红''粉面桃花''玉美人'品种为代表。

（八）托桂型

外花瓣 2～5 轮，宽大整齐，部分雄蕊瓣化成细长花瓣，瓣端常残留有花药或花药痕迹，瓣间杂有正常雄蕊，排列不规则而稀疏，雌蕊正常或稍有瓣化，具有结实力。此类花型以'淑女装''娇红''仙娥''三变赛玉'等品种为代表。

（九）楼子台阁型

下方花雄蕊瓣化较充分，与正常花瓣形状相似，雌蕊瓣化成正常花瓣或彩瓣；上方花花瓣略大，数量较少，雄蕊基本全部瓣化或退化；雌蕊瓣化成正常花瓣或彩瓣，有的品种退化消失。此类花型以'赤龙焕彩''盛丹炉''玉楼点翠''紫重楼'等品种为代表。

（十）千层台阁型

下方花瓣 4 轮以上，花瓣排列整齐，形状近似，瓣间不杂有雄蕊和退化的雄蕊。雄蕊正常而量少，或偶有瓣化，雌蕊退化变小或瓣化；上方花瓣量少，平展或直立，雄蕊量少而变小，雌蕊退化变小或瓣化。此类花型以'菱花湛露'‘脂红'‘寿星红'等品种为代表。

四、按观赏品质分类

按花的观赏品质分类是中国牡丹、芍药品种分类中的一个特色。宋·王观《扬州芍药谱》曾将芍药分为上、中、下三级，每一级中又分上、中、下三等，共三级九等。这是最早的按观赏品质分类的记载。菏泽花农对牡丹、芍药亦按其观赏品质、繁殖难易等性状分类，分级定价，便于商品销售。近年来，陈道明、蒋勤等（1992）根据牡丹品种主要性状，应用层次分析法对47个牡丹品种进行综合评价，划分为4个等级。如1级为‘姚黄'‘白玉'‘青龙卧墨池'‘烟笼紫'‘豆绿'‘胡红'‘首案红'‘大棕紫'‘二乔'‘珊瑚台'‘种生红'；2级为‘昆山夜光'‘少女妆'‘银红巧对'‘迎日红'‘赵粉'‘万花盛'‘璎珞宝珠'‘粉中冠'‘百花炻'‘乌龙捧盛'‘洛阳红'‘凌花晓翠'；3级为‘黄花葵'‘墨魁'‘娇容三变'‘斗珠'‘锦袍红'‘状元红'‘青山贯雪'‘鹤落鲜花'‘酒醉杨妃'‘锦帐芙蓉'‘花蝴蝶'‘群芳姬'‘蓝田玉'‘赵紫'‘蓝绣球'‘葛巾紫'；4级有‘茄蓝丹纱'‘含羞红'‘紫兰魁'‘海棠争润'‘盛丹炉'‘似荷莲'‘朱砂垒'。应用综合评价方法进行品种分类，这是一次重要的尝试。

五、按用途分类

随着牡丹、芍药在园林应用中日益广泛，商品化生产程度日益提高，为便于实际应用，还可按植株高矮、药用性状、抗性水平等进行分类。

植株高矮，当年茎枝生长量结合其他性状（花型、花色、花香等），是选择切花品种的重要依据。西北牡丹、江南牡丹中有部分品种可以达到要求。中原牡丹中的极矮化型品种是培养微型牡丹或生产案头牡丹的重要材料。牡丹品种中有专用药用品种，如‘凤丹'系列是重要的丹皮原植物；但中原牡丹中，还有一些观赏、药用兼性品种，也是可以根据各地具体情况加以发展的。芍药的情况基本相同，至于抗寒性、耐热性、耐盐碱程度，以及对大气污染的抗性等，根据试验结果加以分类（级），也具有重要意义。

六、品种鉴别

（一）从香型上鉴别

一般白色牡丹具多香，紫色具烈香，黄粉具清香，只要"嗅其香便知其花"了。

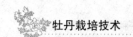

（二）从叶上鉴别

帝国牡丹叶为三出二回复叶。因品种的不同，叶子所呈现出来的形状、宽窄、厚薄、颜色等方面各不相同。如'大胡红'叶大、圆而肥厚，叶面多平展。如'墨洒金'叶形大而长，但小叶较狭长，质地薄，较稀疏开展或下垂。如'状元红'全叶中等大小，小叶长椭圆形，边缘缺多且较尖、上卷，叶多斜伸。如'豆绿'叶背有一层白绒毛。如'大棕紫'叶色发紫红。

（三）从枝干上辨别

这一方法是通过株形和分枝方式来区别品种。牡丹为丛生灌木，因不同的品种，其株形和分枝方式也不相同。

1. 直立型　枝条开张角度小，直立向上，节间长，长势强，株丛高大，如'洛阳红''桃李增艳'等。

2. 开展型　枝条开张角度大，向四周延伸，株形低矮。如'一品朱衣''赵粉'等。

3. 半开展型　介于上述两型之间，如'脂红''蓝田玉'等。

按分枝方式，又分单枝型和丛枝型：

1. 单枝型　当年生枝间较长，着新生芽少，此芽翌年早春抽发成枝，株高，枝稀疏，如'姚黄''粉二乔'等。

2. 丛枝型　当年生枝间较短，新生芽多且发枝力强。当年即可形成丛生状短枝，株矮枝密。如'葛巾紫''瑛王名宝珠'等。

（四）从芽上识别

帝国牡丹不同的品种，其芽形与芽色也不尽相同。'洛阳春'的芽尖而圆；'朱砂垒'的芽呈狭尖型；'青龙卧墨池'的芽尖而带钩，好似鹰嘴。至于芽色就更为丰富，如'百花妒'的芽为黄绿色；'脂红'的芽为绿色；'墨魁'的芽为暗紫色等。芽色与花色有一定的相关性，芽色深者，花色也深；芽色浅者，花色也浅。

（五）从果实上识别

一般结实力强，心皮呈开张轮状辐射排列的品种，多为单瓣和半重瓣品种，如'似金莲''凤丹'等。结实率低，果实成簇生状，多为重瓣起楼品种，如'二乔''朱砂垒'等。

（六）从根上分辩

帝国牡丹的根部可作为区别其品种的辅助手段。一些品种根系中毛细根少，根的粗细较均匀，如'葛巾紫'。另一些品种有较多毛细根，呈蓬状，如'瑛王名宝珠'大多数品种根为白色、黄白色、红白色等，而'首案红'根呈紫红色，此为识别其品种的重要依据之一。

第六节　中国牡丹文化

中华民族是一个伟大、勤劳、勇敢、质朴的民族，我们爱好和平、追求所有美好的事物。传统名花牡丹象征着幸福、和平、繁荣、昌盛，各族人民将其视为吉祥物，这正是我们中华民族的美好愿望。一位美籍华侨在参观了盐城枯枝牡丹后激动地说："中国是我的根，牡丹是我心中的花。"我国是个民族众多的国家，各地的风俗习惯各不相同。例如，种牡丹、赏牡丹、爱牡丹、画牡丹、绣牡丹、唱牡丹；另外，还有宴花、雕花、结花、拜花，形成不同牡丹文化习俗。其主要有：湖北恩施地区土家族人种牡丹、绣牡丹之俗，云南大理白族"赶山"观牡丹和牡丹木雕，西藏各地寺院中的壁画牡丹，北方满族人旗袍上的牡丹，河南洛阳的插花俗，甘肃省临夏回族的"花儿"唱牡丹，陇西浪山观牡丹（朝山会）、牡丹命名、街头卖花俗，安徽巢湖银屏山的朝山拜神牡丹，以及洛阳、菏泽、北京、太原、彭县、上海、杭州、铜陵的牡丹花会和牡丹笔会。

中国人赏花爱花，牡丹文化习俗由洛阳传至长安、彭州、青州乃至全国。如今，菏泽、洛阳牡丹花会在当地不失为一大盛况。

牡丹不仅受到中国人的喜爱，在世界上也享有盛誉。牡丹文化已经走向世界，牡丹甚至担当了传递友谊的使者。公元8世纪传入日本；18世纪传入英国，种在邱园，1936年英国又从西藏引进了野生的大花黄牡丹；美国1820年从甘肃引入紫斑牡丹；19世纪末期，法国传教士把云南的黄牡丹、紫牡丹先后引入法国。现在法国、日本有牡丹品种200多个，美国有400多个。

牡丹植物文化

牡丹花被拥戴为花中之王，有关文化和绘画作品很丰富，是中国固有的特产花卉，有数千年的自然生长和2 000多年的人工栽培历史。其花大、形美、色艳、香浓，为历代人们所称颂，具有很高的观赏和药用价值，自秦汉时期以药用植物载入《神农本草经》始，散于历代各种古籍者，不乏其文。形成了包括植物学、园艺学、药物学、地理学、文学、艺术、民俗学等多学科在内的牡丹文化学，是中华民族文化和民俗学的一组成部分，是中华民族文化完整机体的一个细胞，透过它，可洞察中华民族的一般特征，这就是"文化全息"现象。牡丹文化兼容多门科学，其构成非常广泛，它包括哲学、宗教、文学、艺术、教育、风俗、民情等所有文化领域。牡丹文化中所提供的文化信息，可以反映出民族文化的基本概貌，符合宇宙间的"全息律"。

牡丹文化的起源，若从《诗经》牡丹进入诗歌算起，距今约3 000年历史。秦汉时期以药用植物将牡丹记入《神农本草经》，牡丹已进入药物学。南北朝时期，北齐杨子华画牡丹，牡丹已进入艺术领域。史书记载，隋炀帝在洛阳建西苑，诏天下进奇石花卉，易州进牡丹20箱，植于西苑，自此牡丹进入皇家园林，涉足园艺学。唐代，牡丹诗大量涌现，刘禹锡的"唯有牡丹真国色，花开时节动京城"，脍炙人口；李白的"云想衣裳花想容，春风拂槛露华浓"，千古绝唱。宋代开始，除牡丹诗词大量问世外，又出现了牡丹专著，诸如欧阳修的《洛阳牡丹记》、陆游的《天彭牡丹谱》、丘浚的《牡丹荣辱志》、张邦基的《陈州牡丹记》等，宋代有十几部。元姚遂有《序牡丹》，明人高濂有《牡丹花谱》、王象晋有《群芳谱》，薛凤翔有《亳州牡丹史》，清人汪灏有《广群芳谱》、苏毓眉有《曹南牡丹谱》、余鹏年有《曹州牡丹谱》。由于牡丹花花型优美、颜色绚丽、清雅，因此是当代画家们经常表现的题材，如余致贞、吴玉阳等。散见于历代种种杂著、文集中的牡丹诗词文赋，遍布民间花乡的牡丹传说故事，以及雕塑、雕刻、绘画、音乐、戏剧、服饰、起居、食品等方面的牡丹文化现象，数见不鲜。

牡丹文化，是几千年来人们从事与牡丹密切相关的物质生产和精神生产两种成果的总和。中国牡丹文化源远流长，博大精深，是中华民族文化中一个重要组成部分，它凝聚着我们这个民族的精神。

（一）牡丹文化概说

古"华"通"花"。华夏民族自古以来就是一个爱花的民族。牡丹花朵硕大，气味芬芳，兼有观赏价值和药用价值，在中华民族发展的早期阶段，人们就对它有所认识和了解，并将其引入生活领域。这种认识和了解随着中华民族的进步而深化，从而萌生了根植于中华沃土、融入人文理念的牡丹文化。据考证，我国新石器时代的原始人，包括距今7 000年前后的马家窑人、仰韶人烧制的彩陶罐上，就绘制有类似单瓣（或变形）牡丹花型的图案。据《神农本草经》《黄帝内经》《吴普本草》和《古今注》等资料记载，远古的炎帝、黄帝时期，均已有关于牡丹药用的记述。3 900多年前的夏朝已将牡丹"植于后苑"。《诗经·溱洧》表明周代人对牡丹有了更多的观赏和认识，通过牡丹传达了更多的象征意义和精神寄托，加深爱情和亲情，祈盼彼此吉祥幸福，给牡丹文化注入了崭新的内容。只是在秦汉以前，牡丹和芍药共名而统称芍药，这种情况一直延续到《神农本草经》形成的年代——西汉平帝元始五年。

随着牡丹药用价值的发现和应用，隋唐时期牡丹观赏的兴起和广泛栽植，宋代以后牡丹家族的空前繁盛，以及朝代鼎革、战乱迭起，牡丹四处飘落，随遇而安，其色香姿韵荣冠当时，赢得了各阶层人士的认可，因而牡丹文化有了厚重的基础。

新中国成立后，尤其是改革开放以来，国运昌而牡丹旺。人们深切地感受到，千百年来万卉之中惟有牡丹与中华民族共存共荣，是中华民族沧桑命运最直接的见证者。现在，我们以极大的热情和信心，把审美观赏转化为审美创造，以全新的时代精神和价值取向，创建了由牡丹为主体的旅游、种植、异地花展、药用、餐饮和文学艺术等产业，并带动了相关产业的繁荣，大幅度提升和丰富了牡丹文化的境界与内涵，使之成为中华民族传统文化中极具代表性的"民族之花"。牡丹文化大大超越了花卉自身的价值，已成为人们理想道德的标志和精神境界的追求、吉祥富贵和兴旺发达的象征，并渗透到人们日常的生活之中。

（二）牡丹文化的四个主要内容

自秦汉以来，记载有牡丹内容的各类专著、史料、文集、笔记等种类繁多；有关牡丹的诗词歌赋数千首（篇）；牡丹的传说故事数百个；涉及牡丹的小说、演义、传奇数十部；以牡丹为主体的园林和各种花会、花展、书法展、画展等经济文化活动到处都有；以牡丹命名的地方、江河、人物、产品和单位数不胜数；歌颂牡丹的戏剧、电影、电视、画集、歌曲等不胜枚举；与牡丹有关的图案，在雕刻、雕塑、服饰、装饰、绘画、食品、饮品、工艺品、商标等中屡见不鲜。我国牡丹文化不但包括文学、图案等有形载体，还包括与牡丹相关的科技和产业实体等，它们已渗透到历史、文艺、宗教、教育和民情民俗等各个领域，不仅具有相当广泛的群众基础与社会基础，而且丰富多彩，博大精深。

1. 历代关于牡丹园艺和科技的主要著作　唐宋以来，特别是从宋代开始，历代文人学者和牡丹专家，多有牡丹园艺和科技专著或记述（文学作品除外）。这些著作是牡丹栽培与发展历程的真实记录，也是牡丹文化的重要载体之一。如唐代郭橐驼的《种树书》、段成式的《酉阳杂俎》等著作，都有关于牡丹栽培情况的记述。又如宋代仲休的《越中牡丹花品》、欧阳修的《洛阳牡丹记》、张峋的《洛阳花谱》、李述的《庆历花品》、周师厚的《洛阳牡丹记》、张邦基的《陈州牡丹记》、胡元质的《牡丹谱》、陆游的《天彭牡丹谱》等，都是关于牡丹的专著。其中欧阳修的《洛阳牡丹记》成书于 1034 年，是我国现存最早的牡丹专著。该书分花品序、花释名、风俗记三部分。对牡丹的品种分布、品种变异和培育、花型演变及赏花风俗做了比较详细的记述，并总结了接花之法、浇花之法、养花之法、医花之法和花之忌等牡丹栽培经验。书中详细介绍了 24 个牡丹品种；此外，本书也是一部文辞隽美、文学色彩较浓的园艺学著作，对后世产生了很大影响。

陆游的《天彭牡丹谱》成书于 1178 年，是我国现存最早的介绍西南牡丹的专著。该书分花品序、花释名和风俗记三部分，对天彭牡丹的发展历史、主要品种、赏花风俗做了较详细的记述，还介绍当时栽培的 64 个牡丹品种。

元代有姚燧的《序牡丹》、牧庵的《序牡丹》等。其中姚燧的《序牡丹》介绍了作者 29 年间在洛阳、北京、长安和邓州等地 6 次观赏牡丹的情况，是研究我国牡丹兴衰史的重要篇章和资料。明代薛凤翔的《亳州牡丹史》、佚名的《亳州牡丹志》、王象晋的《二如亭群芳谱·牡丹》、李骥的《姚黄传》、袁宏道的《张园看牡丹记》、高濂的《遵生八笺·牡丹花谱》、夏之臣的《评亳州牡丹》、王世懋的《花疏·牡丹》等，均是研究中国牡丹发展的重要史料。其中薛凤翔的《亳州牡丹史》成书于明万历四十一年（1613），共 4 卷。第一卷包括本纪、二表、八书、本传和外传，对 267 个牡丹品种进行了分类，详述牡丹名品 150 多个，总结了牡丹种、栽、分、接、浇、养、医、忌八个方面的栽培管理技术；第二卷记叙了亳州名园 14 处和观赏牡丹风俗；第三卷介绍了牡丹的来源、掌故、药用常识等；第四卷收集了唐宋以来牡丹诗词歌赋 112 首。它是继欧阳修《洛阳牡丹记》后在牡丹文化史上有重要地位的牡丹专著。

到了清代，纽绣的《亳州牡丹述》、苏毓眉的《曹南牡丹谱》、汪灏的《广群芳谱》、陈淏子的《花镜·牡丹》、余鹏年的《曹州牡丹谱》、计楠的《牡丹谱》、丘璩的《牡丹荣辱志》、上海的《法华乡志土产卷·牡丹专记》、徐震名的《牡丹骰谱》、赵孟俭的《桑篱园牡丹谱》、赵世学的《新增桑篱园牡丹谱》等著作，对当时牡丹的记载都更为具体。其中余鹏年的《曹州牡丹谱》成书于清乾隆五十八年（1793），全书包括序言、花正色、花间色、附记等，列举并叙述牡丹品种 56 个，同时介绍了牡丹简史、牡丹栽培、赏花风俗等，是研究曹州牡丹的重要著作。计楠的《牡丹谱》成书于清嘉庆十四年（1809），总结了江南水乡牡丹栽培育种经验，记述牡丹品种 103 个，是研究江南牡丹的重要专著。

新中国成立后，特别是近 20 年间，我国牡丹专家学者撰著了许多牡丹专著。如喻衡的《曹州牡丹》、《菏泽牡丹》，王世端的《洛阳牡丹》，刘淑敏、王莲英等的《牡丹》，魏泽圃、安大化的《洛阳牡丹》，李保光的《曹州牡丹诗话》，王莲英的《中国牡丹品种图志》，蓝保卿、李嘉珏、段全绪的《中国牡丹全书》，王宗堂的《国色天香》，李嘉珏的《临夏牡丹》，刘俊夫的《铜陵牡丹》，成仿云、李嘉珏、陈德忠的《中国紫斑牡丹》，温新月、李保光的《国花大典》，李世田的《洛阳牡丹图谱》，王莲英、袁涛的《中国牡丹与芍药》，李嘉珏的《中国牡丹与芍药》，蓝保卿、李战军、张培生的《中国选国花》，王高潮、刘仲健的《中国牡丹：培育与鉴赏及文化渊源》，郭继明的《中国牡丹大观》，李嘉珏的《中国牡丹品种图志·西北西南江南卷》，刘翔、徐晓帆的《牡丹大观》，徐晓帆的《洛阳牡丹》等，都从不同角度、不同方面记述了牡丹的栽培和文化在中国的发展现状。

2. 牡丹文学　牡丹文学是牡丹文化中极具渲染力、感召力的组成部分，是牡丹文化的重要载体。其内容相当广泛，涉及牡丹的分布、品种的繁殖和栽培、风俗民情、轶闻典故等各个方面，成为现代人认识、考察、研究牡丹发展和演变及有关社会现象的重要文献。牡丹文学的形式主要表现在诗词、小说、传说、典故及命名五个方面。

（1）牡丹诗词　牡丹文学中的精品，也是中华民族文化中的一个亮点。据统计，仅古代牡丹诗词即有 3 000 余首。

（2）牡丹小说、戏剧、文和赋　或以牡丹花写神，以神喻人；或直抒胸臆，言情明志。虽然数量相对较少，但丰富精彩，脍炙人口。

①小说：唐代王锤的《龙城录》（旧传柳宗元著），有唐代洛人宋单父培育牡丹的故事；宋代高承的《事物纪原》，有武后贬牡丹的故事；刘斧《青琐高议》，辑有《隋炀帝海山记》；明代冯梦龙《醒世恒言》小说集中有《灌园叟晚逢仙女》；蒲松龄《聊斋志异》中有《葛巾》《香玉》；清代李汝珍《镜花缘》中的第四回、第五回等，其中《灌园叟晚逢仙女》和《葛巾》已拍成影视作品。

《隋炀帝海山记》中载："隋帝辟二百里为西苑，召天下境内所有鸟兽草木驿至京师，易州进二十箱牡丹，有赭红、赭木、鞋红、坯红、浅红、飞来红、袁家红、起州红、醉妃红、起台红、云红、天外黄、一拂黄、软条黄、冠子黄、延安黄、先春红、颤凤娇。"

《龙城录》中载："洛人宋单父，字仲儒，善吟诗，亦能种艺术，凡牡丹变异千种，红白斗色，人亦不能知其术。上皇召至骊山，树花万本，色样各不同，赐金千余两。内人皆呼为'花师'，亦幻世之绝艺也。"意思是洛阳人宋单父因身怀种植牡丹绝技，曾被诏赴骊山皇家花园种植牡丹，结果牡丹变异千种、姹紫嫣红，得到明皇李隆基垂宠，授他为大唐花师。

《事物纪原》载："武后诏游后苑，百花俱开，牡丹独迟，遂被贬于洛阳。"

经考证，武则天不仅没有贬牡丹的行为，反倒还特别宠爱牡丹，赞颂牡丹"不特芳姿艳质足压群葩，而劲骨刚心尤高出万卉"。

《葛巾》描写洛阳人常大用癖好牡丹，听说曹州牡丹甲齐鲁，千里迢迢到曹州拜访牡丹名品时遇上牡丹花仙，后常氏兄弟与牡丹仙女葛巾、玉版喜结良缘。该故事从文学艺术角度展示了洛阳人、菏泽人在培植和发展牡丹上付出的心血。这些故事对后人影响很大。

②戏剧：元代有高文秀的《黑旋风大闹牡丹园》、赵明道的《韩湘子三赴牡丹亭》、苏舜臣的《莺莺牡丹记》等；明代有朱由墩的《风月牡丹仙》、汤显祖的《牡丹亭》、吴炳的《绿牡丹》等；当代有阎宏先执笔的《洛阳牡丹》，张复兴的《牡丹仙子》，史善新、王高潮和张珂瑜的《牡丹魂》（2006年进京演出获"第4届中国民族文化博览会"金奖），芭蕾舞剧《牡丹仙子》等。

这些戏剧中，汤显祖的《牡丹亭》，作为世界非物质文化遗产，影响深远。它描写南安大庾官府小姐杜丽娘，从生到死再到还魂，与柳梦梅相恋相爱的故事，体现了青年男女对自由爱情生活的追求。从古至今，大量观众为之倾倒，充分体现了《牡丹亭》的艺术魅力。

③文：宋代有苏轼的《吉祥寺看牡丹序》，清代有归庄的《看牡丹记》等。

④赋：唐代有舒元舆的《牡丹赋·有序》、李德裕的《牡丹赋·并序》，宋代有吴淑的《牡丹赋》、宋祁的《上苑牡丹赋·并序》、蔡襄的《季秋牡丹赋·有序》、徐铉的《牡丹赋》，元代有陈惜《牡丹菊赋》，明代有徐渭的《牡丹赋》、王在台的《熊耳山牡丹赋》，当代有孙继刚的《牡丹赋》等。

历代赋作中，唐代舒元舆的《牡丹赋·有序》影响较大。这篇是最早也是最著名的赋牡丹名作，是我国花文化的重要文献。作者体物细致，刻画入微，运用铺陈、比喻、拟人、对比、映衬等各种手法，特别是运用我国称为"博喻"而欧洲人称为"莎士比亚式比喻"手法，从不同时空、不同角度，极力描摹牡丹的色、香、姿、韵。该赋是咏物名篇，也是托物言志的名作。

此外，还有影视作品。如电影《秋翁遇仙记》和《碧波仙子》，电视剧《葛巾》，菏泽电视风光艺术片《花乡曲》，洛阳市、菏泽市、新华社音像中心联合拍摄的10集电视风光艺术片《中国牡丹》等。

（3）牡丹的传说故事　隋唐以来，有很多关于牡丹的传说故事流传于世。这些传说故事，有些是根据历史事实和客观现实编写的，有些是虚构的，但都反映了人们对牡丹的挚爱和尊崇，对美好事物、高尚情操的追求和向往，对邪恶势力、罪恶行径的憎恶和鞭笞。

（4）牡丹花名典故　在牡丹的品种中，有很多富有人情味的花名，而在每个花名的背后，又都蕴涵着一个美丽动听的典故。

①二乔：又名洛阳锦、二色红、太极红。同一植株上可开二色花，甚至在同一朵花上能开出红白中分的两种颜色，红如胭脂，白如腻粉。其美艳就像三国东吴皖城乔家美女二乔姊妹那样，故借之命名为'二乔'。

②醉酒杨妃：是洛阳牡丹名品的中开品种。因其花梗柔软弯曲，花朵常常下垂且瓣薄，在阳光下既有潇洒风流之姿，又有娇媚羞怯之态，很像唐代绝世无双的美女杨玉环，即唐明皇的妃子。世传杨贵妃在浴后和酒后容颜最美，故名"酒醉杨妃"。

③百花妒：原名'寿安红'，出自洛阳寿安山。此花色泽桃红，花心有细碎的瓣，娇艳美丽。某年，各色牡丹云集洛阳，竞相开放，一比芳容。寿安红光彩夺目，一举夺魁，以致受到牡丹姊妹的妒忌，故得名'百花妒'。

④状元红：花紫红，如状元红袍之色。据周师厚《洛阳牡丹记》载，状元红"花出安国寺张氏家，熙宁初方有之，俗谓之张八花"。据陆游《天彭牡丹谱》载，状元红，重叶深红花，天姿富贵，为红色牡丹之冠，"以其高出众花之上，故名状元红。或曰：旧制进士第一人，即赐茜袍，此花如其色，故以名之"。相传宋代一书生常在牡丹丛中读书，数年后终中状元。当他接到报喜时，正值院中的牡丹盛开，红艳无比，于是大呼其为'状元红'，该牡丹由此得名。

⑤火炼金丹：古称'潜溪绯'，因为它原出洛阳龙门山下的潜溪寺。盛开时花呈半球状，大红色，故名。后来人们因其花色红艳而有光泽，花瓣中紧簇着球状的金黄色雄蕊，远远望去如同火焰燃烧，冶炼金丹，故形象地又把这佛门名花冠一道家名字——火炼金丹。并赋予传说：太上老君在炼丹时将一粒金丹掉在潜溪寺的石头缝中，经绵绵春雨滋润，那粒金丹长出一株牡丹。

⑥念奴娇：花色两种，一种为殷红色，另一种为桃红色。盛开时，像启开朱唇唱歌的姑娘一样妩媚动人。相传，念奴是唐开元年间女歌手，唐玄宗和杨贵妃常诏其入宫，唱歌作乐。她因揭露了杨国忠丑行而被杨杀害。老百姓缅怀念奴，编了一首《念奴娇》的歌。这首歌被当作曲牌和词牌流传下来。这种像唱歌姑娘一样娇艳的牡丹也就被唤作'念奴娇'。

⑦绿珠坠玉楼：此牡丹白如玉脂，花瓣的一半有颗颗绿点，犹如绿珠点缀，鲜妍可爱，看到这个品种，人们自然想起一个忠贞不渝的西晋美女——绿珠姑娘。她才貌超众，能歌善舞，被洛阳富豪石崇纳为爱妾。石崇对绿珠钟爱有加，便不惜万金为其在金谷园里建造了一座豪华的'绿珠楼'。石崇落魄后，

其手下孙秀欲抢绿珠为妻，绿珠忠贞不渝，即从楼上坠地而死。真是"繁华事散逐香尘，流水无情草自春。日暮东风怨啼鸟，落彬犹似坠楼人"。

⑧金缕衣：又名'缕金衣'，花茎较长，花朵高，花瓣细碎，颜色彤红。相传唐朝时，有位名叫李铸的人在金陵做官时，结识了当地色艺出众的歌女杜秋娘并纳为妾。杜秋娘见王公贵族们穿着金缕衣，终日游手好闲，虚度岁月，便写了首《金缕衣》诗："劝君莫惜金缕衣，劝君惜取少年时！花开堪折直须折，莫待无花空折枝。"很快被人们传唱开来。后来，该诗名成了乐府曲牌的名字。

⑨天香一品：花色猩红，棵大花硕，清香宜人，色香姿韵俱佳，取名'天香一品'。典故出自《摭异记》，唐文宗不仅爱牡丹画，而且爱牡丹诗，文宗非常喜欢程修已画的牡丹。一次，文宗见一幅牡丹画题了牡丹诗，顺便问程：如今京城写牡丹诗的人甚多，不知谁的诗句最佳？程回答："现在京城多吟唱中书舍人李正封的诗'国色朝酣酒，天香夜染衣'。"唐文宗拍案叫绝。其后文宗对贤妃说："汝妆镜台前，饮一紫金盏酒，则正封之诗可见矣。"

⑩紫玉奴：潘玉奴是南北朝时民间美女。南齐的侯爷王茂选她为妃子，终日饮酒作乐。潘妃"三寸金莲"，走路步履轻盈，王茂闻讯命人在侯府石地上凿出许多莲花。潘妃经过此地，王茂便哈哈大笑："我的爱妃，走一步地上就有一朵莲花。"还命人奏乐演唱"步步生莲花"的曲调。梁武帝知道后，打算纳潘妃入宫封为贵妃，王茂无言以对。潘玉奴见侯爷和皇上把自己当宠物争，义愤之下悬梁自尽。洛阳人为纪念此事，把这种紫色牡丹取名为'紫玉奴'。

⑪红玉颜：花呈粉红色，娇嫩妩媚，犹如情女涂着脂粉争艳露俏，别具风姿。据载，汉成帝有一次到阳阿公主家喝酒，公主让家中歌女出来唱歌跳舞。其中有个名叫赵宜主的姑娘长得娇小玲珑，跳起舞来身轻如燕，大受汉成帝赞许。成帝将赵宜主带入宫中，改名飞燕，宠爱有加，飞燕又向皇上推荐她的妹妹赵合德。人们把这两位绝代佳人合起来称作'红玉'，意即红色的玉石。再后来，洛阳牡丹'胭脂红'中变异出一种如同红玉般的牡丹，人们称之为'红玉颜'。

⑫金屋娇：花瓣细碎，层次分明，如同屋宇中藏着一位美人。相传刘彻与阿娇初次见面时，长公主指着白个女儿阿娇说："阿娇跟你做媳妇，好不好？"刘彻咧嘴一笑："阿娇要给我，我给他盖个金屋住。"几年后，汉景帝病故，刘彻当了皇帝，他立阿娇为皇后，践言为阿娇盖了座金屋。这就有了金屋藏娇的成语，后来就有了'金屋娇'牡丹的花名。

⑬出水洛神：花色艳丽，姿容端庄。洛神，原本指伏羲女儿宓妃，守护着

洛河，故名。

⑭紫玉：紫白色花瓣中有红丝纹，浓淡相宜，光洁晶莹，如袅袅婷婷的少女罩着透明的纱巾。紫玉是东周列国时吴王夫差的小女儿。正值青春妙龄，她外出游春时遇到小伙韩重，紫玉取下头上的凤凰钗交给韩重，要他拿着凤凰钗向吴王提亲。不料，吴王却怒气冲冲地把韩重赶了出来，紫玉一气之下竟寻了短见。韩重到紫玉墓上凭吊，却见紫玉从墓中走出，他激动万分，欲拥抱紫玉，紫玉却化作一缕轻烟消失了。从此"紫玉成烟"成了一个成语，'紫玉'则成了牡丹的芳名。

⑮瑶池贯月：花型像一重重楼子，初开时颜色淡黄，盛开时颜色青白，仿佛神话传说中瑶池的月色一样光洁。瑶池是西王母居住的地方。相传，西王母在昆仑建造了一座方圆千里的城池。城中，有白玉造的楼台十二座，光彩照人。离白玉楼不远，有一座金碧辉煌的瑶池，瑶池边亭台楼阁，华丽无比；瑶池中玉水清澈，奇花异草，清香宜人。夜间，明月映照下的瑶池青里透白，更有一番与人间不同的景致。人们向往瑶池仙境圣地，便以瑶池为牡丹取名。

⑯月娥姣：其花型好像少女的纤手托着盛开的桂花。月娥是传说中月亮上的仙女，人们习惯叫她嫦娥，是羿的妻子。羿奉天帝之命，下界除害，嫦娥随丈夫来到人间，羿一连射落了9个太阳，天帝大怒，罚羿永世不得返回天宫。嫦娥却受不了人间的疾苦，偷吃了仙丹，来到无人居住的月宫安身。但她思念丈夫，每当从天上看到羿一人住在茅棚时，便哭泣不止。人们说，天上下的小雨就是嫦娥的眼泪。李商隐的《常娥》诗记述此事："云母屏风烛影深，长河渐落晓星沉。常娥应悔偷灵药，碧海青天夜夜心。"当明月升起之时，凡间的人们，也模模糊糊能看到月宫中的嫦娥依着桂树的身影。所以，人们就把这种托桂型的牡丹怜惜地叫作"月娥姣"。

（5）牡丹命名趣事　在牡丹花开时节，寻芳觅香，观花赏名，不仅看到牡丹芳名，而且很多都有一些典故，有些命名还别有一番情趣，不仅愉悦心扉，还能引起无限遐想，令人心旷神怡。

以不同数字命名的牡丹花名，可以连起长龙来：'一捻红''一丈清''一捧雪''一绽墨''一品红''一品朱衣''一百五''二乔''三转''三绿''三变赛玉''三奇集胜''三英士''四旋''五彩云''五洲红''五星玉''五彩紫绣球''六对蝉''七蕊''八宝镶''八黛樱''八重樱''八千代椿''九都紫''九天揽月''九洲红''九蕊珍珠红''十八号''百花妒''百丈冰''百花魁''百花丛笑''百园红霞''千心黄''万花一品''万世生色''万花盛''万花春''万花富贵'。

以其颜色命名的牡丹花名有：'脂红''豆绿''晨红''沙白''迟蓝''御衣黄''深黑紫''芙蓉白''夜光白''朱砂红''泼墨紫''白素素''大棕紫''种生黑''种生紫''大叶黄''粉中冠''玉壶冰心''银海红波''雪海银针'。

借人物命名的牡丹花名有：'二乔''西施''洛神''景玉''花木兰''文公红''包公面''观音面''关公红''守重红''邦宁紫''貂婵拜月''虞姬艳装''昭君出塞''醉酒杨妃''嫦娥奔月''飞燕红妆''杨妃出浴''绿珠坠玉楼'。

托其他花名来命名牡丹花名的有：'红莲''瑞兰''黑花葵''石榴红''胜荷莲''似荷莲''甘草黄''桂花黄''梨花雪''合欢娇''竹叶球''小桃红''桃花春''银百合''菊花白''玫瑰白''睡芙蓉''白山茶''芭蕉扇''昙花粉''红牵牛''罂粟红''银边玫瑰''冰山雪莲'。

以珠宝来命名牡丹花名的有：'脂玉''蓝田玉''红宝石''无瑕玉''蓝宝石''玛瑙台''玛瑙翠''玲珑塔''玉含金''紫如意''冠世墨玉''璎珞宝珠'。

以吉祥富贵来命名牡丹花名的有：'祥云''云芳''大富贵''金玉玺''吉祥红''大红袍''状元红''玉楼春''锦袍红''富贵红''紫如意''玲珑塔''醉鸳鸯''锦上添花''粉盘托挂''紫气东升'。

以姓氏来纪念育花者的花名有：'姚黄''魏紫''赵粉''胡红''王红''宋白''赵紫''鲁粉''左花''刘师阁''苏家红''李园红''何园红''陈园红''李氏墨魁'。

以纪念牡丹品种诞生地命名的牡丹花名有：'黄河''秦红''寿安红''和平红''洛阳红''曹州红''盐城红''彭州紫''延安红''延州红''延州粉''延州白''云南粉''四川白''梅州红''丹州红''陈州紫''洛阳春''青州红''成都白''岳阳红''绍兴春''丹景红''垫江红''荆山粉''丽江粉''丽江紫''太平红''火焰山''南海金''荆山玉蝶''荆山红辉''天山日出''天山侠女''卧龙出山''隆中白菊''波斯少女''和平二乔''陇原壮士''蓝田飘香''关山烟雨''祁连藏金''月照昆仑''东海浪花''峨眉仙子''神农花脸''襄阳大红''大理粉球''临洮玛瑙翠''麦积山烟云'。

借动物名称来命名牡丹花名的有：'熊猫''雄狮''灰蝶''灰鹤''雏凤''雀好''银狮子''瑞玉蝉''花蝴蝶''绿蝴蝶''白杜鹃''鸳鸯谱''紫鸳鸯''粉鹅毛''鹤翎红''鹿胎花''杜鹃红''象牙白''麒麟司''黑天鹅''鹦鹉戏梅''企鹅卧冰''白鹤卧雪''白鹤亮翅''玉兔天仙''白狗吐血'

‘青龙卧墨池’‘银线吊金龟’。

以风景来命名牡丹花名的有：‘梨花雪’‘中秋月’‘汉宫春’‘昆山夜光’‘瑶池贯月’‘凌花晓翠’‘雨过天晴’‘乌龙集胜’‘彩云映日’‘蓝海碧波’‘山花烂漫’‘青山卧雪’‘雨后风光’‘玉楼春雪’‘花红迭翠’‘白塔春晓’‘大漠风云’‘岭南橘黄’‘金谷春晴’‘池塘晓月’‘平湖秋月’‘桃源仙境’‘层林尽染’‘万叠云’峰。

3. 牡丹艺术

（1）牡丹绘画　中国画中多牡丹图案。东晋人顾恺之画《洛神赋图》中有牡丹。据刘宾客的《嘉话录》记载，南北朝时期杨子华"画牡丹处极分明"。唐代，牡丹名扬天下，已把牡丹作为新独立的花鸟画专门画科中的重要题材，其中著名画家周日方的《簪花仕女图》反映了宫廷中的牡丹。画牡丹的人众多，最有名的是边鸾。据董道的《广川画跋》记载，边鸾所画牡丹，"妙得生意，不失润泽"。以至"唐人花鸟，边鸾最为驰誉"（汤厘《画鉴》）。五代时期画牡丹表现富贵吉祥寓意，以徐熙、黄筌名气最大，并称"黄徐"，有"黄家富贵，徐家野逸"之评，形成五代、宋初花鸟画两大流派。徐熙用迭色渍染法画的《牡丹图》，时称花鸟画一绝。宋代编纂的《宣和画谱》称徐熙有《玉堂富贵图》《牡丹图》《牡丹海棠图》《牡丹梨花图》《牡丹戏猫图》《牡丹桃花图》等40多幅牡丹画流传于世，被誉为花鸟画的大宗师。他的《玉堂富贵图》藏于台北故宫博物馆。黄筌画有《牡丹戏猫图》《牡丹图》等17幅。宋代，涌现出一批画牡丹的名家，代表人物有徐崇嗣（徐熙之子）、黄居采（黄筌之子）、赵昌、易元吉、代画牡丹高手济济，有孙龙、唐寅、吴元瑜等。元代有钱远、王渊、明吕纪等。徐渭用"泼墨法"画牡丹是当时创举，为明代水墨大写意画派的先驱。他的水墨写意，泼辣豪放，笔墨简练，使其所画牡丹具有强烈的表现力，有40余幅牡丹画流传于世。清代恽寿平画"没骨牡丹"，润秀清雅，自成一体，独具特色，称"恽派"，有《牡丹图》等作品传世。还有"八大山人"之一朱耷和任伯年、高凤翰、蒋廷锡、张玮、陆风匀等著名画家。高凤翰能诗善画，一生画的牡丹很多，曾写诗自嘲："世间富贵有多少，被尔销磨四十年。"又曰："此生莫怪常贫贱，两手争抛富贵多。"

近代、现代到当代，画牡丹的妙手更是人才辈出，牡丹画作空前涌现。著名画家王雪涛曾画了大量的牡丹画，神态各异，生机勃勃。绘画大师齐白石画牡丹用笔简练，重在意境，生机盎然。吴昌硕、张大千等巨匠都有牡丹画作传世。吴昌硕是位承前启后的艺术大师，早年家境贫寒，却对画牡丹情有独钟，曾写牡丹题画诗：

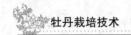

酸寒一尉出无车，身闲乃画牡丹花。

燕支用尽少钞买，呼婢乞向邻家娃。

写他即使已寒酸到颜料用尽的地步，宁愿向邻家娃乞讨胭脂，也不愿停下画牡丹的笔，真是一个牡丹画痴。

美籍华人画家李燕晞女士，祖籍福建省福州市，出生于台湾，师从台湾国画大师胡克敏、傅狷夫、侯北人等。她笔下的牡丹摇曳生辉，光彩照人，清丽传神，千姿百态，因而在美国赢得了"牡丹皇后"的美名。她在加州创办了一间艺术工作坊，专门从事服饰绘画，有各式各样的牡丹图案，生意兴隆。后在旧金山创办一家中国画廊，取名"紫晴园"，因为紫色是她最为喜欢的颜色。她笔下的紫牡丹娇艳动人，风情万种，多姿多彩。她还在园内种植了各色牡丹，供自己临摹写生和画友们观赏。此外，她曾在美国洛杉矶、旧金山及中国台湾、福州等地多次举办牡丹画展。

现今的山东、河南、北京等地牡丹画家如雨后春笋般涌现。画家们各领风骚，画作风格多样，或工整，或写意，或浪漫，或凝重，描绘出的牡丹风姿各异，仪态万方，让人置身于美不胜收的牡丹世界。其中洛阳的王绣、开封的王少卿等画家的牡丹画功力深厚，受到画界的高度评价，并已扬名海外。

毛泽东故居中收藏有牡丹画10余幅，例如，陈半丁3幅：《春满乾坤图》（松石牡丹）1952年，《花好月圆》（月中牡丹，月外百寿）1956年，《瓶花图》（梅、石、水仙、牡丹）1963年。廖一中1幅：《牡丹祝寿图》（松石牡丹）1953年。齐白石等集体创作1幅：《和平幸福图》（石、鸽、万年青、牡丹）1954年。汪慎生1幅：《花鸟图》册页之三《牡丹》，题"四时长放浅深红"。"民初画坛三杰"陈师曾、黄宾虹、徐悲鸿的牡丹画2幅：《牡丹轴》《牡丹红轴》。

（2）牡丹瓷器　牡丹是瓷器图瓷器案装饰制作的重要题材。公元8世纪，原来叫"拓跋"的党项部落，被大唐王朝赐姓为"李"，成为名义上的皇族，并获得银、夏、绥、有和近五州为领地，就是今天的陕北绥德及米脂等地。此后，一个以夏州为中心的地方割据势力逐步形成，至北宋时建立了西夏政权，建都兴庆（宁夏银川）。与汉族文化的密切接触，使党项人学会了耕种、冶炼和制作瓷器，而牡丹和海棠花是西夏瓷器中最常见的花纹。

宋代有"牡丹梅花瓶"，元代有"青花缠枝牡丹纹罐"，明代有"牡丹双鹤盘"，清代有"雄鸡牡丹瓶""青花牡丹孔雀盘""青花牡丹凤凰盘""青龙牡丹唐草盘""剔红牡丹孔雀盘"等。中国各地保存牡丹图案的瓷器有：北京"剔红双楷牡丹山石纹盆""剔红牡丹瓷盖碗"，青海的"影青刻龙凤牡丹纹瓷罐"

"剔花牡丹纹瓷罐"，洛阳的"唐三彩凤嘴牡丹尊""唐三彩牡丹枕"等。

（3）牡丹雕塑　牡丹被广泛应用于雕塑题材。有北宋河南登封、山西晋城岱庙、福建惠安的牡丹石雕；河南洛阳、山西太原、甘肃临夏的牡丹砖雕；江西景德镇的牡丹瓷雕。此外，陕西西安市沉香亭牡丹圃、慈恩寺牡丹园、化觉巷清真寺牡丹木雕。

2005年，中国国民党主席连战先生访问大陆，开始了破冰之旅。中共中央总书记、国家主席胡锦涛送给连战一个景德镇的大花瓶，花瓶上画的是壶口瀑布景色。连战先生送给胡锦涛一个著名的太极雕刻，同时送给了北京大学一座牡丹凤凰的瓷雕作品。连战先生认为牡丹凤凰象征着富贵与和平。

（4）牡丹摄影　牡丹是摄影家常选的题材，牡丹摄影专集比比皆是。洛阳、菏泽、北京许多摄影名家在国内外各地举办了牡丹摄影展。

（5）牡丹歌曲　牡丹是歌曲咏唱的重要内容，特别在民歌中，牡丹是美的化身，爱的象征。

民歌中最著名的有青海、甘肃一带流行的山歌《花儿》（也叫《花儿与少年》）。《花儿》曲牌中有《白牡丹令》《牡丹花下多栽令》和《绿牡丹令》，还有长歌《十朵牡丹九朵开》《十二月采花》《十二月牡丹》等。还有新疆维吾尔族的《牡丹汗》，宁夏的《幸福的日子赛牡丹》，青海的《尕妹是牡丹花中王》，陕西的《洞宾戏牡丹》，山西的《阿青哥的小白船》，安徽的《十二月花》，闽南的《忧愁的白牡丹》，内蒙古的《牡丹梁》，台湾的《白牡丹》等。这些歌的歌词以花喻人，语言纯朴，感情真挚，反映了人们对纯真爱情的追求和向往，对美好生活的憧憬和期望。

第三章 观赏牡丹栽培技术

第一节 露地牡丹栽培技术

露地牡丹栽培的关键是要选好适宜的种苗和地块。也就是说，"适地适树"。为使花大色艳，获得良好的观赏效果，应当根据牡丹的生物学特性和生态习性，采取完整科学的栽培管理技术措施。

一、北方牡丹的露地栽培

北方牡丹栽培以中原牡丹品种群栽培区为代表，兼西北牡丹品种群栽培区。

（一）栽培地的选择与土壤整理

根据北方牡丹宜凉畏热、喜燥恶湿的特性，以及根系深长的特点，栽培地点宜选地势高向阳，排水良好，且土层深厚肥沃的地方为宜。要有清洁的灌溉水源。牡丹为肉质深根小灌木，根系分布在 $0\sim1.5m$ 范围内，故选择土质疏松、土层深厚的壤质粉沙土及沙质壤土为适宜。牡丹在中性土壤中生长良好，土壤 pH6.5～7.5 为宜。城市中地势较低处宜建高台，盐碱较重的地方 pH 高于 7.8 需要换土。要有清洁的灌溉水源，以备干旱时浇水，但应严禁用含盐、碱高的水浇牡丹。土壤瘠薄、干旱涝洼、污染严重的土地，不宜作牡丹圃地。牡丹喜轮作忌重茬，栽过牡丹的地方，需经过 2～3 年后方可再行栽植。

为使牡丹生长良好，促进根系生长，从而达到根系叶茂的目的，大田种植应于栽植前 1～2 月将土地进行深翻，深 $60\sim100cm$。一般栽培地应在土地深翻时施以腐熟粪肥或饼肥作基肥，也可施用多元素复合肥。每公顷施用腐熟粪干 2.2 万～3 万 kg 或饼肥 3 000～4 000kg。切忌施用生肥。为防止病虫害，土壤整理每公顷施 40～50kg 呋喃丹，同时施 50～70kg 的硫酸亚铁，以改良土壤的物理性状。

（二）栽培品种与种株的选择

中原牡丹品种群，生态型丰富，品种繁多，适应性广，既有生长势旺盛的'蓝紫魁''银红巧对'等品种，也有抗性强和耐湿热的'湖蓝''赵粉'等品种，还有抗病虫和较耐盐碱的'白莲香''绿香球''雁落粉荷'等品种，以及花期长、较耐日晒的品种如'茄花紫''红霞迎日'等。药用牡丹栽培应选用生长势旺盛的深根型品种如'赵粉魁''紫二乔''玉楼点翠'等，或中间型品种如'乌龙捧盛''状元红'等。牡丹组植物的根均可药用，但单纯药用栽培种为杨山牡丹中的药用牡丹，即'凤丹'系列品种。

牡丹种株应选择3～4年生以上的生长健壮、开花旺盛的植株，根系发达完整，芽子饱满充实、无损伤，叶子完好正常、无病斑，根部无黑斑或白绢菌丝感染者，嫁接处完好无损伤。

（三）栽植时间与方法

1. 秋季种植 牡丹春季开花，夏季花芽分化，秋季萌生新根，冬季休眠。因此，秋季为栽植牡丹的最佳时期。黄河流域最佳栽植时期为9月中旬至10月下旬，此期内越早越好。使入冬前根系有一段恢复时间，并能长出新根，以利第二年的生长。种植过早，苗木处于生长期，营养物未回收，生长不良。栽植过晚，地温降低，分株苗生根少或不生新根，成活率降低，翌春长势弱。栽植方法如下：栽植穴视植株大小而定。一般直径30～40cm，深40～50cm。表土、心土分开放，穴底施以腐熟堆肥、粪干或饼肥。注意，栽植前苗木用500～700倍甲基托布津800～1 000倍甲基异柳磷混合液浸蘸30s，小苗带有天牛等蛀干害虫的，要用磷化铝片进行熏蒸，以防病虫害。栽时根系要舒展，回填土要踏实，根颈与地表平，不宜过浅或过深，栽后及时浇水。为防旱、保温、越冬，小苗四周用松土封成小土堆状，一般高于顶芽5cm左右。

观赏园栽植行距可依品种、树势而定。冠幅不大、低矮品种如珊瑚台、胡红等多用高度1～1.5m。植株高大、长势旺的，如'二乔''姚黄'以高2m为宜。生产繁殖圃株行距0.6～0.7m，牡丹园栽植的株行距一般为1～1.5m为宜。牡丹园圃宜通风透光，以免多雨季节病菌滋生。

2. 春季栽植 随着牡丹栽培应用范围的扩大，生产上需要延长牡丹栽植季节。因而春季栽植也得到应用。只要措施得当，精心养护，春季栽植也能成功。

早春未萌动前裸根移植尽可能全带根系，并将地上部分重剪。当年新枝萌发后，少留花蕾。一般4～5年生植株当年仍可开花，较老植株需缓苗2年左右。

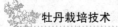

早春将萌动前带土球移植，土球大小视植株而定。大株 60cm×50cm。小株 30cm×35cm。栽后及时浇水，适当疏除过密花枝、花蕾。当年约有 60%植株可以开花。

花蕾初绽时带土球移植，洛阳等地曾选'洛阳红''二乔''似荷莲''赵粉''朱砂垒'等早中开品种于开花前 15～20 天（约为 3 月 20 日）带土球移植。这时枝条已充分生长，叶全展开，花初绽露色。10 年生植株，土球直径 55cm，高 40cm，用草绳捆好，随挖随栽。栽好后剪断草绳，封土踏实，浇透水。其成活率可达 100%，生长开花均较好。

总之，春植应注意：①移栽的时间一定要早。牡丹是比较耐寒的，春季根部活动开始也较早，早移栽可以提高成活率。②春季移栽必须带土坨，保护好根部不受伤。③移栽后立即浇一次透水，保持土壤与根部密接不透风。

二、田间管理

牡丹栽植后，必须加强田间管理，使水、肥、气热达到牡丹生长的最佳状态，促进植株生长健壮，根系发达，花朵丰满，生产上需根据牡丹的生长发育特性和不同栽培用途搞好各个环节上的田间管理工作。

（一）浇水

北方牡丹根系发达，入土深达 1m 多，有较强抗旱性，在年降水量 500mm 以上地区，一般干旱不需浇水。但是，如遇特别干旱的年份，严重威胁牡丹植株生命时，要补充灌溉。浇水的次数和水量的多少，应该根据干旱的程度和株龄来掌握。一二年生的植株抗旱能力较差，若旱情较重，应及时浇水；三四年以上的植株遇严重干旱应浇水；每次追肥后如土壤过干要浇一次水。北方地区一年内有几次浇水需要保证：一是春季萌动后（此时正值北方早春期），也就在 2～3 月份；二是开花前或开花后，4～5 月份；三是越冬前。其他时间视情况浇水。牡丹的浇水可采用开沟渗浇（渗水法）的方法。最好用河水或坑塘里的水，因其水暖且含营养元素多，水已熟化，矿化度较低，从而利于牡丹的生长；严禁用含盐碱量高和污染的水浇灌，以免土地碱化，伤根死亡。天热时浇水宜于早晚进行，忌在烈日下浇水。另外，浇水时水温与地温的温差不能超过 15℃，否则易对牡丹造成伤害。此外，在夏秋多雨季节，要注意牡丹园圃地排水，切勿积水。初冬春季浇水必须在天气暖和的时候，地未化冻时不必浇水。

（二）追肥

牡丹是喜肥植物，植株营养状况如何，直接影响开花的数量和品质；作药用栽培时，也影响根的质量。牡丹开花存在大小年现象，当年花多、重瓣多。翌年也可能花少，单瓣多。在营养不足时重瓣花可开成半重瓣花，以至单瓣花，欣赏不到该品种应有的典型花型。在长期管理不善、土壤瘠薄的情况下，还有可能引起品种退化。为了使牡丹能开好花，除注意控制开花数量以外，适应追肥也很重要。

牡丹施肥应与牡丹的年生长发育节律很好地结合起来。春季牡丹花芽萌动到开花是大量消耗养分的时期。花谢后花芽分化及果实生长（如不采种时可将果实除去）也需充足的养分。牡丹重瓣花花芽分化时间很长，花瓣原基分化的数量与营养状况密切相关。在精细管理的情况下，牡丹每年可施肥3次：第一次早春萌芽后为促进开花（可称为花肥）；第二次花开后为促进花芽分化（可称为芽肥）；第三次花开后为促进花芽分化（可称为冬肥）。前两次以速效肥为主，最后一次以长效肥为主。实际上，每年应重视入冬前施肥，施用经充分腐蚀的堆肥或厩肥，并与其他措施结合起来，这一次施肥基本上能满足牡丹生长发育的要求。有条件时，可施用一些经发酵的饼肥及复合肥料。各地俗称肉牡丹，常将动物尸体埋于牡丹植株周围，待其腐蚀后，可使牡丹花大色艳。

追肥有穴施、沟施和普施三种方法。1～2年生的牡丹植株小，根系不发达，对肥料的吸收范围小，多采用在株间穴施或行间沟施的方法，沟深约17cm，将肥料施在沟内用土盖上。3年生以上的植株多采用普施法，将肥料撒匀混合于土壤中。

（三）中耕除草

中耕一般结合施肥、浇水进行。每次浇水后应及时松土保墒。田间杂草应及时清除。菏泽等地非常重视牡丹园锄地松土，根据该地春季多干旱，夏季及初秋高温多雨的气候特点及植株大小，进行适当的深锄或浅锄，以使土壤疏松，防旱保墒，而且早春能提高地温。

春季2～3月间进行第一次锄地松土，目的是疏松土壤，提高地温，提高土壤透气性。3月下旬，3～4年生苗扒去覆土，2年生的仅去上部，1年生的不扒覆土。同时3月下旬和4月上旬，要进行第二次和第三次锄地。第二次一定要深锄，一般在10cm左右，并且要锄细不能留生地，主要是防旱保墒，提高土壤温度，促使早萌动。第三次根据土壤干湿决定锄地得深浅，应特别注意不能撞伤或碰掉牡丹嫩芽，以免影响植株正常生长。

（四）整形修剪

整形修剪是中国牡丹栽培管理中一项技术性很强的重要措施，它在很大程度上决定着植株生长势的强弱、开花品质的优劣、株型的观赏效果及生命周期的长短。因此，合理整形、因材修剪至关重要。应当及时除去繁枝赘芽、枯枝、病虫枝，维持植株均衡适量的枝条和美观的株型，使其通风透光，养分集中，这样才能生长旺盛，开花繁茂。主要措施如下：

1. 选留枝干 即"定股"，也就是决定地上所留枝条的数目、高低位置、分布方向等。所留枝条要分布均匀，高度一致。定股还要依品种、树龄和应用目的灵活掌握。

长势旺、生长量大的品种，如'二乔'等，可选留5～7枝；长势弱、发枝力差的品种，如'丹炉焰'，只须稍加修剪甚至可任其生长；树龄较大的植株，可适当多留枝干。对于树龄很大的老牡丹，因"牡丹好丛生，久自繁冗"，为保证主枝生长健旺，每年修剪时，要"剥尽旁枝"，将基部萌生的萌蘗条枝芽全部剪除。这就是"芍药打头，牡丹修脚之谓也"。若主枝过老，生长衰弱，应有计划地逐年更新。每年选留一二嫩枝，逐步取代衰老的老干。切记：不可选留过多，若基部嫩枝过多、过旺，会促使老枝衰亡。对于绿化和药用的植株，所留枝数可适当少些，以尽快形成美观的株型；而用于繁殖的植株，则可以适当多留些，以便提高繁殖系数。两者兼顾的一般保留5～8枝。选定主枝外，还要对主干上的侧枝进行合理的修剪，除掉重叠、内向、交叉、病弱的枝条。

2. 拿芽 即除芽、抹芽，定股后就要拿芽。拿芽工作在牡丹分栽后到第二年春天的春分至清明期间进行，此后年年进行。分栽后的第一年可任其自然生长萌发，不进行整枝拿芽。春天在新芽伸出土面后，进行除土芽工作。选留生长健旺、分布均匀的新枝5～7枝，其他的全部除去。然后扒开土面，将根颈部萌生的土芽全部剥掉。在选留的新枝上，多余的芽也要除掉。以后一些不定芽还会不时萌发，在秋季还要再除2次，拿掉第一次没有拿净或又长出来的新芽和枝条。秋天剪除的萌蘗枝（由土芽生成者），可用作嫁接的接穗。

3. 摘蕾 为使植株开花艳丽，保持枝条健壮，必须结合修剪进行摘蕾。在3月底花蕾已大时，将那些小而密的花蕾除去，每枝留一个发育良好的顶蕾。视植株大小，确定花数，只选留一定数量饱满充实的花蕾。一般5～6年生，可开3～4朵硕大美丽的花朵。超过此数的花芽应予摘除。较弱的主枝，可不令其开花，摘去所有花蕾，促使植株更好地生长，翌年可开出硕大美丽的花朵。

另外，栽培过程中要注意保持枝叶的健康，防治病虫为害，勿使枝叶早落而影响花芽的充实和引起秋发。若植株秋发，则翌年无花。花后，除留种者外，余皆及时剪除，不使结实，以免徒耗养分。渐入冬季，天气转冷，此期主要进行养殖、补栽工作，对越冬的虫卵，要进行杀灭工作，并施肥一次。

（五）种殖、补栽

根据牡丹的生长特性，10～11 月份可进行嫁接、分栽等种殖牡丹的工作。嫁接选用凤丹根或芍药根为砧木（近几年多用凤丹根，很少用芍药根，因凤丹根成本低），一般长约 15cm，直径 2～3cm，取当年生枝或强壮的萌蘖枝为接穗，切取 5～10cm，带 1～2 个充实饱满的芽，采取劈接法。分栽选择生长旺盛的 4～5 年的植株作母株，放置阴凉处晾干，待根部变软时，顺其根系自然状况，用手掰开，每株有 1～3 枝即可。

牡丹园若有闲地、空地需要进行补栽工作，也在 10～11 月份进行。园林观赏牡丹都用大苗栽植，必须挖坑，坑深 40～50cm，直径 30～40cm，栽植时在坑底施基肥，以腐熟的饼肥为主，栽好，填完土后，要浇透定根水。

1. 施肥　此期施肥，一是为提高土壤温度，确保牡丹安全越冬；二是补充养分，所以可多施，肥料要足，以充分发酵腐熟的迟效有机肥为主。每亩 100～150kg，施肥时，尽量避免肥料与根部直接接触，以防肥料没有腐熟透，造成烧根现象，导致根部变黑或腐烂，以至死亡，同时结合浇水。施肥要在 11 月中、下旬进行。有条件的地区，封冻前可浇水一次。

2. 杀灭越冬病菌害虫　封冻前，深翻地一次，以冻死部分越冬虫卵为目的。搞好园内卫生，消除并烧毁园内的枯枝落叶及病株，消灭在病枝、病叶上越冬的病原菌。枝干上喷一次 3 波美度石硫合剂，做铲除剂之用。

（六）轮作倒茬

牡丹不易连作，连作病虫害发生严重，生长势弱。据铜陵凤凰村调查，由于连作引起根部腐烂造成的损失，轻的地块减产 20%～30%，重的地块达 80%～90%。轮作的农作物以芝麻、小麦等作物为好，轮作年限不应少于 3 年，最好是 5 年。耕作层换土，可收到与轮作相同的效果。

三、病虫害综合防治

病虫害防治是保证牡丹种苗质量、提高观赏品质和商品价值的关键环节。预防为主、综合防治是病虫害防治的原则。

（一）牡丹病害的主要种类及发生规律

1. 灰霉病　症状：在叶片上产生近圆形或不规则水渍状大斑，病斑褐色、紫褐色至灰褐色，有时具有不规则轮纹，叶片背面的病斑常生有稀疏、直立的灰白色丝状霉层。多个病斑可相连造成叶片枯焦。该病一般于盛花期后（4 月 20 日左右）开始发生，是牡丹生长季节发生最早的一种叶斑病。因其发生得早，对牡丹生长发育和观赏价值的影响都很严重。多雨潮湿的环境条件有利于该病发生。条件适宜时，再侵染相当普遍，条件适宜可造成叶片枯焦，一般 6 月中旬以前发生的枯焦、落叶多为该病所致。

2. 柱隔孢叶斑病　症状：叶上生近圆形较大的病斑，直径 1cm 左右，褐色，病斑上有黄褐色的宽条轮纹，背面生灰白色绒毛层，严重时造成叶枯。该病一般于 5 月中、下旬开始发生，病斑上产生大量的分生孢子，有多次再侵染，到 8 月上旬基本上达到发病高峰。该病病斑较大，常造成大量叶片枯焦与落叶。

3. 炭疽病　症状：在叶片上发生圆形或近圆形病斑，褐色、暗褐色至黑褐色，较大，5～35mm，边缘淡褐色，病斑上有轮状排列的黏质团小点，初为橘红色，后为褐色，病斑易破裂。发生重时可造成叶片枯焦，提前落叶。该病一般于 6 月上旬开始发生，但前期病叶率较低，在田间扩展得较慢。到 8 月中旬以后，病斑上开始出现大量的子实体和分生孢子，病情扩展速度加快，直到牡丹落叶。9～11 月份叶上的病斑均以此种为主。

4. 牡丹根腐病　根腐病是危害牡丹生长的一种严重病害。一般 4 月初牡丹展叶后即在地上部显出症状，多表现为黄化。生长势衰弱，有时近叶脉或近叶肉发黄，易被误认为是病毒病或类菌体引起的病害。病害严重时，可造成植株叶片干枯，甚至部分枝条或整株枯死，田间出现大片枯死现象。

牡丹根腐病原菌经鉴定主要为腐皮镰刀菌，另有其他镰刀菌复合侵染。病菌属弱寄生菌，多从伤口侵入。植株生长势弱，根部伤口多，易感染根腐病。经多点调查证明，凡田间地下虫危害严重的地块，病害发生严重。地势低洼，夏季常积水的牡丹田，病害发生严重。大田牡丹新茬地轻，重茬地重；移栽时种苗经过药剂处理的病轻，未处理的病重。秋季栽植过迟，或带土丘移栽的病重。地下虫危害后造成伤残根，是导致根腐病发生的一个最主要的因素。

(二) 牡丹主要害虫发生规律

1. 吹绵蚧　吹绵蚧发生的代数因地区而不同，洛阳地区一年发生 2 代。以雌成虫越冬，4 月下旬开始活动危害。4 月底 5 月初若虫即可遍及全株。初孵若虫在卵囊内经过一段时间后才分期活动，多定居于叶背主脉两侧，蜕皮时更换位置。2 龄后逐渐移到枝干阴面群集聚会为害。雌成虫成熟固定取食后终生不再移动，后形成卵囊，产卵其中。每只雌虫可产卵数百粒，多者达 2 000 粒左右。产卵期长。有一个月左右。雌成虫寿命约 60 天。温暖高湿适于吹绵蚧的发生，高湿对其发育不利。

2. 蛴螬　危害牡丹的地下害虫主要以蛴螬为主，且以华北大黑金龟甲为主要危害类群。该虫在洛阳地区 1～2 年发生一代，以幼虫或成虫在土中越冬。由于牡丹肉质根系发达，碳水化合物含量高，所以蛴螬多集中在 20cm 深土层中的根部取食危害，很少水平移动。只有当植株严重将近枯死时，才向临近植株转移危害。冬季地温下降至 10℃时，幼虫向纵深处移动，多在 30～40cm 土深处越冬。春季地温上升，幼虫向上移动，幼虫多取食牡丹根的韧皮部，造成根系伤痕累累，严重时仅剩木质部。部分蛴螬在地表咬食牡丹茎基部的韧皮部，造成环剥状。蛴螬咬食牡丹根除本身造成的危害外，其形成的伤口为土中根腐镰刀菌提供了侵染门户。凡蛴螬虫口密度大的田块，根腐病亦很严重，造成根系变黑腐烂，地上部分叶片变黄、枯干，部分枝条甚至整株萎蔫枯死。成虫每年 4 月中旬以后开始出土活动。5 月中旬至 6 月中旬为成虫活动高峰，成虫昼伏夜出，晚 8～11 时活动最盛，取食牡丹叶片，严重时人站在田间能听到沙沙的声音，如同蚕食桑叶一般。牡丹叶片被大量咬食，危害严重的地块植株仅剩叶柄和主脉。

（三）综合防治

1. 栽培防治 应彻底清源，于秋季或冬季清除牡丹田内的枯枝落叶及越冬杂草。尤其是牡丹丛下部的枯枝落叶应清理干净。同时结合修剪，剪除病虫枝、枯枝等。清理出的杂物一定要及时带出园外。集中烧毁，彻底消灭越冬病虫害。

科学栽培管理：加强土肥水管理，以利植株健康生长，增强植株抗性。

2. 药剂防治 冬季 11 月中旬及早春，牡丹芽萌动之前喷 3～5 波美度石硫合剂。将有蚧壳虫的枝条上的虫体刮去，用石硫合剂或速扑杀药剂 1 500 倍涂干，毒杀吹绵蚧壳虫和越冬的病菌及虫卵。于叶斑病始发期 4 月底至 5 月底，用速克灵 600～800 倍液喷洒一遍，以防治灰霉病为主。喷 70％甲基托布津 1 000 倍液，20％多菌灵可湿性粉 500 倍，20％百菌清可湿性粉剂 600 倍，波尔多液 1∶1∶100 倍液，杀毒矾 50％可湿粉剂 600～700 倍，经试验证明，7～10 天一次，交替使用可防治炭疽、柱格孢叶枯病、褐斑、灰斑等落叶病。对牡丹根部病害，发现有叶片黄化，生长势衰弱的情况时，可施入农抗 120 的 200 倍液，或结合施肥于花后和冬季施饼肥＋"5406"菌肥。

（四）越冬防寒

牡丹耐寒性较强，在华北地区可以安全越冬。为避免冬春干旱和使之提前萌芽，常采用培土越冬的方法：在 10 月下旬，从牡丹植株四周掘土，将 1～2 年生植株全部埋入土中；3～4 年生植株高大，可在基部培土至植株的 2/3 处，上面的枝条任其外露。越冬后如果有个别枝条枯死，可用土芽形成的新枝代替更新；5 年以上的植株只培土到基部即可。在北方高纬度地区可采取的防寒措施有：

1. 培土法 在 10 月下旬至 11 月上旬，用绳子将比较矮小的植株轻轻捆绑，然后覆土，将全株盖住，覆土厚度要超过 15cm。

2. 冰冻法 比较高大的植株一般用冰冻法。在 10 月下旬以后，将植株枝条之间的空隙用碎草或树叶填实，再用秸秆将植株围裹紧，厚度要达 20cm 以上。然后洒透水，使其冻在一起。

3. 草叶覆盖法 对于成行或成片栽种的植株可以在 10 月下旬至 11 月上旬用碎草或树叶将植株覆盖，厚度达 10cm 以上。

第二节 寒地牡丹的露地栽培

寒地指我国东北中北部及内蒙古东北部地区。

一、品种选择

寒地牡丹栽培首先是品种选择。这一带目前以引种中原牡丹为主。据调查（赵孝知等，1996），有些品种（如'乌龙捧盛''紫二乔''迎日红'等）在东北生长健壮，开花繁多，花色、花型标准，有些品种（如'赵粉''胡红''飞燕红装''盛丹炉''状元红'等）开花质量下降，成花率降低。今后除对中原牡丹进一步筛选外，还需引进更耐寒的西北（甘肃）品种并开展抗寒育种。

二、越冬保护与春季管理

东北地区牡丹越冬困难，主要原因不完全是低温，常常是干冷寒风吹袭枝条，使枝条脱水干枯而死。入冬前应浇一次封冻水，然后采取防寒措施。一般于入冬前将枝条拢好捆上，10 月中旬将植株用土埋 1/3～1/2；11 月上旬分两次将全株用土培上，最后超过上部枝条 10cm 以上。此外，也可采用以下方法：

1. 草、叶洒水冰冻法 于 10 月下旬至 11 月中旬之间，在洒水能结冰的情况下进行。先用杂草或树叶把枝条间的空隙填实，高山出枝条 15～20cm，然后洒透水，使其冻在一块，然后上盖草苫、树枝或秸秆。

2. 草、叶薄膜覆盖法 入冬前用杂草或树叶覆盖，高出植株 10～15cm。一行或几行用加厚的塑料薄膜盖实，周围用土压牢。上盖草苫秸秆防风遮光，以免初春阳光照射，薄膜内温度升高过快，使鳞芽萌动而产生冻害。

3. 土埋结合覆草法　入冬前将植株埋土 2/3，上盖草再用土埋严；或下部用土埋，上部枝条拢紧后扣上泥花盆或塑料袋，然后埋严。

上述方法可根据具体情况选用。当植株小或栽植稀疏，取土方便时，可用土埋；如植株高大、株行距较密，则可用覆草盖加土埋。翌春气温回升至 0℃以上鳞芽将萌动时逐步撤除防寒物，第一次撤去薄膜及部分覆盖物，保留厚度距顶芽 2cm 左右，任其自然生长顶出覆盖物。待新枝长到 4～6cm 时，撤除全部覆盖物，使枝叶舒展。此时地表解冻，但下面还是冻土层，气温回升快，幼枝生长迅速。如果地表干燥，水分供应脱节，会引起新芽枯萎，老枝干死。要及时浇一次透水。

第三节　南方观赏牡丹的露地栽培

1. 品种及栽培地的选择　首先选用江南品种群的品种，也可选用中原牡丹品种群中的耐湿热品种及日本品种，栽培地宜选地势高燥、排水良好、有半遮阳、疏松肥沃的沙质壤土。

2. 栽植时间及方法　长江中下游地区宜于 10 月下旬至 11 月上旬。江南一带牡丹落叶后并未完全进入休眠状态，根系在整个冬季均在生长，芽也发育。江南牡丹品种，一般根系分布较浅，侧根发达，分布范围广。因此，栽植时不用挖穴太深，一般在 30cm 左右即可，坑底也应施入少量腐熟有机肥。

3. 田间管理　江南地区雨水较多，注意及时排除田间积水，久旱不雨时也应适当浇水，提前落叶时不宜浇水，以免引起秋发。浇水也应小水轻浇，杜绝大水漫灌，且不要在中午高温时浇水。江南雨水多，杂草易孳生，土壤易板结，因此要及时松土除草。1 年约施肥 3 次，花前、花后施液肥，秋冬施用厩肥。秋后花芽、叶芽可明显区分时，进行整形修剪，每枝保留一个饱满花芽。

第四章 冬季牡丹温室催花技术

第一节 发展牡丹春节催花的意义

春节，是中国最为主要的传统节日，是农历新年的开始。近年来，为烘托春节期间的气氛，购花赏花已成为人们置办年货和馈赠亲朋的"新宠"。牡丹，是我国的传统名花，花大色艳，型美香浓，雍容华贵，艳丽多姿，历来被视作富贵、平安、吉祥和喜庆的象征。牡丹春节催花自产生之日起，为历代国人所喜爱，赏牡丹、送牡丹自古就是我国南北各地的习俗。

一、提高栽培效益，促进牡丹产业的发展

牡丹春节催花的售价是牡丹苗木的8～10倍，每盆为200元左右。目前，全国每年春节上市约50万盆，年创产值在1亿元左右，极大地促进了牡丹产业的发展，使大批花农发家致富，步入小康生活。

二、调节花期，满足人们赏花的愿望

牡丹的自然花期较短，且过于集中，"弄花一年，看花十日"，使人们产生许多遗憾。通过催花技术，让牡丹在春节盛开，并且可以利用冬季的自然低温，使牡丹单株花期延长到15～20天，令人们叹为观止。同时，牡丹美好的象征寓意，与我国春节的节日气氛极为融洽，代表着在新的一年里富贵、平安、吉祥、如意，同时代表着国家的安定、祥和、繁荣、富强。

第二节 牡丹催花存在的问题

当今市场上，绝大部分春节催花的牡丹盆土都较笨重，花色品种少，规格单一，叶片小而稀，综合质量不能尽善尽美。俗话说："好花还需绿叶配"。与自然生长的牡丹相比，春节催花牡丹叶片相对小而稀，原因如下：一是牡丹具

有花谢后叶片迅速增厚的特性，加之催花牡丹生产仅 50 天左右，生长期短，不待叶片完全放大，花蕾就率先开放投入市场了。因此，催花牡丹的生产期安排在 60～70 天较好。特别是当牡丹进入展叶期后，在平蕾和垂粤透色期，将温度掌握在下限，延长开花时间，对叶片的生长有明显的效果。二是催花技术虽有不断提高，但使用的仍是口授身教的传统方法，仍处于想尽一切办法提高成花率这样的水平上，对成花质量谈不上深入研究。至今没有催花数字化的依据和资料、催叶技术相对滞后。三是催花生产设备简陋，绝大多数生产场地是塑料大棚，土暖气加温，只能勉强提供所需温度，对于影响叶片生长的光照、通风、二氧化碳等，不能满足需要，很难生产出高质量高水平的产品。四是有些品种叶片长势较强，如'紫二乔''乌龙捧盛'等，在技术上采用去叶措施，本来应该生长 7～9 片叶，为了节约养分，把有限的养分转移到花蕾的生长上来，通常只保留 3～4 片叶，使牡丹的叶片更显稀少。在激素的使用上，由于浓度高，用量大，致使叶柄花茎增长，也使叶片显得更加稀而小，严重影响了整体观赏效果。

第三节 北方冬季温室催花

牡丹春节催花技术是指在打破牡丹的冬季休眠后，将其移栽至温室栽培，提供适宜的生长环境，并采取一定的栽培措施，使其在春节开花的技术。牡丹催花必须先彻底打破其冬季休眠；否则，即使在适宜的生长条件下芽也不会萌动。生产上一般通过自然低温或人工低温的方式来打破其休眠，还可通过涂抹赤霉素来配合实现。

一、准备工作

（一）品种与植株选择

1. 品种选择 牡丹有许多栽培品种，仅中原牡丹品种就有 800 多种。其开花习性各异，但并非所有品种都可用来催花。有的品种自然开花率很高，花质也好，但用来催花，反而成花率很低或花朵质量下降，不能保持原品种花型特征。经过长期催花实践证明，适宜冬季温室催花的牡丹品种有'洛阳红''似荷莲''紫二乔''状元红''十八号''肉芙蓉''娃娃面''桃黄''朱砂垒''赵粉''霓虹焕彩''乌龙捧盛''桃花飞雪''银红巧对''迎日红'等20 余个品种。品种的选择对于牡丹的催花至关重要。

2. 植株选择 植株的年龄、优劣与成花率的高低、花朵的丰满程度、花色是否美观均有直接关系。故宜选 4～6 年生植株，每株有 6～8 个粗壮枝条，每个枝条又生有 1～2 个花芽，且株型紧凑、无病虫害、无机械损伤、长势强、枝条健壮、鳞芽肥大、充实饱满、根系粗壮的植株。

（二）场地及设备的选择

1. 场地 牡丹幼蕾期最怕北风吹袭，使其败育。所以，冬季促成栽培宜采用玻璃温室或日光温室。

2. 其他设备 备好备足防寒增温用的电炉或加热器、塑料薄膜，以及干湿温度计、喷壶、小型喷雾器、毛笔、牙签等。

（三）花盆选择

花盆选择：一般采用花盆口径 25～35cm、深 30cm 的大瓦盆，一般都采用塑料花盆。这是因为塑料盆具有质轻、美观、洁净、不易破碎、便于搬运和价格低廉等优点。

（四）起苗、包装、运输

起苗时间根据预定上盆时间而定。一般起苗要比上盆提前 8～10 天，过早会造成植株失水过多，影响植株上盆后生长活性的复苏；过晚导致晾晒不充分，影响上盆后根系、枝条对水分的吸收，进而导致花蕾不齐。起苗的植株要选经过自然低温或人工低温处理后，以运到栽培地栽植的时间不晚于距预定开花时间 45～60 天为准。植株选好后，先剪掉叶片，保留叶柄 2mm 左右，用来保护花芽，然后用草绳将枝条轻轻捆扎在一起。挖掘时小心谨慎，避免枝条、鳞芽受到损伤，同时尽可能保持完整根系，减少断根。植株挖出后，去掉根部覆土，放在合适位置晾晒 5～8 天。晾晒的主要作用是便于包装和运输，并有利于解除牡丹深休眠。待花芽干瘪、枝条皱缩、根系柔软（花农俗称"晾透"）时即可。近年来，为提高催花质量，常保留根部 1～3 个无花土芽（萌蘖芽），以增加观赏效果，即可包装、运输。用硬纸箱包装，根向外，枝条向里，逐层排放，做到严密充实，以尽量减少鳞芽损伤。

（五）上盆用栽培基质

选疏松、肥沃、腐殖质含量高、肥效持久而又易于排水的土壤。培养土配制：培养土在盆栽前 1 个月开始配制，待其充分腐熟后才可使用。现在牡丹春节温室催花生产使用比较多的基质配比方式为炉渣∶园土∶锯末（草碳肥或腐叶土）＝1∶1∶1。

（六）上盆时间与方法

就一般品种而言，牡丹自然开花需要 50～60 天。根据这一特点，若需牡丹在春节开花，可于农历 10 月 25～30 日上盆，上盆后马上进入温室管理。这样春节前 3～5 天。牡丹可处于含苞待放的初开状态，至春节可以盛开，达到最佳观赏效果。在实践中，为在成花后留出一定的销售时间，在农历 10 月15～25 日上盆，农历 12 月 10～20 日处于透色期，通过降温等措施控制牡丹花的开放时间，在此期间进行销售，消费者将透色期的牡丹放在家中 15～20℃的环境中，至春节可以盛开。上盆时应该尽可能地使根系在花盆中垂直分布均匀，与基质充分接触，对个别粗硬、过长的根可以短截。牡丹上好盆后，搬进温室进行排放。一般按每行 4 盆排放 1 畦，畦向南北，畦间留 60～80cm的人行道，以便于管理。排好畦后。连续 1～2 天每天浇 1 次透水，以利于植株迅速"返水"，恢复生长。

为保证牡丹在春节期间上市，在 11 月底前结束上盆工作，一般上盆后45 天左右即可开花。上盆前，把花盆放在水池中吸足水分，在栽植牡丹时，先在花盆底排水孔垫一些碎瓦片，防止漏土，再铺上 2～5cm 厚的小石子等物，易于排水。栽前把牡丹植株的根部放在 1%硫酸铜溶液中消毒处理 5～10min。上盆时先将植株根系一分为二，两手各拿其一，放置于花盆内；然后向同一方向旋转，盘绕于盆底，加土，用木棍捣实，至距花盆上沿 3～5cm时不再加土。

二、促成栽培管理

（一）温度管理

牡丹春节温室催花中，温度的控制是一个由低温到高温的过程，特别是前期，温度要求较低。在促成栽培前期将温度控制在 10～20℃之间，后期使温度始终保持在 15～25 之间，白天温度应在 25℃以上保持 6h，夜间温度不低于10℃。因此，根据催花中牡丹对温度的要求和温室内温度变化特点，不同地区可灵活掌握覆盖塑料薄膜时间、草苫揭盖时间、通风口（腰窗）的开关时间及风口大小。通风口（腰窗）的开关时间和风口大小是调节温室内温度的重要措施。此外，供热系统的加温措施也可以对温室内温度进行调节。

（二）湿度

温室内空气相对湿度太大易引发灰霉病，尤其是在连阴雨雪天气，空气湿度接近饱和时，极易发病；同时，湿度大也影响室内光照，使牡丹植株生长瘦弱。实践表明，温室内空气湿度一般情况下均能满足牡丹生长的需要，不必采取往空气中喷水等措施增加空气湿度。降低空气相对湿度的措施：在保持室内一定温度的条件下，要经常进行通风换气。温室内浇水最好选择在晴天日出后的 1～2h 内进行，浇水要适量，不要出现地面积水情况。

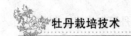

牡丹春节温室催花生产是在地面上进行的。与土壤关系不大，有条件的可以在地面上铺上砖、水泥或炉渣，以减少土壤水分蒸发而增加空气相对湿度。在阴雨雪天温室内湿度过大的情况下，可利用供暖设备，在加温的同时进行通风，以达到降低湿度而又不降低温度的目的。

为了调整牡丹枝叶生成与花蕾开花的平衡，喷水时一般喷枝干，以控制枝叶徒长。湿度保持在60%以上。此外，要合理进行剪枝、抹芽、摘叶、压柄。

（三）光照

光照主要从光照时数、光照强度和光谱成分三个方面影响牡丹的生长发育。牡丹属于长日照植物，喜光稍耐半阴，开花期需要10～12h的自然光照。因此，温室催花时的光照时间要达到10h以上。开花初、中期如果光照时间长期低于8h，花蕾和叶片将停止发育。牡丹生长后期，根据植株情况调节光照。欲提前开花，应延长光照时间；反之，应缩短光照时间，可以选用厚薄均匀、透光率高、抗老化的无滴膜，以减少水雾附着，增加透光率。合理揭盖草苫。降低温室内空气相对湿度。掌握好特殊气象灾害的处理措施及人工补光等。

（四）增加二氧化碳浓度

二氧化碳气肥一般在太阳出来后1h开始施用，每次施用时间以超过1h为宜，浓度宜控制在空气标准浓度的35倍，即0.10%～0.15%为宜。在生产上可以进行人工增施二氧化碳气肥，其方法有燃烧石油液化气和煤油，利用稀硫酸和碳酸氢铵反应产生二氧化碳，使用二氧化碳发生器、二氧化碳烟剂、液剂或固态二氧化碳（干冰）等方法。

三、温室催花中的其他管理技术

（一）剪枝、抹芽、摘叶、压柄

在牡丹催花过程中，为减少养分的消耗，植株进入温室并充分"返水"后，应立即将无用、病残枝条及枝条上端的枯枝和无用芽剪掉、抹除。牡丹每个枝条上一般有2个以上腋花芽，因顶端优势的原因，最上端一个腋花芽分化最完全，开花质量最好。所以，催花中最好只保留最上端一个腋花芽，其余腋花芽、隐芽全部抹除。

摘除生长特别旺盛的叶片，使养分集中供应花蕾，对成蕾很有帮助。方法是：当花茎伸长至10cm时，用镊子摘除花蕾下部1～2片叶，或者把花茎中最下端1～2片叶摘除。压柄是指把侧向上生长的复叶柄用手将其压平或压弯，使叶片平伸或略下垂，消除顶端优势，使养分集中供应花蕾。压柄于叶柄长至 5cm 时开始，对于叶片较多的品种，摘除 1～2 片叶并不影响生长和观赏效果。

（二）精细肥水管理

1. 浇水　牡丹植株上盆而进入温室后，应大水浇透基质，每天 1 次，至少连浇 2 次，以促使植株迅速"返水"，恢复生长。牡丹春节温室催花初期，根系因没有根毛而缺乏吸收功能，主要依靠根系的渗透作用来吸收水分。所以，在这一阶段应保持较大的水量，一般每 3～5 天浇小水 1 次，每 7～10 天浇透水 1 次，随着新生根毛的形成而逐渐减少浇水量。但是，当植株进入展叶期时（植株进入温室约 30 天），不仅生长发育加速，蒸腾作用也随叶面积的增大而增强，需水量较大。因此，在这一阶段应适当加大浇水量。催花后期，由于新生根毛的量逐渐增多，植株具有一定的吸收功能，浇水量可略微减少。在出售前 6～8 天，要减少水量及时进行炼苗，促使枝条壮实老化，能增强出温室后在露地环境的适应能力。在整个催花过程中，基质的相对含水量宜保持在 30％以上，初期可以保持在 60％以上。此外，要合理进行剪枝、抹芽、摘叶、压柄。

2. 施肥　牡丹栽植时，当牡丹上盆 15 天后，可开始激素催花。用已备好的牙签轻轻剥去苞叶，一般剥去 4～5 个叶芽，留花芽。可每盆施入基肥（复合肥或饼肥）50g，以后每隔 15 天结合浇水，每盆每次追施复合肥 20g，也可每 7 天左右叶面喷 1 次 2％～3％磷酸二氢钾溶液。

牡丹具有庞大的根系，其贮存的大量养分是牡丹能够异地催花的基础，尽管如此，仍需进行施肥，以补充营养，特别是在催花后期，根系中贮存的养分基本消耗殆尽，施肥显得更为重要。施肥分根部追肥和叶面喷肥，每 15 天进行 1 次叶面喷肥磷酸二氢钾。

3. GA$_3$ 的应用技术　GA$_3$ 在牡丹春节催花中的作用主要是解除休眠、促进茎伸长、叶片扩大、提前开花等。用赤霉素按浓度 1∶2 000 倍液涂抹花芽，涂抹时量不能多也不能少，一般每个花芽隔 1 天涂抹 1 次，涂抹 5～6 次，牡丹花期较短，催花时需要分批分次进行，以利于成花时销售。

四、病害防治

在牡丹生长发育过程中，常遭受许多病虫害的危害及不良环境的影响，致使牡丹叶片上病斑累累，残缺不全；枝条生长衰弱、干枯根系腐烂或发育畸形，不仅降低了观赏价值，也影响药用根皮的产量和质量。防治牡丹病虫害应以防为主，进行综合防治。

（一）预防措施

要加强栽培管理。栽植密度要适度，不能太密，使其通风透光好。防积水，株丛基部不要培湿土，重病区要实行轮作。栽前要严格选苗，不用病弱苗，栽植前应将小苗用 65％代森锌 300 倍液浸泡 10～15min。尽量减少感染来源，秋季清除病株的枯枝落叶，春季发病时摘除病芽、病叶，对病残体进行深埋处理或烧毁。发现有轻微病情，可喷 1％石灰等量式波尔多液、65％代森锌 500～600 倍液加以防治。牡丹在秋季往往会发生虫害，而咬坏牡丹的新枝和花芽，故应及时扑杀或喷施敌百虫。

（二）化学防治

牡丹较常见的病虫害有牡丹灰霉病、牡丹褐斑病、牡丹炭疽病、牡丹轮斑病、牡丹根结线虫病等。生长季节一旦发病可采用相应药剂喷雾防治。

1. 灰霉病

[病原] 牡丹葡萄孢菌（*Botrytis paeoniae* Oudem.），属于真菌中半知菌亚门，葡萄孢菌属。分生孢子梗细长，除顶端部分无色外，其他部分为青褐色，有 1～5 个分枝，6～12 分隔，$745～897\mu m×130～195\mu m$。分生孢子长椭圆形，无色，单孢，大小为 $6.8～13.6\mu m×6.8～10.2\mu m$。

[症状] 牡丹自幼苗至成株，其茎、叶、花芽等部位均可受侵染。幼苗期受害，茎基部初呈暗绿色、水渍状不定缘病斑，后变褐色，病部凹陷、腐烂，严重时幼苗倒伏。叶片和叶柄被侵染后，病斑呈圆形、褐色并有不规则的轮纹。病多发生在叶尖和叶缘处，感病的花芽通常变黑或花瓣枯萎。在盛花期，花被侵染后则变成褐色腐烂，茎部受侵染时，常引起病部腐烂并使茎、枝折断，病茎上可见到球形、表面光滑、黑色的菌核。遇潮湿天气，发病部位均产生灰褐色霉层。

[发病规律] 灰霉病是一种真菌病害。病菌在病残体上和土壤内越冬，翌年条件适宜时，病菌借风雨传播，开始侵染危害。植株花期以后 6～7 月易发病。当阴雨连绵或多露多雾天气，发病更为严重。植株幼嫩或大而繁密、氮肥过多、重茬地块较易发病。

[防治方法] ①加强栽培管理。在病区应实行轮作，或将土壤深翻后再栽植。秋季应将病株残体、枯枝落叶彻底清除或深埋，不要做堆肥或防寒材料。春季发病时，应及时摘除枯叶、枯芽及枯枝并销毁。要合理施肥，培养健壮植株，增强其抗病力。植株栽植不宜过密，要保持良好的通风条件，以降低湿度，控制发病。②药剂防治。用 1％等量式波尔多液、50％速克灵可湿性粉剂1 500 倍液、80％代森锌 500 倍液或 75％百菌清 1 000 倍夜，每隔 10～15 天喷

洒一次。

2. 红斑病

[病原] 牡丹芽枝霉菌（*Cladosporium paeoniae* Pass.），属于真菌中半知菌亚门，芽枝霉菌属。分生孢子梗黄褐色，不分枝，弯曲状，具有 1～3 个分隔。分生孢子淡褐色，椭圆形或菱形，单细胞或有 1 个分隔，大小为 7.1～26.0μm×5.9～7.1μm，单生或链生。

[症状] 叶上病斑圆形或受叶脉限制呈半圆形或缺圆形，直径 6～15mm，黑褐色，病斑背面长有黑绿色绒霉层，最后叶片焦脆，易破裂。茎部病斑为条状，褐色，边缘稍隆起，中央稍凹陷。萼片、花瓣上的病斑为褐色小点，能使边缘枯焦。

[发病规律] 多雨、高湿、氮肥过多、栽植密度过大而导致通风透光不良或病株滞留，都会引起或加重病害。

[防治方法] ①减少侵染来源。早春（1～2 月）喷洒 50％多菌灵 600 倍液，秋季彻底清除病残体。②加强栽培管理。合理安排栽植密度，多施复合肥和有机肥。③药剂防治。发病时可喷 160～200 倍等量式波尔多液，50％多菌灵 600～800 倍液，45％百菌清与多菌灵的混合液 1 000 倍液，每隔 10～15 天喷施一次。生长后期可适当增加喷施浓度。

3. 根结线虫病

[病原] 北方根结线虫（*Meloidogyne hapla* Chitwood.）。

[症状] 由于根结线虫的寄生，致使牡丹根细胞内含物被消解吸收，并注入内分泌物，引起根细胞分裂、增多。随着虫体发育增大，导致根部膨大形成根结，切开后可发现白色发亮的线虫虫体。该病的突出特点是：根瘤上长须根，须根上又长瘤，反复多次，使苗木根系瘿瘤累累，根结连结成串。后期瘿瘤龟裂，腐烂根功能严重受阻，从而使地上部分生长衰弱、矮小，有的甚至整株枯死。

[发病规律] 由病株、病土和流水传播，以卵和幼虫在根结内、土壤内和野生寄主内越冬，第二年春季 2 龄幼虫直接侵入新生长的营养根。以 5～6 月和 10 月形成的根结最多，5～10cm 处的土层发病最多。

[防治方法] ①加强栽培管理。生长季及时清除杂草，栽植地块不宜重茬。②在牡丹育苗前或定植前可用熏蒸剂处理土壤，杀死土壤中的线虫。可用的土壤熏蒸剂有溴甲烷、氯化苦等。熏蒸剂对植物有害，一般在处理土壤后 15～25 天方能育苗或定植。③发现病株及时处理。定植前摘除根瘤，并将根部用 1 000 倍甲基异柳磷浸泡 30min，或在 50℃温水中浸泡 30min。未处理的病株

不宜定植。④在牡丹生长发病期，可用15％涕灭威、3％呋喃丹，每株5～10g或40％甲基异柳磷每株2mL或使用磷化铝片，每株2～4片，防治效果可达85％以上。

4. 根腐病

[病原] 主要是茄病镰刀菌（*Fusarium solani App.* et. *Wollenw*），为镰刀菌属，是一种真菌病害。

[症状] 牡丹根和茎基部均可感病。发病初期呈黄褐色，后变成黑色，病斑凹陷，可达髓部。病部水渍状，紫褐色。病组织可散发出蘑菇气味，皮层分离成多层薄片溃烂，木质部腐朽。连年被侵染的重病株老根腐烂，不长新根，地上部枯黄，凋萎死亡；轻病株地上部表现矮化，叶变小，枝条细弱。

[发病规律] 镰刀菌是分布广泛的土壤习居菌，为典型的弱寄生菌，牡丹长势衰弱时病菌容易侵入。黏土、盐碱地、低洼积水处、重茬地、地下害虫严重时，最适于根腐病的发生。此病在菏泽3月上旬随地温回升，病原菌即可开始活动，6～8月为发病盛期，10月下旬后病菌停止侵染，病原菌随流水做近距离传染或随苗木调运做远距离传播。

[防治方法] ①栽植地块应高燥，沙质壤土，pH7.0左右。避免重茬，增强树势，注意防治地下害虫。②追施有机肥可促进苗木生长，增强抗病力，同时能影响土壤中拮抗微生物群体的变化，抑制病原菌的生长和蔓延。③发现病株及早拔除，病穴浇灌40％福美双进行土壤消毒。④发病期间，可用40％福美双、特立克、绿亨1号和2号、甲基立枯磷等浇治。

5. 金龟甲 金龟甲俗称金龟子，其幼虫即蛴螬。金龟子的成虫和幼虫都是危害牡丹的主要害虫。

[形态特征] 成虫体长20mm左右，铜绿色，有金属光泽。前胸背板前缘凹入，前翅有不太明显的隆起条纹。卵近球形，乳白色，表面光滑。蛹长椭圆形，浅黄色。幼虫体长约30mm，乳白色，体型较肥粗，常弯曲呈C形。幼虫胸足发达，体背有横皱隆起。

[生活习性和危害状] 该虫1年发生1代，以幼虫在土内越冬，每年5月化蛹。成虫发生期一般在5～8月，白天潜伏在土层、杂草丛下，晚间飞向寄主蚕食。成虫有趋光性和假死性。成虫产卵于疏松土层中，卵期约10天。其幼虫于清晨和黄昏由深土层爬到表土层，咬食牡丹侧根、主根及根颈，造成植株黄萎，以至死亡。幼虫6月出现，8月潜入深土层越冬。

[防治方法] ①在生长季松土除草，消灭成虫。结合锄地或冬春季翻耕土地，消灭幼虫。用黑光灯诱杀成虫这种方法在成虫羽化期，尤其是在闷热天

气，效果最好。②成虫盛发期，喷洒90％敌百虫、80％敌敌畏、50％马拉硫磷等1 000倍液均可；发现成虫取食牡丹叶片时，喷1 500倍辛硫磷乳油。③秋季耕翻土壤前，每平方米撒施呋喃丹或甲基异柳磷15～22.5g，定植前，穴土可掺入同样药剂3～5g。

五、封土越冬

牡丹比较耐寒，在菏泽地区，冬季不加任何保护仍可越冬。为防旱保温及避免冬季人畜对牡丹的损害，经常对各年生牡丹进行封土越冬。每年10月下旬（霜降）后将地上一切碎叶扫净烧掉，然后从植株四周掘土封上。1～2年生的牡丹应全部埋入土中；3～4年生的牡丹棵大，培土高度为植株的1/3；5年生以上的仅培到基部即可。封土不宜过厚，一般覆土高度20cm左右。封土后，对2～4年生牡丹地浅翻一遍，整平过冬。

六、上市前的准备

（一）分级
上市前将牡丹根据花朵花蕾数量和质量进行分级，标准株型：花朵（蕾）6～8朵，半开1～2朵，破绽期花蕾2朵，平桃期3～4朵，圆桃期1～2朵。按此标准进行分级，也可根据客户或市场进行调整，可将花朵数量较多，株型美观的定为优级上市，对一些相对不太好的，可将多盆合为1盆上市。

（二）包装
远距离供应的催花牡丹，在运输过程中要进行包装。可结合牡丹的株型，选用合适的无色塑料袋筒（即无底的塑料袋，要有一定的厚度），从花盆的底部向上套，将枝条花朵全套入其中；操作一定要小心，不要弄伤枝条、叶片、花蕾等。运输过程最好采用保温车或空运，到达目的地立即从箱中取出置温室内浇透水，并注意遮阳、增加空气温度和湿度，2～3天缓苗后可进行后面的处理。

（三）换盆
上市前将生产中用的塑料盆换成外观较好、透水透气的陶盆，根据株形选用深度和口径不同的陶盆，使盆花整体协调，花姿舒展，在基质表面可铺苔藓、陶粒来增加效果。若远距离运输，以上操作可在目的地进行。

（四）喷布叶面光亮剂
在出售前可喷施叶面光亮剂，可明显改善叶片的外观。使用光亮剂一定要注意不能喷到花蕾和花瓣上，否则易引起花瓣脱落或皱缩。

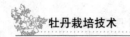

第四节 南方冬季室外催花

南方室外催花，也称之为"晒花"，即在秋季把北方的牡丹运到南方后，栽在盆内放置于室外，利用南方冬季温暖的气候，加上人工调整温度、湿度、光照等管理措施，促使牡丹在元旦、春节期间开花，以满足喜庆佳节及出口的需要。其品种的选择、盆土的要求及上盆的方法等与北方冬季室内催花相同，有些管理方法、步骤也基本相似，但有些技术要求又有所差别。具体要求及管理技术简介如下。

一、准备工作

（一）品种选择

要成功地进行盆栽牡丹催花，首先要了解并掌握各品种的特性。牡丹品种繁多，开花习性各异。有的品种生长势强，自然开花率很高，但在催花中，反而成花率很低或开花的质量下降，不能保持原来的花型或花朵缩小。所以在选择品种时，考虑该品种是否适宜于催花是至关重要的。牡丹科研人员经过十几年、对几百个品种的催花试验，筛选出适宜于南方室外催花的品种有：'赵粉'
'大胡红''小胡红''朱砂垒''紫二乔''乌龙捧盛''映红''藏枝红''大棕紫''十八号''红霞争辉''彩霞''淑女装''迎日红''肉芙蓉''银红巧对''香玉''紫蓝魁''寿星红''娃娃面''桃花飞雪''雪塔''鲁粉''群英''红辉''红梅傲霜''冠世墨玉''大红夺锦''春红娇艳''红梅点金''绣桃花''酒醉杨妃''映金红''紫霞红''赛雪塔''红梅报春''春水绿波''胜葛巾''紫瑶台'等几十个品种。其中尤以红色的大胡红''小胡红''大红剪绒'等品种最受欢迎。

（二）植株选择

植株的优劣，对成花率的高低、花朵的大小及形状有着直接关系。所以催花植株要求具备以下条件：①枝条健壮，株型紧凑，整齐匀称。②鳞芽（花芽）肥大，充实饱满并无病虫害。③4～6年生而又具有6～8个枝条，每一枝条又生有1～2个花芽。

（三）起苗

1. 起苗时间 应根据需要开花的时间而定。首先要事先预计好从晾晒、包装及运输到上盆所需的时间，一般起苗要在上盆的12～15天前进行。

2. 起苗方法 植株选好后，要剪掉叶片，并且要保留叶柄2cm左右，以利于保护花芽。然后，再用稻草或草绳把枝条轻轻捆扎起来，以便于起苗。在挖刨植株时应避免损伤枝条，并尽量保持根系的完整，减少断根。

（四）晾晒

植株挖出后，去掉覆土，运到晾晒场地，按行排列，第二行的根系盖住第一行的枝条，以便晾晒根部。在阳光下晾硒 2～3 天，等根系、枝条、花芽脱水变软后，即可进行包装。

（五）包装

一般用硬纸箱包装。装箱时根向外，枝条朝里，逐株紧密排对，不留缝隙，以减少运输装卸时枝条相撞、磨擦损伤花芽。

（六）运输

在运输的过程中无论采用何种运输方式，都必须确保牡丹植株在上盆的 1～2 天前到达目的地。

（七）场地选择

为避免牡丹幼蕾期被北风吹袭，造成败育，催花场地一定要选择背风向阳、空气流通的地方，必要时可在场地的北、东、西三面筑起 3m 以上高的防风墙。

（八）上盆

花盆一般选用高 25cm、盆直径 30cm 的土盆、陶瓷或塑料盆，在南方多用兰花盆。要视植株的大小而决定选用花盆的规格。盆土可用透水性较好的塘泥或栽花用的三合土（炉渣灰 1 份、园土 1 份、腐叶土 1 份），也可用无土栽培法，即用蛭石、陶粒、椰糠、锯末等栽植，但要浇灌配制好的营养液。

上盆时间应根据需要花开的时间而定，还要考虑催花地点的气温。据菏泽花农的经验：如广州市春节用花（品种以'胡红'为例），从上盆到开花需 53～55 天，深圳市和香港需 43～46 天，而海口市与三亚市则只需 33～35 天即可。另外。不同品种上盆的时间即便在同一地点也有先后。如'朱砂垒''赵粉'在广州市上盆时间要比'胡红'晚 4～5 天；而'银粉金鳞'则又要比'胡红'早上盆 2～3 天。所以催花上盆前需要先摸清各品种的特性、花期，方可有把握使催出的牡丹花的花期一致，减轻调整花期的工作量。另外，上盆时注意：①填土一定要杵实，做到提起枝干而盆土并不脱落。②上盆后要把花盆放在地上，紧贴地面不透气。③上盆后及时灌 1 次透水。

二、各阶段的管理

（一）缓苗期

剪去捆扎枝条的稻草，使其尽快恢复原状。上盆后立刻浇 1 次透水。因植

113

株在包装运输前经过晾晒，失水较多，加上到南方后温度突然升高，植株生长活动开始复苏，需水量大，可连续2～3天每天浇1次透水，以后每天再喷水4～6次，使鳞芽、枝条经常保持湿润。天气干燥时要增加喷水的次数，阴天或刮南风、湿度大时要减少喷水次数。喷水的次数既不能少，也不能多，过少，枝条容易干缩，花芽硬化而不开花；过多，枝叶生长茂盛影响开花。

（二）萌动——露芽——显蕾期

上盆1周后，鳞芽便开始膨大，顶端破裂显露红丝，再过1周顶端开始显蕾。因缓苗期盆土已浇透，一般视盆土干湿情况，每隔2～3天可浇1次透水，喷水量每天可减至3～4次，同时还要剪去花芽上部的干梢和无芽的枝条。另外，还要用竹竿扎好遮阴和增温用的拱形棚架。

（三）花梗伸长——幼蕾期

此期新枝抽生快、幼蕾娇嫩、脆弱、抗性差，是催花成败的关键时期，所以又称"危险期"。这时植株对温度的忽高忽低极为敏感，为此一定要保持温度的相对稳定。特别是要防止4级以上的大风，避免幼苗脱水败育。如果遇到大风或5℃以下低温时，要在棚架上加盖薄膜防护；如遇天气干燥而又高温（25℃以上）时，除按正常每天喷水3～4次外，还要在中午增加喷水1～2次，以增加湿度和降低温度。必要时，还可加盖遮光网罩，同时注意通风降温。在此期间要对牡丹植株进行修枝除芽，剪去基部萌生的新蘖芽（新枝）和除去枝条上的叶芽及比较小的、过密的花蕾。注意每枝上保留1个生长健壮的花蕾，集中养分，使得其开花时花大丰满。但如果枝条稀少而又粗壮，也可保留2个花蕾。对无蕾的枝条，要及早剪掉以减少养分的消耗，更有助于地下根部的生长。

（四）幼叶始展——展叶期

此时花蕾的生长加快，对寒风及温度高低的变化已有了一定的抵抗能力，故这个阶段又称"安全期"。此期管理工作比较简单，除每天正常喷水3～4次外，主要注意调整好花期。如预计花期偏早，应采取遮阴降温措施。一般遮阴时间从上午10时至下午4时；如估计花期偏晚，则用塑料薄膜罩上增温。罩膜时间从下午4时至次日上午10时。无论增温或降温，都要根据天气的阴暗、阳光的强弱、温度的高低来增减遮罩时间。但要切记，罩膜棚内的温度不能过高。如高于25～26℃，就要注意适当打开一些地方通风降温，否则对花蕾、枝叶的生长发育不利，会使花梗、叶柄徒长，影响植株的外观。另外，在牡丹的催花过程中，牡丹根系几乎没有生长吸收根，供其生长发育的养分主要来自肉质根内的贮存营养。为使牡丹花叶并茂，补施肥水是十分必要的。此期叶片已展开，可施用速效性肥料，一般用 0.1%～0.2% 的磷酸二氢钾喷洒叶面，每隔 8～10 天 1 次。也可用其他多元素肥料进行叶面喷洒或浇灌，浇肥要与向盆内浇水结合进行。

（五）圆蕾——平蕾期

在此期间花蕾的生长继续加快，是调整花期的关键时期。由于存在品种、起苗时间、脱水的程度及排畦的位置等不同因素，因而出现植株生长发育快慢的不同，所以此时要视植株生长的快慢，重新分类挑出排畦，再分别采取相应的促控措施，使其同时开花。

（六）垂苞——透色期

此期间花蕾生长速度已减慢，离花开时间已近，尤其到了春节前 10 天，为使花蕾能按时开放，应采取果断措施。如阳光强、温度高，有提前开花的可能，可整日遮阴，每天喷水次数相应增加 1～2 次，加强通风，降低温度，使牡丹推迟开花；如果冬季阴天多，温度低，到了春节还不能开花，则要延长罩膜时间，增加温度。薄膜内温度不超过 25℃ 时，可整日罩盖，必要时可用加热器、电炉等增温设备和人工照明设备，也可用 500mg/kg 的赤霉素涂抹花蕾，2 天 1 次，促其加速开花。

（七）绽口初开期

为了延长观赏时间，应选择散射光照及无阳光照射的凉爽处，使其花蕾慢慢开放。喷水时千万不要把水洒在花朵上，避免花瓣遇水引起霉烂。盆内浇水量也要减少，还可用鲜花保艳剂等浇灌，以延长花期。

总之，牡丹在南方冬季室外催花也要合理调节温度：①温度也应是缓慢上升，由低到高，不能突然升高或降低，尤其在促成栽培的初期。②当花蕾长至 2cm 时，要控制温度不能过高，过高容易萎缩。③当花蕾长至 2.5cm 时，若温度降至 10℃ 以下，则花蕾停止发育。

三、国庆节催花

牡丹的年周期可以分为两个不同的时期，即生长期与相对休眠期。其花期调控是通过限制和满足各阶段所需的环境因子、改变体内的生理生化过程来完成的。国庆节催花技术的关键在于采用变温技术使牡丹提前进入休眠并完成休眠，然后再打破休眠，通过喷水、追肥、遮阴等管理措施，令花芽萌发、展叶、吐蕾并在国庆节开花。山东菏泽的花卉科技人员从 1956 年开始试验，经多年的摸索研究，逐步改进管理措施，筛选品种，低温冷藏，激素处理，终于使牡丹在国庆节开了花。催出的花朵虽然花瓣层次少，花朵较小，但花色基本正常。据解剖观察分析，牡丹的花芽在自然生长条件下，一般在花谢前后叶腋处又重新开始分化花芽，为翌年开花做好准备。花芽分化从每年4月或5月开始，到8~9月基本形成，而其花瓣的自然增多与雄蕊的分化要到10月下旬才能完成。所以提前于10月1日催出的花朵不能表现出正常花朵的某些特征。经过试验，人为改变自然条件、提前降温、加大昼夜温差和减少光照等一系列措施，可使催出的牡丹花在花型、花色、枝叶等方面都接近于正常花期开放的牡丹。

多年来，菏泽、洛阳、南京、上海、太原等城市的园艺工作者利用这种方法进行秋季催花，都获得了成功。如上海复兴公园于1977年和1978年皆在国庆节花展会上展出了秋季催出的牡丹花。现将牡丹秋季催花技术要点简述如下：

（一）准备工作

1. 品种选择 首先宜选开花早、成花率高、秋季落叶的品种。此类品种的牡丹一般花芽分化较早，催出的花朵形态、质量和成花率都比较高；其次应选鳞芽肥大、鳞片包裹不太紧密的品种，此类品种一般成花率高，多适于秋季催花。

经过多年的试验，已经筛选出适于秋季催花的品种有：'藏枝红''淑女装''赵粉''观音面''鲁粉''娃娃面''似荷莲''软玉温香''香玉''黑花魁''紫瑶台''冰罩蓝玉'等20多个品种。

2. 植株选择 牡丹催花应选择壮苗，一般是分株后4~5年生、总枝条数在5个以上、枝条粗壮、株型紧凑、芽体饱满充实、花芽分化完全的植株。

3. 上盆时间 从6月开始对要催花的牡丹进行分批摘叶，立秋前后即7月底至8月初，带土坨挖起上盆。

（二）植株管理

1. 修剪 适宜秋季催花的品种植株选好后，为集中养分供应牡丹花芽生长发育，应在当年清明前后摘除所有的花蕾，剪去基部萌生的分蘖芽（新枝）及上部过多的分枝，使所留的枝条高矮相宜、分布匀称。给每株牡丹增施豆饼肥100~150g，根据天气干湿情况，可适时浇水，以使肥料分解，利于植株吸收。

2. 叶面施肥 5月中旬至7月下旬，每隔15天左右叶面喷施1次0.1%~0.2%的磷酸二氢钾或其他复合无机肥，以保证牡丹中有足够的养分。

3. 防病 进入6月下旬，气温逐渐升高，降水量增多，稍结合喷施叶面肥喷洒多菌灵、甲基托布津、百菌清丹，防止叶斑病的发生。

4. 脱叶处理　如要国庆节供花，就要在 7 月下旬对牡丹进行脱叶处理，用 2 000mg/kg 的乙烯利（一试灵）叶面喷洒，叶片逐渐脱落。如有的品种脱叶不完全，可隔 3 天再重喷 1 次，也可剪掉。

（三）解除休眠

1. 低温处理法　距国庆节 55 天左右将植株刨出，放入冷库。如数量少，可栽植盆内；如量大，可备好湿沙或锯末等物，将牡丹枝条朝上排好一行后，用沙或锯末填满根颈部以下空隙，逐行排、填，不要使根系露在外边。头几天温度可保持 4～6℃，然后再降温至 2～3℃，10 天后再降到−2～3℃，再过 10 天逐渐提高温度，直至 10℃以上后即可取出上盆。上盆后最好放置于阴棚下，10 天以后花芽萌动，再移至阳光下管理。

2. 激素处理法　激素处理的时间可以比低温处理推后 10 天，需要提前 45 天左右（因品种不同，处理的时间可灵活掌握）。将每个花芽用黄豆粒大小的脱脂棉包裹，然后用毛笔滴抹 1 000mg/kg 赤霉素（920）于脱脂棉上。每天 1 次，连续 3～4 天，鳞芽即可萌动膨大。有的品种鳞片外轮干枯，不利于赤霉素的吸收，可用小刀剥开或除掉后再滴抹，这样做效果更明显。

（四）生长期的管理

秋季牡丹催花主要利用秋季适宜牡丹开花的温度、光照条件，不需升温保暖设备，其管理方法、步骤与南方露地、北方温室催花管理技术要求基本相同。但要注意，这时常常有虫害发生，咬坏新枝和幼蕾，所以要细心观察，及时扑杀，并经常清除植株周围杂草，必要时也可进行喷药杀灭。

第五章　牡丹的盆栽方法

第一节　盆栽管理

牡丹上盆种植，早在清代，即已开始。清计楠《牡丹谱》（1810年）中载："牡丹接木（砧木）短小，最宜植于盆中。"黄岳渊所著《花经》中则云："民国二十五年（1936年）冬，予（我）将牡丹栽深泥盆中，灌以清水，翌春盆盆开花，夏秋间枝叶宜颇挺秀。由此可见，牡丹亦可盆栽也。"

牡丹盆景是一种新兴的观赏类盆景，它将雍容华贵的牡丹与古朴高雅的盆景相结合独具特色。目前，牡丹盆栽以我国长江流域及西南地区较多，而在牡丹主产区菏泽、洛阳，盆栽牡丹则主要应用在冬季促成栽培（催花）商品生产中。现在，牡丹盆栽已大规模的生产，并已成为大宗的出口商品。

目前，盆栽牡丹苗木的需求也日益增长，牡丹盆栽操作和管理比露地栽培要求较高，致使其推广较慢。

一、品种选择和盆栽苗的培育

在大田中生长良好的牡丹，盆栽不一定都很好。因此，应选择花色鲜艳，开花量大，花朵高于叶面，根多而短，生长势强，株型矮壮，耐高温高湿的牡丹品种。

芍药实生苗根系整齐，须根多，不易折断，生命力强，用作嫁接苗的砧木最为适宜。高压吊包压条的牡丹苗须根发达，植株矮小，也适于盆栽。由于嫁接和高压吊包压条技术还没有被大多数人所掌握，普通百姓盆栽牡丹用分株苗较多。

盆栽品种选择标准：

（1）株型较矮，枝条紧凑，直立或半开展。

（2）须根发达，入土较浅。

（3）叶片较小，质地硬，叶柄挺拔、斜伸。

（4）荷花型、菊花型、蔷薇型、千层台阁型或皇冠型花型。

（5）花色纯正，花瓣质地硬，单花期长，耐日晒，花朵直上。

（6）丰花，成花率高，抗病虫，适应性强。

那些植株高大、株型开展、花朵下垂、叶片肥大质软的牡丹品种，一般不适合盆栽观赏。通常选用较多的品种有'大胡红''小胡红''大红剪绒''紫二乔'（洛阳红）'二乔''赵粉''蓝田玉''白玉'（白雪塔）'殊砂垒''姻笼紫''状元红''青龙卧墨池''冰凌罩红石''银粉金麟''梨花雪'等一些半重瓣盛重瓣花品种。

二、花盆选择和培养基质配制

牡丹盆栽与其他盆栽花卉一样，所选用的容器一般为透气、排水性能好的素烧盆（瓦盆、土盆）。初栽时，植株较小，花盆选用口径为 25～30cm，深20～25cm 的小瓦盆即可；植株稍大的，可选用口径 35cm，深 30cm 的较大瓦盆。花盆的大小，应依据植株的生长年限和大小而定，可随时加大或缩小花盆的规格，不能只局限于所介绍的规格。植株小，栽大盆，比例失调，不雅观；反之，则头重足轻，感觉不稳。总之，植株上盆后，根系能有一个适宜生长发育的空间，才是我们选盆的最终目的。

牡丹为深根肉质名贵花木，作为盆栽，盆的容积有限，这就造成根部营养面积相对减少，容易使地下与地上部分营养失调，从而影响盆栽牡丹的正常生长发育。所以，要使盆栽成活又能开出鲜艳的花朵，不仅栽培管理技术较为严格，而且对培养土必须要求科学的配制。培养土要在盆栽前一个月开始配制，待其腐熟后才可使用。根据牡丹的生长特性，培养土应选择疏松、肥沃、深厚且腐殖质含量高、肥效持久而又易于排水的沙质壤土，盆土的营养，可以通过施肥补充。土壤 pH 以中性为好，微酸或微碱亦可。比较理想的培养土配方是把腐殖质土、马粪、园土、粗沙子或炉渣按照 2：1：2：1 的比例配好后混合均匀，并用人粪尿封闭腐熟 1 周后备用。

三、上盆时间和方法

（一）上盆时间

农谚有"七芍药，八牡丹"，即农历 7 月份就可栽植芍药，到了农历 8 月份，就进入了牡丹栽植的最佳时间。《花镜》中也有："牡丹八月十五生"之说。在中原地区，阳历 9 月中旬前后，即是栽植牡丹最佳的时期。

牡丹有"春长芽，秋发根，夏天打盹睡"的生长特性。春天，牡丹萌生新根少，主要是迅速萌芽、抽枝、长叶、开花；到了高温 30～35℃的夏天，植株生命活动减缓，基本上进入半休眠状态，新根也不再萌生；进入 9 月后，秋高气爽，昼夜温差加大，营养积累加快，植株萌生新根旺盛。依据牡丹这一生长特性，应及时上盆，确保植株来年健壮生长。

在长江以北、长城以南的广大区域里，牡丹最适宜的上盆时间在 9 月中旬至 10 月上旬；东北与西北或高海拔地区，无霜期短，冬天来得早，上盆的时间要提前到 9 月上中旬；长江流域因无霜期长，天气温暖，上盆的时间可推迟到 10 月上旬或中旬。南方上盆时间过早，气温、地温均较高，植株花芽易萌动生长，俗称"秋发"，造成次年春天无花可开；北方上盆时间过晚，因地温低，新根萌生慢或不生新根，翌春根系吸收能力较弱，植株快速生长发育所需的水分与养分不能及时足量供应，造成上下营养脱节，供需失衡，导致牡丹新枝细弱，叶片皱缩。花朵变小，色泽不艳，花后生长不良，甚至死亡。所以，上盆的时间，应根据所在区域气候条件的具体情况，灵活掌握栽种时间。

适时上盆种植的牡丹，15 天左右即可萌生新根；20 天后新根可生长到10～15cm；至封冻前，可生长到 15～20cm。这就为植株次年春天健壮生长、开花打下了基础。因此，适时上盆是盆栽牡丹的一个重要环节，也是种植成功与失败的关键。

盆栽牡丹的植株选好后，将植株挖出，剪去叶片，即可上盆种植。

（二）上盆方法

牡丹植株挖出后，视植株大小选择大小相宜的花盆。上盆时，首先将花盆底部的排水孔用碎瓦盆片等硬物盖上。盖瓦片时，弧度应往上拱，以利排水畅通。瓦片上面，最好盖一层 2cm 厚的珍珠岩、陶粒或粗煤渣等透气排水好的介质。然后将植株伤断根与病根剪除，再将根系短截，保留长度应短于花盆深度 4cm 以上。上盆时，将植株置于花盆中央，根颈部要低于花盆上口 5cm 以上，用花铲往盆内填土，盆土填至花盆深度 1/2～2/3 时，摇晃花盆，并往上略提一下植株（根茎部要低于花盆上口 4cm），使根系舒展，用木棒捣实，在填土捣实。所填盆土要低于花盆上口 3cm 以上，以便于浇水。如盆土干燥，可连续浇水 2 次，初次上盆，一定要浇透水。浇水透否，以花盆排水孔淌水为准。也可应用浸盆法（参看"浇水"部分"浸盆"）。此后，因植株叶片剪除，加之天气转凉，只要盆土湿润，不必再浇水。如盆土过湿，会影响植株新根的萌生，甚至造成植株烂根而死亡。

另外，如用平底花盆种植牡丹，盆底部可用石子、砖块或硬物垫上，以利排水、通气。

牡丹在盆内生长 2～3 年后，株丛（冠幅）阔大，枝条长高，从直观上看，株大盆小，头重脚轻，整体感已不协调。更重要的是，根系逐年增多，花盆内有限的空间及营养，已远远不能满足植株继续生长发育的需要。再者，植株在盆内多年种植，盆土中养分虽可以补充，但盆土物理性质逐年恶化，难以改变。所以，应适时换盆倒盆。只有更换大规格的花盆，添加新盆土，改善盆土结构，才能使牡丹在盆内继续旺盛生长、开花。

牡丹换盆（倒盆）时间与上盆的时间是一致的（参看"上盆时间"）。在选好规格合适的花盆后，即可把植株从原来的花盆中拔出，重新栽植，但在换盆前几天要停止浇水，盆土稍干燥时植株容易拔出。脱盆时，可一只手抓住全部枝条提起，另一只手轻拍（扣）盆边，一般都能顺利脱盆。如果植株较大、盆重，就需两人合作。如果植株不易拔出，可用铁钎或改锥（螺丝刀），顺盆边挖一圈，就容易脱盆了。植株脱盆后，从叶柄基部 2cm 处剪掉叶片（也可在脱盆前剪掉），在剪除伤病枝及根颈部没出土的萌蘖芽（土芽），然后把靠近花盆边缘的旧土去掉 1/3 或 1/4，剪除部分外围老朽的根及弯曲密集的过长根。随后即可把带土球的植株放置于大规格的花盆中（参看前文上盆方法）。土球外面的空隙用新调配的盆土填满捣实，浇透水即可。

四、栽后管理

（一）浇水

自然界中，任何植物离开了水都不能生存。不同种类的植物，所需水量的多少又有差别。植物生长所需的营养成分，也必须靠水溶解后，才能被植物吸收利用。牡丹性喜燥恶湿，是一种较耐干旱、需水量少的花卉。但盆栽后，生长环境有所改变，就需要勤浇水。浇水的适当与否，是盆养牡丹成功与失败的关键技术，务必要根据其生长习性，合理浇水。

1. 浇水的方法　浇水时用水壶或水勺，取水浇于盆内即可。叶面有灰尘时，可用带喷头的水壶喷淋，冲去灰尘，使叶面光洁，以增加光合作用。在高温干燥的季节，要经常喷淋植株，不但能冲掉叶面灰尘，还能减低气温，增加湿度，改善局部小气候，并能补充盆内水分。

2. 浇水的时间　高温季节给牡丹浇水，最好在早晨盆土升温前和下午盆土降温后，即强光照射前的早晨（8 时以前）及强光照射后的下午（6 时以后）浇水。忌强阳光照射的上午 11 时至下午 4 时浇水，此时盆土温度与水温差异过大，会影响根系对水分的吸收，出现叶片下垂的假旱现象。作者的经验：浇水时间以早晨为最好，因为此时间的盆土温度与水的温度相近，不会对植株生理活动造成任何影响。

夏季温度高，浇水量和浇水次数要增加；春、秋季节温度偏低，要适当减少浇水量和浇水次数。一般11月至翌年的2月，是牡丹的休眠期，只要盆土湿润，不需要浇水。进入3月以后，植株进入生长发育阶段，应适时浇水。

（二）施肥

任何绿色植物，其正常生长发育所需要的营养成分，主要通过施肥来满足的，所以牡丹盆栽后，就必须适时施肥，让植株吃饱、吃好。因而，掌握肥料的配置方法、施肥的数量、施肥的时期与施肥的方法等至关重要。

1. 施肥原则　牡丹喜肥。盆栽后，如长时间得不到养分的补充，会因饥饿而生长势减弱，并易发生病害，所以需要及时追肥。人们往往从主观愿望出发，让自己心爱的牡丹吃好、吃饱，快速生长，无限度地加大施肥量，无意中伤害了根系（烧根），结果事与愿违。因而要掌握施肥的原则：勤施少施，宁淡勿浓。也就是追施液肥时，按低浓度稀释，配合浇水，多次灌溉；在盆土中埋肥时，也要按规定用量施入，不能图省事一次埋入过量而伤害植株。盆栽牡丹时，务必要把握上述原则。

2. 追肥的时间与方法

（1）追肥的时间

①有机肥的追肥时间：新上盆的牡丹，盆土在配置时加入基肥，能够满足植株6月以前生长发育所需的营养，不需要追肥。6月以后，牡丹叶片迅速增大，花芽分化加快，可配合浇水，每月追一次制备好的有机肥，按用量施入盆内。7～8月，天气酷热，牡丹进入半休眠状态，昼夜温差加大，花芽、根系发育较快，每月应追肥一次。11月以后天气转冷，植株叶片发黄脱落，进入休眠期，不必再追肥。翌年3月上旬，植株萌动生长，即可追肥，除7、8月与11月至次年3月不追肥外，每月应追肥一次。年年如此，可保植株久盛不衰。

②无机肥的追肥时间：无机肥的追肥时间与有机肥的追肥时间是一致的。也是从3月开始至11月结束，7～8月份暂停追肥。只是有机肥的肥效长，追肥间隔的时间也长。无机肥追肥时用果树专用肥等配合浇水，每隔15～20天，就需要浇灌一次；叶面追肥的时间应在4月上中旬，牡丹的叶片展开后喷洒，每隔10～15天一次，花开前连喷2次，牡丹花谢后，每隔10～15天喷洒一次。进入6月后，可配合防治叶斑病，把磷酸二氢钾或其他叶面肥混合配入药液中喷洒，能起到防病追肥双重的效果。

（2）追肥的方法　牡丹盆栽养殖常用的追肥方法有3种：挖沟或挖坑追肥法、液肥浇灌追肥法和叶面喷洒追肥法。

①挖沟或挖坑追肥法：此方法多用于有机肥。为防止肥料气味对空气的污染，家庭阳台养殖多采用这种追肥方法；而无机肥也可应用此方法，但追肥量应为盆土重量的0.1%。追肥时，距盆边2～4cm处，用竹片挖一周，宽3cm左右，深2.5cm左右，以不伤根系为主的浅坑或浅沟，把所需要追施的肥料均匀地埋入沟内或坑内，盖严后配合浇水即可。下一次追肥时，最好避开上一次埋肥的地方。

②液肥浇灌追肥法：把配置好的有机或无机肥，按不同肥料加水稀释不同的倍数，配合浇水，浇灌植株，每次追肥后应喷洒清水，冲掉叶面上的液肥，以免伤害叶片。在室外或房顶养殖，多采用此种追肥方法。

③叶面喷洒追肥法：把配置好的叶面肥，加水稀释到所需的倍数，用喷雾器均匀喷洒到叶片正反两面。喷洒时以叶片不滴水为度。在室外养植的牡丹，4h内如遇雨淋，则需重喷。

（三）排水

牡丹忌久雨过湿和炎热酷暑，遇到长时间的高温多湿天气，会使叶片枯焦、烂根。盛夏酷暑时期，可将盆栽牡丹移至苗棚下遮阴，也可集中埋入土中防暑降温，并保持排水通风良好。无雨时每天进行枝叶及周围喷水，增加空气湿度，保证牡丹花芽分化时期的水分供应。雨季要注意排水，阴雨天要把花盆颠倒，防止盆中积水。开花后，每隔10～15天喷1次波尔多液150倍液或甲基托布津800～1 000倍液防治根部病害。牡丹根甜，易遭蚂蚁或蛴螬为害，可用敌敌畏溶液1 000倍液代水浇灌杀死。

（四）修剪

为了改善牡丹的通风透光条件，使养分集中，秋、冬季落叶后，要进行整形修剪。剪去过密的枝条，如并生枝、交叉枝、内向枝及病虫害枝等，使植株保持美丽的造型。秋末冬初，可将盆栽牡丹埋入土中，枝条露在地上土外，上边用草或壅土加以保护越冬。也有的将花盆直接放入地窖中越冬，第2年开春去掉覆盖物，搬出窖外，放置透风向阳处，加强肥水管理，令其自然开花。也有的放在温室或塑料大棚内根据节日需要促使提前开花。为了在装饰造型上使盆栽牡丹更为古朴高雅，可按需要修整成自己喜爱的形状，也可在花行将开放时，将彩陶、瓷盆套在原瓦盆外边，放在宽敞明亮的大厅或正堂中的精制盆架或案几上，更能体现出牡丹的雍容华贵。另外，当盆栽牡丹生长3～4年后，需在秋季换入加有新肥土的大盆或分株另栽。

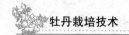

五、主要病虫害和防治

(一) 主要病虫害

病虫害种类包括叶部和根部病害。叶部病害主要有灰霉病、炭疽病和红斑病；根部病害主要有紫纹羽病、根结线虫病和根腐病。叶部病害易造成叶片干枯、脱落，导致根部发病；根部病害易造成枝条细弱、干枯或根系腐烂，根部病害是重要的出口检疫对象。

1. 灰霉病 中原地区 4 月 20 号左右开始发生，为当地牡丹发生最早、影响最大的一种病害，受害株 6 月中旬前即落叶、枯焦。叶尖和叶缘病斑近圆形或不规则形，褐色或紫褐色，具不规则轮纹。天气潮湿时，长出灰色霉状物，或叶片边缘产生褐色病斑，使叶缘产生褐色轮纹状波皱，叶柄软腐。牡丹葡萄孢或灰葡萄孢病菌引起，多次连作地块发病严重。

防治方法：①切断病原：及时清除病株或病叶、枯叶。②喷雾防治：遇到灰霉病的情况下，一定要采用化学药剂进行喷雾治疗。例如，半月左右喷洒一次 50% 氯硝胺 1 000 倍液，差不多连续喷 2～3 次就能够达到有效除病的效果。

2. 褐斑病 多发于 5 月上旬（立夏）到 7 月上旬（小暑）之间。发病初期，叶子上出现黄褐色斑点，中心颜色较浅，边缘稍深，逐渐扩大形成同心圆轮纹，易破裂后期病斑上生出霉状物即分生孢子，严重时叶片焦枯，在多雨潮湿的天气里，迅速扩大传染，造成大量的叶片枯黄。

防治方法：初发时，摘除病叶烧毁。花后至 7 月份，每半月喷 1 次 150 倍等量的波尔多液进行预防；发病初期，喷雾 65% 的代森锌可湿性粉剂 500～600 倍液；或喷 70% 可湿性甲基托布津 1 000 倍液。秋冬清除枯枝落叶并烧毁，消灭病源菌。此外，叶部还发生叶斑病，防治方法与褐斑病相同。

3. 根腐病 该病不易被发现，能从叶片看出病态时，其根皮已腐烂呈黑色。植株感病初期叶片萎缩，继而凋落，最后全株枯死。若不及时防治，将蔓延到周围植株。阴雨天土壤过湿，特别是排水不良的地块，蔓延较迅速。

防治方法：挖出病株，剪除病根，用 1% 硫酸铜液消毒，窝内换新土或撒硫磺粉；常发病区域可用 65% 的代森锌可湿性粉剂 500～600 倍液灌根。管理工作中，要注意合理浇水施肥，水分不宜过大。

4. 蛴螬 蛴螬（老母虫）为主要害虫，是金龟子（大绿蚊）的幼虫，体乳白色，圆筒形，胸部有 3 对足，整个身体常呈蜷曲状，危害牡丹的根部。

防治方法：每年 4～5 月份为成虫金龟子的活动盛期，可利用其假死性人工捕杀药剂防治，可用 50% 辛硫磷 2 000 倍液，或 90% 敌百虫 1 000 倍液灌注，也可用 5‰辛硫磷颗粒剂 3 750g/亩撒于土表，深翻入土。其他害虫一般也可用辛硫磷或敌百虫进行防治。

（二）注重综合药剂防治

要以防为主，群防群治，同时重视石硫合剂、波尔多液等传统杀菌剂的应用，这些杀菌剂成本低，取材方便，效果好。可视病害发生情况调整喷药次数，但整个生长季喷药不应少于 3 次。群防具体时间安排如下：1 月下旬至 2 月上旬，喷洒 3 倍石硫合剂，或多菌灵 500 倍液，喷洒时要覆盖整个盆栽植株。3 月初，撒施甲基异硫磷、辛硫磷或呋喃丹等杀虫剂，以杀灭蛴螬、蝼蛄等地下害虫，也可以在每株牡丹周围打 2～3 个孔，孔深 15～20cm，每孔施入 1～2 片磷化铝片，防治地下害虫效果也很好。4 月上中旬，于花期前喷施多菌灵 1 000 倍液，防治红斑病等叶部病害。5 月中、下旬，喷施多菌灵和菊酯类杀虫剂，或兼用黑光灯防治叶部病害和金龟子成虫，以后每隔 15～20 天，喷施 1 次多菌灵或甲基托布津、等量式波尔多液、百菌清等杀菌剂，这些杀菌剂可交替使用。8 月中、下旬，杀菌剂中混入甲基 1605、氯氰菊酯、辛硫磷、水胺硫磷等杀虫剂，以消灭虫害，避免蛀实花芽和枝条，药剂防治到 9 月中、下旬结束。

六、过夏越冬

牡丹忌久雨过湿和炎热酷暑，遇到长时间的高温多湿天气会使叶片枯焦、烂根。盛夏酷暑时期，可将盆栽牡丹移至遮阳棚下遮阴。无雨时每天在枝叶及周围喷水，以增加空气湿度，保证牡丹花芽分化时期的水分供应和空气湿度。雨季要注意排水，防止盆中积水。

牡丹可耐—16℃的低温，在一般年份不会出现冻害。可将盆栽牡丹置于阳台或露地背风向阳处。冬季盆土不能过于潮湿，以略干为好。

七、翻盆

随着盆栽牡丹的不断增大，须根密布盆壁，日渐老化，吸收养分的能力下降，影响正常生长和开花。因此，每隔 2～3 年要翻盆一次，时间以 9～10 月份为宜。

第二节　一年多次开花的盆栽管理

在长江中下游地区，常选用一些花芽对低温感应不太敏感的半重瓣品种盆栽，经精心管理，则一年内可于春（4 月上旬）、秋（10 月初）两度开花，有时还能在元旦、春节三度开花。措施如下：

1. 及时定股拿芽，剪枝除蕾 春季芽萌动后，适当选留花枝，剪除弱枝，注意及时剪除基部萌蘖枝。现蕾后剪除过密花蕾，春花后剪去残花，不使结籽，减少不必要的养分消耗。

2. 夏末剪叶，促发新枝 春花后施用 1~2 次富氮液肥，叶面喷施 0.1%~0.2%磷酸二氢钾（加米醋）。于 7 月中、下旬剪去总叶数 80%。促使当年已分化的花芽再度萌发。

3. 加强肥水管理，促进秋季开花 牡丹二次抽梢后，要注意气温、光照、水分和肥量。早晚于叶面、地面喷水，中午地面喷大水；防止强光照射，保持盆土不干不湿；每周施一次富含磷钾的液肥，并用磷酸二氢钾（加米醋）进行根外追肥。

4. 加强秋花后的管理 牡丹二次开花后，剪去残花，此时（10 月）气温仍对生长有利。可翻松盆土，施用长效优质有机肥，盆面撒施腐熟中药渣做复合肥，上覆 6cm 木屑或煤渣粉，可使盆土提高温度 3~5℃，使植株延长生长时期。此外，在整个生长期应注意防治病虫害。

第三节　牡丹盆景的创作与欣赏

中国盆景艺术历史悠久，它源于唐初，发展于宋代，兴盛于明清。古时，只有上层社会的达官贵人才能欣赏。历史在发展，社会在进步。特别是改革开放以来，随着经济的发展，人们生活水平的不断提高，物质条件的极大改善，同其他高档花卉一样，盆景艺术与欣赏也融入咱老百姓的日常生活当中，丰富了人们的文化生活，美化了居室环境，越来越受到人们的喜爱。

盆景是大自然的缩影。它源于自然、高于自然，运用"缩龙成尺""小中见大"的艺术手法，通过盆景艺术家的巧妙构思，精工细雕，才赋予盆景生命力和艺术感染力，是自然风景的浓缩。它像诗，寓意于丘壑林泉之中；它像画，生机盎然，应时而变。人们把盆景比作生命的艺雕、无声的诗、立体的画。

盆景在历史的沿革发展中形成山水盆景、树木盆景两大类。牡丹盆景便是树木盆景中的一朵奇葩，是新兴的树木类盆景之一，是牡丹盆栽技术与园林造型艺术的升华。

牡丹栽培从古到今，每一次技术的进步无不推动牡丹事业的发展。催化牡丹使隆冬赏牡丹成为现实，也有了武则天贬牡丹的传说。而牡丹盆景栽培则打破了人们多年来欣赏牡丹的习惯。牡丹盆景具有树木盆景观干、观花、观叶等特点，而其花芽形态、色泽的变化更是别具一格，是其他树木类盆景所不能相及的。黑褐色的树皮，苍劲古朴的枝干有千年古松之态、百年老梅之骨；端庄秀丽的花朵体现出花王的风采；芽色、芽形晚秋到早春的变化无不让人们对未来充满憧憬和希望。纵观牡丹盆景，离不开盆景艺术家的大胆探索和执着追求。正是这种探索和追求，才使盆景艺术不断创新和发展，才使现代盆景艺术百花齐放，多彩多姿，才使牡丹盆景得到社会的认可。1994 年春节，山东菏泽市在北京北海公园举办国花牡丹催花展，所展出的牡丹盆景受到国家领导人和社会各界的好评，全国人大副委员长廖汉生欣然题词"独占鳌头"，全国树木学家洪涛教授题词称赞牡丹盆景"巧夺天工，举世无双"。

一、牡丹盆景制作

（一）品种的选择

牡丹是多年生小灌木，品种繁多。其生长势有强有弱，树丛有高有矮，枝干有粗有细、有曲有直，树型有直立、开展型之分，花有勤有惰之别。

树型的开与直立，枝干的曲直与粗细可以因形造型、因材构思，创作出不同类型的盆景艺术作品；而生长势的强弱、树丛的高矮、花的勤惰则是品种选择的重点。

首先，品种的选择应具备牡丹盆栽的标准，即成花率高、花型端正、生长势好、适应性强等。除具备以上特点外，株丛的高矮宜选择矮生或中等树型，当年生枝较短、节间亦短的品种并且长势壮、耐修剪、易造型，如'朱砂垒''明星''鲁荷红''银红巧对'等品种。当年生枝长、节间长、枝条细弱的品种不利于盆景造型、定型，故不宜选用。

其次，特殊品种的叶、芽也是盆景观赏的亮点。牡丹多为二回羽状复叶，小叶有阔卵至椭圆之分；叶面绿色，有深浅之别；鳞芽形状有圆形、卵圆形、狭长卵形、长卵形等；芽色有红有绿，有褐有黄，有浓有淡，深深浅浅，晚秋到早春不同季节有变化，其鳞芽的形态、色泽也颇富变化，是辨别品种的重要依据，也是冬春欣赏牡丹最诱人的景观。两者本身具有极高的观赏价值，有些品种的芽、叶色泽更是让人百看不厌，如'百花妒''春水绿波''桃红柳绿'等，早春芽色、枝叶翠绿，色泽细腻，是上等的观芽、观叶品种。

（二）盆景制作

1. 造型及方法　牡丹盆景可制作成桩景或树景。无论是观花、观芽、观叶、观干，其盆景造型应根据牡丹品种的株型、形态来决定造型的式样，做到

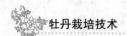

因材处理，依势造型。造型之前应先行创意，确定创作方向，形成一个较为完整的创作思路，如"直干式"的挺拔雄伟、"斜干式"的飘逸潇洒、"悬崖式"的险峻和"风吹式"的顽强等。

造型应明确主题，突出整体效果，表达出创作意境。通过对干、枝、叶、根等方面的构思设计，表现出牡丹树干的苍劲古朴、枝叶的婆娑、花色的艳丽芬芳、鳞芽蕴育的形态变化及色泽的艳丽多变等。

牡丹盆景制作多采用自然式布局，创作手法以直干式、斜干式、多干式、丛林式为主。株龄较大的植株适合于桩景的创作，如独树型的牡丹，其老桩已具备了树桩盆景的雏形，可根据品种的特点，直立型的独树牡丹可制作成直干式，开展型的独树牡丹可制作成斜干式、悬崖式等。无论是枝干的高耸挺拔，或侧或垂均可体现牡丹树桩盆景造型艺术的魅力。树龄较小的植株适合于多干式、丛林式的创作，虚与实的变化、高与低的结合，表现出牡丹花繁叶茂、生机盎然的特点。

牡丹有枯梢退枝的特点，当年的新生枝只有下部叶腋间蕴育花芽，上部叶腋内无芽点，每年冬天便自行枯死，实际年生长量很少。因此，牡丹盆景制作多采用修剪、绑扎法。在主干处理上，因牡丹枝干韧性较差、易断裂，应尽可能顺其自然，在牡丹枝干韧性许可的范围内，通过绑扎处理达到创作要求。枝杈处理上修剪和绑扎相结合。修剪在牡丹落叶后至发芽均可进行。根据盆景造型要求，调整枝条走向，剪除病枝、交叉枝等。对已留枝条，修剪时该收则收，宜放则放。决定留芽部位的疏密，实际上就是预留出明年新生枝的多少和生长方位，利用枝条的自然走向造型，对未到位的枝条进行绑扎处理，逐步达到盆景创作的要求。

2. 老桩的选择培养　牡丹生长缓慢，成型时间亦长。制作桩景时，从快速成型的角度考虑，应选择株龄 10 年以上基本成型的桩头，其标准为株形优美或形状奇特、主干苍劲古朴、侧生枝节短、分布好、无病虫害等。此类桩头易于造型创作，创意后通过修剪、绑扎能快速成型。胚桩选好后，一般要经过 1～2 年的根部短截，促其多发新根，上盆后，桩头的生长势恢复快。根部短截在秋天进行。将所选的胚桩从地下挖出，注意保持根系的完整，防止枝、根的断裂。根据造型需要确定断根部位，视造型姿态确定枝条的去留，进行初步地修剪整型。处理好的胚桩可定植在高畦上养护，也可直接在盆内养护，注意旱天、涝天要及时浇水、排水，以免失水或被淹而影响胚桩的成活率和树势的恢复。管理过程中还应防止病虫害的发生。

3. 盆景盆的选择　我国盆景十分讲究用盆和与之相配的几架的重要性，

不像栽花那样随意。一件好的树木盆景，是树木造型与用盆、几架的完美结合。只有盆、景适宜，才能表达出意境美，增强盆景艺术的感染力。

盆景用盆，种类繁多，大致可分为扁盆、中盆、高盆等；其形状有正方形、长方形、六棱形、圆形、椭圆形、圆柱形、方柱形等。盆壁有平的、有凸的、有凹的，形状千变万化，花色应有尽有（图5-1）。从制作材料来看，花盆有土盆、木盆、塑料盆、紫砂盆、釉陶盆、瓷盆等。

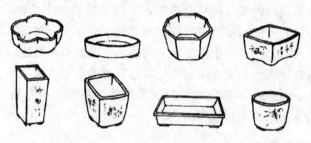

图5-1　牡丹盆景用盆

牡丹盆景用盆应体现出雍容华贵的气质，常用的花盆有宜兴产的紫砂盆，景德镇、佛山、淄博产的釉陶盆、瓷盆等。色泽一般选择古铜、黑绿、朱红、青绿、葡萄紫等色调；形状宜选择花仿古盆，有长方形浅盆、圆形浅盆、古方印盆、花四方中高桶、圆桶等。最终选择什么样式的用盆、几架，需要作者根据盆景立意和植株的具体情况而定。

4. 盆土的配制　盆土是树木盆景生长的物质基础，同盆栽牡丹一样，由于盆景用盆容积相对较小，培养土有限，为满足牡丹生长的发育要求，使养分供应较合理，科学配制培养土也是盆景栽培的重要手段。培养土有机质含量应高，氮、磷、钾等微量元素搭配合理，具有疏松透气、保水保肥等特点，具体盆土配制及消毒方法请参阅牡丹盆栽盆土的配制。

5. 上盆　根据牡丹生长特点，秋天是移栽上盆的最佳季节，《花镜》中云"牡丹八月十五生"，即是此意。因此，适时上盆才能使牡丹在盆内生长好，生长势恢复快。

上盆时应先在盆底孔盖上瓦片或筛网，放入少量大颗培养土，以利排水；然后放入桩头，桩头摆放的位置应根据创意造型来决定，或直或侧或垂，突出桩头的重要观赏面，用花铲填入培养土，使根系充分与培养土接触，用手压实或用木棍捣实插紧，浇透水即可。

6. 盆景的点缀　为表达创作意境，增强整个作品的艺术感染力，除树桩自身造型外，盆上可用太湖石、石笋石、人物、建筑物等进行点缀，可以深化主题，充实构图，起到画龙点睛、增强意境的作用，使作品更具感染力。点缀物的大小、形状应根据具体造型、盆的大小而定，不能喧宾夺主。盆土的表层可布置些苔藓，以增加美感，又可起到保温保湿的作用。

（三）养护管理

牡丹盆景的浇水、施肥、遮阴越夏、冬季防寒等管理方法与牡丹盆栽管理基本相同，两者都是在盆内养护管理，无论选择花盆的形状如何，无论是深盆或者浅盆，其花盆的内在容积总是有限，所盛基质的含水量、养分也是有限，适时的浇水、补肥才能满足植株生长发育对肥水的需求。在夏季和冬季管理上同样遇到夏季高温多雨、冬季培土防寒的问题，这里不再赘述，具体管理办法请参阅牡丹盆栽技术。病虫害防治也是盆景养护的重要措施。危害牡丹的病害主要有灰霉病、红斑病、轮斑病、紫纹羽病等。虫害主要有根结线虫、蛴螬等。具体防治方法请参阅病虫害防治。

二、牡丹盆景欣赏

牡丹盆景欣赏与其他盆景的欣赏相同，包括赏景（桩景）、赏盆、赏几架、赏景名（命题）等。

牡丹盆景以花期欣赏为主。其花型花色丰富且多变化，花香四溢，使人回味无穷。牡丹叶型洒脱，春季叶子碧绿，秋霜后变成黄、红、紫等色，美丽醒目。牡丹经"露根处理"后，人们可以直接观赏到盘根错节的牡丹根，给人强劲的力度和自然的美感。牡丹枝干苍劲，树皮灰褐色，有不规则条纹，或斜或卧，有参天覆地之意。牡丹桩景与相应的山石、配件的组合可以表现不同的意境。如在盆景中立以玲珑剔透的太湖石，石边几枝牡丹穿石孔而过，枝头有牡丹花盛开或含苞待放，则宛如一幅大写意"牡丹湖石图"。如果树桩采用独干式造型，主干粗壮，干皮斑驳，根部裸露，盘根错节，宛如千年古木。根旁置卧石，石边青苔锁土，盆下配以唐三彩仿古牡丹图案鼓几。桩头牡丹盛开之时，可使人联想到唐宋牡丹之风韵。

第六章　无土栽培

无土栽培是用营养液代替天然土壤栽培植物，并向植物提供水分、养分，使植物能够正常生长并完成整个生命周期的新技术。在农业技术发达的国家中，无土栽培已成为主要的栽培方式，在蔬菜和花卉中应用很广，并已发展到自动化控制。牡丹的无土栽培，经近 10 年来科研和生产实践中的反复摸索和应用，已日渐成熟。采用无土栽培技术进行牡丹栽培的优点在于：

（1）植株生长快，品质优良，与一般土壤栽培相比，花朵直径增大，花色更鲜艳，花香更浓厚，这一点在冬季温室催花中表现更显著。这是由于营养液水分、养分比土壤栽培供应充足、适宜，且肥效利用率更高的缘故。

（2）可有效地避免由于连作栽培造成的种苗退化，土壤肥分降低的现象。

（3）由于基质便于消毒，几乎不带或很少带杂草种子或病菌、病毒，因此无须中耕除草，且清洁卫生，病虫害少，既降低了生产成本，又节省了大量劳动力。

（4）节约土地，且不受土地条件限制，在土壤严重退化、盐碱度较高的地区或沙漠等不适宜农业耕作的地方，无土栽培有广泛的应用前景。

（5）无土栽培改变了传统落后的生产模式，使牡丹大规模的工厂化、集约化生产成为可能。正因为如此，牡丹的无土栽培技术一经出现，就受到许多牡丹生产和科研单位的重视，特别是无土盆栽技术已成为目前北方牡丹冬季催花的主要栽培方式。

第一节　无土栽培基质的选择

牡丹无土栽培中，基质的选择十分重要。由于牡丹具肉质根，用水做基质是不适当的，因此，要选择合适的，可以锚定植株的固体基质，并要求基质重量轻、透气性好、保水能力强，且成本低，来源容易。目前牡丹无土栽培常用的固体基质主要有锯末、煤渣、蛭石、珍珠岩、陶粒等。

一、蛭石

蛭石是由具许多平行片状物的颗料组成的云母类硅质矿物，当受到 1 000℃的高温时，片层间的水分变为蒸汽，颗粒膨胀，将片层爆裂开，形成的无数细小的、多孔的片状小颗粒，这样经高温膨胀后的蛭石体积增大了 15 倍，容量仅为 $0.09\sim0.016g/cm^3$，而孔隙等可达 95%，吸水力可达 $100\sim650kg/m^3$。

蛭石一般为中性至微碱性，可以与酸性基质如泥炭等混合使用，不宜单独使用，蛭石富含钾、钙、镁等元素，可以为植物吸收利用。

蛭石因较易破碎，破碎后结构受到破坏，孔隙度减小，透气性和吸水性下降。故运输、种植过程中不能受重压，一般使用 1~2 次后，因结构变差，需重新更换。牡丹无土栽培用的蛭石粒径应在 3mm 以上。

二、珍珠岩

珍珠岩是铝硅酸盐加热到 1 100℃后，岩石颗粒经膨胀后形成的封闭轻质团聚体，一般呈不规则圆球形。容量为 $0.03\sim0.16g/cm^3$，孔隙度 93%，其中持水容积约为 40%，空气窖容积 3%。

珍珠岩的 pH7.0~7.5，虽然富含硅、铝、铁、镁、钠、钾等，但不能被植物吸收利用，珍珠岩也较易破碎，珍珠岩粉尘刺激性强，污染严重，使用前应先用水喷湿，避免尘土飞扬，在与其他基质混用时，浇水或施营养液后，珍珠岩颗粒会浮在基质表面上，这是由于珍珠岩颗粒小、重量轻的原因造成的。

三、陶粒

陶粒是陶土在 1 100℃的陶窑中加热制成的，质地坚硬，不易破碎，其 pH4.9~9.0 之间变化。陶粒具许多小孔，既可持水，又利于通气和排水。因此，常与其他基质混用。如果单独使用，常用来种植需通专较好的花卉或用在循环营养液的种植系统中。

陶粒在连续使用后，颗料内部及表面吸收的盐分会造成通气和养分供应的困难，因此应及时更换。

经过反复对比实验，目前牡丹无土栽培常用的且效果较好的基质有两类：一是用发酵好的锯末和过筛水洗的煤渣，以 2：1 的比例混合而成，这类基质来料容易，且成本低；二是用珍珠岩、蛭石、陶粒以 6：3：1 的比例充分混合，这类基质成本虽较前者高，但观赏效果好。

第二节 营养液及灌溉系统

一、营养液

北京林业大学王莲英教授等通过牡丹生长地土壤营养状况的分析及牡丹不同生长时期植物体营养含量的测定，配制了 3 个较为合适的牡丹无土栽培营养液配方。第一配方在夏季至冬前使用，以促花保根；第二配方开花前使用，目的是重磷保花；第三配方花后使用，可以起到全面补肥的作用。家庭无土栽培可用市售全元素花肥按 2％～5％含量使用。此外，赵孝庆等（1988）筛选出 809 尿素＋1209 磷酸二氢钾＋水 100kg 的配方。

二、灌溉系统

商品性生产可用重力滴灌系统，其优点是省时、省力、省料，营养液输送效果好。栽培槽为 2m 宽，可安装 4 条滴灌带。营养液罐的高度及大小视栽培槽的数量而定，一般高 2m 左右即可。如进行大面积无土栽培，可修一灌溉池连接一个泵来灌溉。目前最新的灌溉系统是渗灌系统。将特制的渗管埋入基质中 2～10cm，使营养液连续不断向外渗透，既可节水，且营养液灌溉均匀，操作简便。

三、栽培管理

（一）露地栽培管理

秋季 9～10 月定植在栽培槽中后，初期可 10 天浇一次营养液。一般把营养液配成 1 000 倍的母液，用时再稀释。到 11 月末，牡丹开始落叶，停浇营养液，只浇水。入冬前浇足水，在栽培槽上盖上帘子，加以保护。早春牡丹萌芽后，开始浇营养液，每 7 天浇一次，花前及花后 5 天浇一次，以便有充足的养分供应。花后及时清理残花，不让其结实。其他管理同一般露地栽培。

（二）温室冬季催花栽培管理

按一般催花要求低温处理植株后进入温室，并逐渐升温。催花期间营养液每 5 天浇一次。如为盆栽，视盆大小可每次浇 1.5～2.0L。温室内空气相对湿度控制在 80％左右。为解决温室光照不足，可进行加光处理，一般花蕾期每日加光 3h，用日光灯从黄昏开始，日平均照度为 4 045lx；显蕾展叶期每日加光 5h，日平均照度 5 150lx；展叶至开花期每日加光 7h，日平均照度为 5 330lx。

四、无土栽培的养护管理

目前牡丹无土栽培主要用于冬季盆栽催花，大规模露地栽培较少。冬季温室催花时，常使用白色塑料盆做栽植容器，塑料盆虽美观，但透气、透水性差，应在盆底、盆的下半部分增加一些排水透气孔。上盆后1周每天不仅要浇足水，而且要向植物喷水3～4次，待芽萌动后，逐渐减少浇水量，开始浇营养液，一般每5天浇一次，每盆每次浇1～1.5L即可，营养液温度不宜过高或过低，否则根部易腐烂，营养液温度与催花温室室温保持一致即可。待植株叶片展开，花蕾显现时，可结合浇灌，向植株喷施营养液，直至花朵即将开放。

须特别指出的是，无土盆栽时，营养液用量不宜过大，浇灌次数不宜过勤，在催花后期，应逐渐减少浇灌的次数和用量。当盆栽基质过于潮湿、营养过于富集时，基质表面、盆内壁上会生青苔，降低基质的通气、透水性，不仅易引发根部病害，而且不利于催花后植株的复壮。

五、发展前景

无土栽培的发展轨迹，先由少数植物起源，现已推广至几乎所有的农作物上；由小规模的应用，逐步集中精细、高质的部分作物上，直至相对地固定下来。由于无土栽培成本高、投资大，许多微细营养方面，营养液不可能替代土壤的各种元素成分，一般大田作物在生产中极少使用；主要适用于产值高、产量大、易感病毒、便于操作、有特殊需求的切花类物生产，像月季和兰花类。国外的无土栽培还相当多地应用在盆栽花卉方面，如日本大量利用制铁副产物高炉炉渣——棉状玻纤维代替土壤，与一二年生花卉种子和营养母液一道出售给消费者。

盆栽的牡丹比较适合无土栽培方式，既可减轻盆土的笨重，又能增加盆栽的清洁美观，特别是在牡丹的控制栽培供应节日花市上更可大显身手，但营养液科学的最佳配方需要耐心、细致入微地重复试验才能筛选出来。目前已有国内单位定向定量地研制出了一些牡丹无土栽培营养液配方，预计不远的将来会把这类研究成果应用于生产实践。

第七章　切花栽培与保鲜

第一节　切花栽培

牡丹是我国的著名特产花木，应用牡丹鲜切花的历史悠久，具有较高的切花保鲜技术。我国人民很早就有以牡丹、芍药鲜切花作礼物的习惯，当前没有一个国家能大批量的生产，只有中国、日本等刚刚开始有少量生产。所以，国际鲜花市场上销售的牡丹切花奇缺，价格昂贵。花梗长度、花显示度、花梗硬度、开发难易度等是牡丹切花栽培选育的重要因素，而保鲜技术是牡丹鲜切花能否普及的关键。

由于各种原因，牡丹切花生产尚未形成规模，鲜切花也未变为商品。为此，牡丹栽培技术研究人员，应充分利用我国的牡丹资源优势，研究生产技术，尽快开发利用牡丹鲜切花，形成规模生产，占领国内外花卉市场。

随着社会的发展和科学技术的进步，牡丹切花的应用也愈来愈广泛，对牡丹切花品种的选育、切花牡丹的栽培管理及切后保鲜技术都提出了更高的要求，同时也为从事牡丹科研和生产的技术人员提出了许多新的研究课题。

一、品种选择

品种选择是否得当，直接影响着切花的质量。根据不同品种特性和生产、销售者及顾客的要求，适宜生产切花的牡丹品种应具备以下特点：第一，成花率高，丰花性强，开花水养时间长，耐贮藏；第二，花型优美端正，花色鲜艳柔和，具芳香气味的更佳；第三，花蕾光滑呈圆形或圆形顶部稍尖，忌顶端部分易开裂；第四，花瓣质地硬，瓣化程度适中；第五，花枝、花梗硬挺直立，支撑力强，并要有足够的长度；第六，叶柄短而平展，叶片中小型，叶面平整有光泽；第七，植株生长粗壮，萌蘖力强，成枝率高，抗病虫害，具有较强的适应性。

根据以上要求，我国众多的牡丹品种中，真正完全适宜切花生产的并不多。为此，在现有品种中筛选一批较为适宜的切花品种，并抓紧培育出一批性状优良的切花新品种，是牡丹切花生产上的当务之急。

另外，切花是根据不同顾客的要求分品种、按花色供应市场的。所以，切花生产不仅要品种多、花色全、数量足，每一品种具有一定的栽培面积，确保市场需要，而且在品种选择上，还要考虑到早、中、晚开花品种皆要有，以确保切花分期分批地连续供应市场。只有这样才能使牡丹切花具有更大的市场竞争能力。

二、栽培管理

切花牡丹的栽培，一般每亩栽植 1 400～1 600 株，宽窄行栽植，宽行 80cm，窄行 60cm，株距皆为 60cm。切花牡丹一般在秋季 9 月底至 11 月初进行栽植。栽种前选好土地并精细整地，深翻并把土弄碎，按照上述株行距挖穴，保证栽植穴边长 20cm、深 40～45cm，再施足以土杂肥为主的底肥，肥要施入穴底。将母株分株后植入。

切花栽培，第一年田间管理工作与大田生产基本相同，不拿芽、不修剪，所发枝条任其自然生长；从第二年春天开始，选留切花枝。除加强肥水管理和病虫害防治外，还要除芽定股。定股修剪时，一般每株选留 5～7 个分布均匀、生长健壮的枝条，作为翌年切花之用，其余的全部从基部剪掉，为第三年的切花培养壮枝肥蕾；第三年春季修剪时，每株再选留 5～7 条萌蘖枝，作为第四年切花备用枝。第三年春季在牡丹花蕾呈透色时，将第二年选留的 5～7 枝，齐地面切下，作为切花，第四年将第三年选留的切下，年复一年地选留培养、剪切，这样既利用了牡丹萌蘖枝当年形成花芽、翌年显蕾开花的特性，也弥补了牡丹当年生枝短的缺陷，使牡丹切花整齐一致，美观大方，符合商品规格。随着牡丹生长年限的增加，选留的枝数也应逐年适量增加。5 年生以上的牡丹每株可选留 8～10 枝。

牡丹切花除利用萌蘖枝作切花枝外，还可利用腋花芽萌发的侧枝作为切花枝。用侧花芽萌发的枝作切花，吸水性好，更符合切花的要求。

为提高切花产量和质量，一定要加大肥水管理和病虫害防治，这与一般大田管理有所不同。追肥和喷药，要赶在剪切前进行。切花牡丹春季整型修剪过后，要追施一次速效优质饼肥，如芝麻油渣及事先沤熟的豆饼、菜籽饼等。施肥量要依地力情况决定。施肥后及时浇水，以利于肥料被吸收利用。除此之外，也可进行根外追肥。

为促使花蕾膨大，叶片浓绿，叶面每隔 7～8 天喷洒 1 次 0.5% 的磷酸二氢钾＋0.3％的尿素溶液。剪切前 10～15 天应喷洒 1 次防治叶面病虫害的药液，如 45％的代森锌 1 000 倍液。用药以既能防病又不污染叶面为原则。花前半月喷 1 次，到花开期基本上无叶病发生。为促进花茎伸长而挺拔、花蕾肥大，可在剪切前 15～20 天喷洒 1 次 100～300mg/kg 的赤霉素溶液，可起到花茎伸长、成花率高、花色鲜艳的作用。

牡丹除自然生长的切花外，还可培育催花切花以达周年供应之目的。如要使其春节开花，可选择 4～5 年生适于作切花的品种，于春节前 35～60 天假植于温室，使温度逐步升高，最后将温度控制在白天 20～25℃、夜间 10～15℃，并经常向叶面喷水，以保持空气湿度。每 7～10 天追施稀薄肥料 1 次。如此经过 40～45 天，即可于春节前夕采花。

第二节　保　鲜

一、牡丹切花衰老机理

牡丹开花比较集中，花期短暂，1 朵花从开到谢不到 1 周，花脱离母体后，由于水分代谢及其他生理上的原因，比在母体上衰败得更快。因此，研究其切花衰老机理对实现牡丹切花的商品化和出口创汇有着重要意义。

牡丹花属乙烯敏感型，在室温条件下乙烯对花朵的开放和衰老起着重要的调节作用，但只在切花衰老后期才起一定的促进衰老作用。牡丹花乙烯释放的懊凑增加和活性氧代谢的失衡，导致脂质过氧化作用加剧是造成牡丹花衰老的重要生理原因。因此，通过控制植物体内乙烯的产生以及活性氧代谢的平衡来调节花的寿命，是一条行之有效的途径。低温处理能有效抑制乙烯的释放，采用化学药剂预处理也可以抑制乙烯生成。从预处理剂的成分看，一般包括杀菌剂和乙烯对抗剂如硝酸银（$AgNO_3$）（通常配成 STS 溶液）等，呼吸抑制剂如 8-羟基喹啉兼有杀菌抗蒸腾的功效，DCCD（二环己基碳二亚胺）为氧化磷酸化的有效能量传递抑制剂。

但是牡丹切花的衰老不是由单一内源激素控制的，是几种内源激素共同作用的结果，其中细胞分裂素与脱落酸两类激素间的平衡也是影响切花衰老的重要因子之一。

牡丹花衰老也受很多环境因素的影响，其中水分代谢尤为重要。牡丹花瓣大且多，因此蒸腾作用旺盛；持水能力很弱，而且随着膜透性增大，水分及细胞溶质会大量外渗，最终导致水分的丧失和花瓣的萎蔫。

牡丹切花寿命短，特别是在温度上升的 4 月下旬到 5 月上旬，切下的花蕾

只能保持 5 天左右。为了保持器皿中牡丹花的鲜度，延长牡丹切花的寿命，必须采取一些措施。

二、古代保鲜措施

唐宋时代，随着当时牡丹的兴盛，牡丹鲜切花作为商品蓬勃发展起来，牡丹切花保鲜技术也应运而生。

古时经验说："……既剪，以蜡封其枝。剪下之花先烧断处，以封其蒂，置瓶中可供数日观赏。或以蜜养亦然。如已萎者剪去下截烂处，用竹架之于水缸中，尽浸枝梗，一夕复鲜。若远寄，封后裹以新鲜菜叶，安放竹笼中，勿使动摇，即数百里亦勿碍。"

元代，俞宗本在《种树花》一书中写道："芍药、牡丹摘下烧其柄，插入瓶中入水，其柄以蜡封之尤妙"。

清代，邝番著的《便民图纂》一书中也有记载："牡丹……先烧枝断处，溶蜡封上，水浸，可数日不萎。"

三、常见保鲜技术措施

（一）准确掌握剪切时间

为了延长牡丹切花寿命，最好在清晨趁露水未干、牡丹花含量多时将花剪下，剪花应迅速。

（二）正确掌握剪切方式

剪切时尽量在水中将牡丹花枝剪下，放在冷凉的地方，或剪下后直接插入水盆中；插瓶前在水中将牡丹切花枝的末端剪去 2cm，切成斜口，可避免空气侵入花枝的导管内而阻碍水分的吸取，增大它的吸水量。

（三）切口处理

1. 灼焦法 将花枝剪口用火烧焦，防止花枝中的液汁流出来，过早凋谢，并起到消毒杀菌的作用。

2. 涂盐法 切口涂盐后再插入瓶中，有一定的杀菌和吸水作用。

3. 化学药剂处理法 将切口部位浸在硫代硫酸银 STS［硝酸银 255mg，溶于 1 000mL 水中，再加入硫代硫酸钠（$Na_2S_2O_3 \cdot 5H_2O$）1 488mg，并充分溶解］的溶液中 30min，鲜花保持时间可延长 3～5 天，即使在 20℃室温下，也可以延长切花寿命 2～3 天。应注意必须在鲜花切取后立即进行处理才会收到效果。还要注意：在花蕾太小时切取的花枝，花往往不能开放；反之，若在花朵盛开时处理，效果也不好。如吸收药剂时间超过 30min，可能因药剂浓度过高而产生药害，花瓣也难以开放。

4. 天天剪切法 瓶插时，如果天天剪切花枝末端，可以避免切口腐烂感染，适当延长牡丹花期。

（四）溶液处理

1. 蔗糖保鲜法 用高浓度蔗糖处理牡丹切花，可使切花吸水量增加，防止蛋白质分解，推迟切花衰老。

2. 阿斯匹林保鲜法 用 250mL 水溶以 1 片阿斯匹林，可以延长鲜花寿命 2～3 天。

（五）切花保鲜液配制

随着牡丹切花商品化生产的开展，国内外对牡丹切花保鲜技术进行了深入研究。保鲜剂的应用已成为鲜切花保鲜的主要途径。

1. 保鲜剂的作用机理 保鲜剂能保鲜，主要是补充切花生命合成能源需要的营养物质，减缓乙烯致定作用的乙烯对抗剂；防止阻碍花茎吸水的真菌或细菌及其代谢物产生所需的杀菌剂；添加抑制氧化酶活性而克服茎导管生理性堵塞的酸化剂；添加防止城市用水中氧化钙和碳酸钙造成有毒影响的沉淀剂。概括起来即需要配制主要含碳水化合物（蔗糖或葡萄糖）以及添加使花能利用碳水化合物的物质（防腐、酸化及沉淀剂）。

2. 常用的几种保鲜方法 例如，由洛阳林业科学研究所、河南省生物科学研究所等单位研制出的"牡丹切花保鲜剂"，在赵粉和洛阳红 2 个品种上使用，经低温冷藏 3～5 天后，瓶插放在 20～23℃ 和 13～25℃ 的室内，鲜花可分别保存 15 天和 10 天以上。

（1）菏泽种子站研制的牡丹切花保鲜方法 可直接插于 3% 蔗糖＋200mg/L 8 - HQS（8 - 羟基喹啉硫酸盐）＋50mg/L CoCl$_2$（氯化钴）＋20mg/L 黄腐酸，或 3% 蔗糖＋200mg/L 8 - HQS＋50mg/L B9 等保鲜液中。

（2）日本京都最近推出一种鲜花保鲜剂的新配方 葡萄糖 15g、蔗糖 5g、硼砂 50mg、硫酸钾 450mg、硫酸铝铵 250mg。使用时，每次取上述混合均匀的药物 12g，加医用氯霉素注射液 3mL，对入清水中，插入鲜花可延长寿命时间 5 倍左右。

（3）硫代硫酸银方法（简称 STS） 乙烯是目前已知的比较高效 STS 对抗剂。它不仅生理毒性小和对乙烯有高效抑制作用，而且可以阻止导致衰老激素（ABA）含量的提高，延迟微体膜黏滞性的增加。所以，STS 单独使用对鲜花也具有很好的保存效果。STS 溶液不稳定，需要临时配制，或将 AG-NO$_3$ Na$_2$S$_2$O$_3$·H$_2$O 分别配成母液保存，使用时按 1∶4 比例配制。液浸茎

10min，可使切花寿命延长 5～7 天。

（4）切花保鲜剂的应用　保鲜剂分贮运型和瓶插型两种，贮运型为袋装粉剂，适用于各种常见花卉切花保鲜。每 600g 鲜花用 5g 保鲜剂，并与鲜切花同时密封在薄膜袋中即可，简便易行。牡丹切花在常温下，长途运输 8～12 天，保鲜效果很好，取出插花仍十分鲜艳。低温 1～3℃可贮藏 80～100 天。瓶插型为液体剂型，每瓶 200、250、500mL，用时按需用量用自来水稀释到 10 倍后，即可使用，无需换水，并可连续使用，无毒无臭。使用后切花叶绿、花艳、技挺。在常温下插花，比用自来水插花延长寿命 2～3 倍。

同时，溶液的清洁、新鲜、花枝对水分的疏导程度、抑制导致腐烂的菌类产生等都是控制衰老的重要因子。

四、保鲜标准

牡丹花在存放及保鲜过程中会进行旺盛的新陈代谢活动，保鲜成功与否要看是否达到下列要求：第一，延长鲜花开放的时间。第二，防止鲜花物理性脱水、干硬以及生化性腐烂、软化。第三，降低和抑制鲜花的呼吸作用及内部新陈代谢活动。第四，防止鲜花内芳香物质的转移和鲜花颜色的改变。

五、采收时期

根据市场的远近来确定牡丹切花的适宜采收时期（若特殊消费需要，可利用温室促控栽培）。市场远的，一般宜开花前 1～2 天切取；市场近的，宜在花蕾已透色、外部 2～3 个花瓣刚刚展开时切取。花茎基部一般留叶片 2～3 枚。采后整理分级，10 枝一束，花头要用柔软薄纸包裹，装箱运出。

六、剪切与包装

牡丹花的适时剪切是关系到切花寿命长短的重要因素，过早剪切，花蕾太小，切后不能开放或花枝容易产生弯颈；剪切太晚则缩短切花寿命时间。当地用花可在花即将开放的头一天剪切，但这不适宜于需外运或贮藏的商品化生产切花。现在商品化牡丹切花多选择用"花苞"剪切，现将剪切、包装的方法介绍如下：

（一）适时剪切

牡丹切花生产的剪切最佳时期为花呈"透色期"，也就是在花开前的 1～2 天，剪切时间在清晨到 11 时前最为适宜，中午气温高，蒸腾作用强，植物体内含水量低，切后易凋萎，所以牡丹切花中午及午后均不宜剪切。

剪切时用利刀剪下，随即放入准备好的清水桶里，以防切花失水或气体进入茎内导管。剪切时将花枝尽量剪长些，能在 25cm 以上或再长一些为最好。

（二）切后处理

剪切下的花枝应立即转移到低温温室或分级室内进行去叶分束处理。剪切时要按品种分花色及不同长度单剪单放，不可混杂。每枝只留上部二片复叶和接近花蕾处的单叶，其余叶片从叶柄基部全部剪掉，以减少养分和水分的消耗。每个花蕾先用软纸包裹，后用瓦楞纸筒套上，以防损伤花蕾。然后再分品种、按长短，根据需要 5～10 枝或 12 枝一把扎捆成花束。花束扎好后按要求的长度将花枝从基部一次性剪齐。

（三）装箱外运

牡丹切花可用 90cm×40cm×20cm 或 62cm×36cm×37.5cm 的优质纸箱装好外运。箱内备有一个与纸箱内体积大小相同及形状一致的塑料四方袋，以备装入花束和保鲜剂后密封之用。花束装得不可过紧或过松，只要将花束层层平装满，用手轻轻一压，与箱口持平即可。箱装满后，用贮运型切花保鲜剂，按与鲜切花重量的适当比例装入箱内，马上把塑料袋口密封上，装箱单填写后也在封箱前一并装箱内。装箱单上要写明牡丹花的品名、花束及每束花枝数、重量及切花日期、生产单位等也应写清楚。包装完毕后，即可常温下外运，也可在低温下贮藏。常温运输可保鲜 7～20 天，1～3℃贮存可达 100 天左右。

七、采后贮藏

牡丹花采切后暂不出售或须经长途运输的，可将切取的花枝利用低温等措施贮藏起来。

牡丹花贮藏过程中，温度、湿度和气流速度是三大重要影响因素。牡丹花低温冷藏是通过低温、高湿、微弱空气流散发鲜花中的热量，使鲜花从自然生长时的温度迅速降低到鲜花生理活动的临界温度，抑制并延缓其新陈代谢。湿度控制在稍大于鲜花脱水、干硬的临界湿度，并保证一定的空气流运，以便低温低湿渗透到鲜花内部，从而防止鲜花由于呼吸作用强、新陈代谢快而开放吐香、消耗内含芳香物质，产生干涸或腐败等变质现象。

牡丹花在贮藏温度 2～3℃、相对湿度 90%～95%、空气流速 0.3～0.5m/s 的条件下，30 天后仍能保持良好的外观和内在品质。相对湿度越高，空气流速越低，则水分损失越小，但空气不流动则长霉。相对湿度达到 100% 时，冷藏库内温度略有变化便会在鲜花表面产生凝结水，使组织腐烂长霉。因此，实际空气流速要不小于 0.25m/s，湿度在 90%～95% 之间。上述冷藏环境下，冷藏 3 天 3 夜后，鲜花的干耗量仅为 0.8%，这大约相当于在自然环境条件下干耗量的 1/20。此时鲜花失去的水分仅为鲜花细胞组织外的自由水，丝毫不影响其鲜嫩饱满的外观和生物特性。

牡丹切花量大时应该用冷藏库（配备冷风机、蒸发器等）保证控制条件，也可以用冰箱进行冷藏。若单纯用冰箱冷藏时，15 天以上要用吸水纸包扎花蕾，否则易积水发霉。用冷藏库时，牡丹鲜切花应该分层竖放在架上，每层留有一定距离，以利空气流通。一般多用低温冷冻贮藏的方法。牡丹花保鲜若采用气调加冷藏的方式，将会得到更长的保鲜期和更好的保鲜效果，这是牡丹产业化生产和走向国际市场的有力保障，但气调贮藏投资大，运行费用高。

牡丹花长途运输时用 2~4mol/L STS 处理后密封于塑料袋内，并在每个花枝下端加保鲜管，管内保鲜剂专为运输过程设计。花枝经预冷至 5℃左右装箱，采用低温冷藏运输。

牡丹鲜花采收后即使鲜销或立即应用，也是经预冷冷藏（尤其是真空预冷）处理的切花寿命最长。在供给市场时，必须提供适宜鲜花生长的温、湿度条件，使牡丹鲜花开放吐香，实现人为控制调节生产。

第三节　牡丹干花的制作

牡丹花姿容娇媚，富有生机，除了作为鲜花供人们欣赏外，还可制作成干花，将其自然花色真实而长久地保存下来，将其自然美展示在人们面前，增添情趣。

一、采集鲜花

牡丹的自然花期是每年春末夏初，花期较短，采集应抓紧时间。一般选用初开或中开的牡丹花为佳。而盛开未衰的牡丹花瓣易脱落，制作时比较困难。采剪花的时间，应在清晨进行，待露水散尽时进行较为理想。

二、干燥处理牡丹

花型较大，一般不采用自然干燥法，而使用硅胶干燥法和液体干燥法。硅胶干燥法是将鲜花埋在硅胶中，待硅胶吸去花卉中的水分后，具有鲜花本色的干燥花就产生了。先在选好的容器里铺上 2~3cm 厚的硅胶，将牡丹放入，在花的四周加入硅胶，直到埋住整个花朵，再用塑料袋密闭，时间约 1 周。

三、甘油干燥法

在防锈的容器中，倒入 1 份甘油和 2 倍的热水，充分混合。然后将花或枝叶放入热混合剂中，时间长短以花料的多少而定。待取出后，放在干燥通风及温暖、无阳光直射的地方，一般 4～6 天就可以干燥。

四、着色与定形

牡丹花在干燥的过程中，颜色在不同程度上，会出现变化，发生褪色、变色等情况，这时要进行人工染色，在花瓣或枝叶上着色，色料以油彩为好，其着色后的效果，应保持原花型、花色的特点和艳度。着色后的干花，可单插或簇插于各类器皿中，也可用熨斗烫平后，装入镜框，制成装饰画、装饰匾，不过应注意熨斗的温度要适当。

为了使干花能更长久地保存，还可将干花进行消毒处理，这样可以长时间不会出现霉变。然后，用家庭中常用的"发胶"进行定形。

另外，牡丹花、叶及根中含有多种成分，牡丹的用途还有许多。如用花提取香精，把花加工成牡丹茶、牡丹酒，花瓣加工成各种保健食品，花粉开发成多种美容保健制品等，这里不再一一介绍。

第八章　油用牡丹种植

油用牡丹是指具有较高结实性，主要用于采收牡丹种子、提取油料为目的而种植的牡丹品种或资源类型，主要有'凤丹'和'紫斑'牡丹。

第一节　发展前景

一、经济价值

和许多油料作物一样，油用牡丹的种子可制取食用油，属于木本坚果食用油，有极高的经济价值。依照山东菏泽一带的生产水平和气候条件，一般地块每亩地能结牡丹籽 300～400kg，籽的出油率在 15％～20％，这样每亩就可产牡丹籽油 45～80kg。按照每亩 50kg 计算，参照进口的橄榄油价格每 500g 100元计算，每亩每年就可收益 1 万元，为种植粮食作物的 8～10 倍。这种食用油是一种品质非常优良的高端食用油。科学实验表明，牡丹籽含油量 22％以上，与市场上其他各种食用油相比，牡丹籽油的不饱和脂肪酸含量 90％以上，难得可贵的是其中多不饱和脂肪酸 α-亚麻酸含量超 40％，是橄榄油的 140 倍。α-亚麻酸是构成人体脑细胞和组织细胞的重要成分，是人体不可缺少的、自身不能合成又不能替代的多不饱和脂肪酸，还有"血液营养素""维生素F"和"植物脑黄金"之称。牡丹有些品种既可入药，又可酿酒，而且根部及花瓣都有相应的作用，根部就是丹皮能做药用，花瓣可以制作花瓣茶，花瓣茶活血化瘀效果非常好，不仅能美容养颜，也对"三高"有很好的效果。亚麻酸、亚油酸对人的心脑血管疾病有很好的预防与治疗功效；此外，亚麻酸还具有抗过敏、吸收紫外线、延缓细胞的衰老、防止皮肤干燥等功效，可做经济作物。

世界卫生组织和联合国粮农组织曾于 1993 年联合发表声明，鉴于对人体的重要性，决定在全世界专项推广 α-亚麻酸。牡丹籽油已于 2011 年 3 月被原卫生部正式批准为新资源食品。

二、生态效益

油用牡丹是一种多年生小灌木，具有很好的生态价值。油用牡丹栽植密度为每亩 2 500 棵左右，栽植成活以后，可以 40 年不换茬，节省了人力、物力和财力。前 4～5 年时为油用牡丹的营养生长期，4 年左右开花结籽，之后仅需要除草、施肥等一般管理即可，省工、省时、节约成本。而且油用牡丹耐干旱、耐瘠薄、耐高寒。作为观赏花卉之外，它发达的须根可以有效防止水土流失，是绿化荒山、美化环境的优良灌木树种。

三、社会效益

发展油用牡丹集一、二、三产业于一体，具有相当好的社会效益。科学家目前已从牡丹根、籽、果荚、花等各个部分研发出了高档食用油、化妆品、医药产品，有的已经批准投入市场，深受欢迎。油用牡丹的深加工产业发展，为广大农民和农村龙头企业探索了一条可再生资源科学利用的路子。地方财政可从深加工环节收到丰厚的收益，同时也解决了农民就地就业问题。

油用牡丹抗性非常强，耐干旱、耐瘠薄、耐高寒，适栽范围非常广。在我国大面积的干旱贫瘠地区以及不适合机械化操作的丘陵山区都适合油用牡丹的生长，寒冷地区以推广结实性好的紫斑品种为主，其他适生地区目前都以'凤丹'为主栽品种。根据《第七次全国森林资源清查报告》显示，我国现在还有宜林地 4 404 万 hm^2，这为我国油用牡丹的发展提供了广阔的空间。油用牡丹种植后，可以收益 40 年，堪称铁秆庄稼，不换茬就意味着节省了人力、物力和财力，在全国适栽地区尤其山区丘陵地带大力发展油用牡丹，不与粮田争地意义重大。

第二节　油用牡丹育苗技术

一、选地与整地

（一）选地

牡丹是肉质深根系植物，在选地时应选向阳、地势高燥、易排水的地块。土壤以土层深厚、肥沃的沙质壤土为好，忌黏重、盐碱、低洼地块。

（二）整地

每亩施用 150～200kg "菏农"豆粕益菌有机肥或腐熟的厩肥 1 500～2 000kg，40～50kg "科沃施"牡丹配方肥作为底肥。同时施入用 "30% 根据

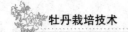

地微囊悬浮剂"每亩 500～700mL 拌豆粕、麦麸、细沙 10～15kg 等撒施），也可用 5％地中静颗粒剂 7～15kg/亩和"医禾 2 号" 4～5kg/亩，作为土壤杀虫杀菌剂。深翻 25～30cm，耙细整平。

二、选种与种子处理

（一）选种

选择当地培育或者选择当地气候相近地区培育的优质紫斑牡丹种子。种籽一般在 7 月底至 8 月初成熟，当牡丹角果呈熟香蕉皮黄色时摘下，晾晒场阴干，并经常翻动；种子在壳内后熟，并由黄绿色渐变为褐色至黑色。待果实干裂，种籽脱出即可播种。

（二）种子处理

牡丹种子皮黑质硬，难以透水，播种前要用水选法选种，取水中沉下的饱满种子，以 40～50℃的温水浸种 48h 左右，使种皮软化；生产中可用常温水浸种 3～4 天，每天换水一次。用 200mg/kg 赤霉素浸种也有利于种子萌发。育苗前，如墒情差，要造墒后再进行播种。

将选好的种子进行消毒，播种前对种子用 500 倍的 1.6％噻霉酮＋"kws1号"浸种 30～60min；也可用 72％安施立＋金霉唑 800 倍液浸泡消毒。

三、育苗时间

育苗时间一般在 8 月下旬开始，9 月下旬结束；如当年地温较低或育苗时间较晚，育苗后必须覆盖地膜。

四、播种技术

在生产中油用牡丹常用撒播或条播法播种。

（一）撒播

每亩播种 100～150kg，播种后畦宽 80～100cm，畦间距 20～30cm，畦沟深 15～20cm，畦面与地面平整或略高于地面 2～3cm，处理好的种子撒在畦上，使种子均匀布满整个播种畦，用铁锨把种子拍实，使种子与土壤密接，防止覆土时滑动，然后进行两次覆土。第一次覆土用湿度适中的细土覆盖畦面2～3cm，覆土时可用玉米秆横放在畦面，覆土厚度与玉米秆齐平，用于掌握覆土厚度和方便第二年开春去除覆土；第二次覆土厚度 2～3cm，主要是为了保墒、防寒，到 10 月下旬，气温下降后，要覆盖地膜，提高地温，以延长牡丹根生长期，第二年开春，地面解冻后，去除地膜和第二次覆土，以利于种子萌发出土。

（二）条播

每亩播种量 50～100kg，生产中直接用工具开沟，沟深 4～5cm，行距 10～15cm，将处理好的种子均匀撒在播种沟用脚踩实。用此法播种出苗率较低，不提倡使用。

（三）机播

大面积育种，应采用播种机播种，种子用量每亩 70～90kg，可省时省工，降低生产成本，注意播种深度勿大于 5cm。

五、育苗田管理

播种后 30～40 天即可长出 0.5cm 长的幼根，90 天幼根达 7～10cm；此时开始封冻，没有覆盖地膜的可在畦面上盖 3～5cm 厚的土或厩肥保温。第二年开春解冻后，应揭去地膜及覆土等，如墒情很差，要及时补充水分。苗期要经常拔草、松土、保墒，适时追肥浇水。牡丹苗在春季气温 18～25℃时，生长迅速，结合春耕除草，可进行叶面喷肥注意预防病害，可选枯可茵＋牡丹先生 1 号、磷钾动力等，浓度控制在 0.1％～0.3％以内。

六、主要病虫害及其防治方法

叶斑病危害叶，叶正面为灰褐色近圆形病斑，有轮纹，生有黑色霉状物；灰霉病危害叶、茎、花各部，叶病斑圆形褐色，有不规则层纹，可用 70％标安易除 800 倍液或灭菌星＋霉敌 1 000 倍液喷防。其他病虫害参照"油用牡丹栽培技术"部分有关防治。

第三节 油用牡丹栽培技术

一、地块选择

油用牡丹栽植，宜选高燥向阳地块，以沙质壤土为好。要求土层深厚肥沃、疏松透气、排水良好，质地黏重的地块和重茬的地块不宜栽植，适宜 pH6.0～8.2，总盐含量在 0.3％以下。

二、品种选择

油用牡丹是以采收种子、榨取油料为目的而大量种植的品种。因此，在品种选择方面首先要选择结籽量大、出油率高、适应性广、生长势强、经济实惠的'凤丹'牡丹品种为主，也可考虑抗寒品种'紫斑牡丹'。

首要目标是种子产量，在考虑产量目标时，必须考虑产量构成的重要因素，如合理的株型、生长势、开花结实性、果荚数、千粒重等。

三、土壤处理

（一）除草

采用人工方式或除草剂等药物对杂草较多的地块在夏秋之交，草籽尚未成熟前予以根除。除草剂一般使用 1 次即可，局部杂草严重或有多年生禾本科杂草地块可酌情使用两次。

（二）深翻施肥

栽植前需提前对土壤进行深翻施肥，宜晴天进行，每亩施用 150～200kg "菏农"豆粕益菌肥或腐熟的厩肥 1 500～2 000kg，50～70kg "科沃施"牡丹配方肥作为底肥。同时施入用"30％根据地微囊悬浮剂"每亩 500～700mL 拌豆粕、麦麸、细沙 10～15kg 等撒施也可用 5％地中静粒剂 10～15kg/亩和医禾 2 号 4～5kg/亩，作为土壤杀虫杀菌剂。深翻 25～30cm，耙细整平。

（三）整地作畦

苗木定植前，将处理好的土地浅耕耙细整平，作高畦，畦宽以 120～150cm 为适宜，畦面做成弧形，以利排水，畦沟深 40cm、宽 50cm。

四、苗木选择与处理

（一）苗木选择

为尽早开花结实，选择 3 年生健壮、无病虫害、根系发达无损伤苗定植为宜。

（二）苗木处理

栽植前将过长（超过 20cm）根，按 50～100 株/把捆扎好，用 50 福美双 800 倍液或 50 多菌灵 800～1 000 倍液全株浸泡 10～15min 消毒，捞出沥干后备用。

一般选用 2 年生'凤丹'实生苗。栽植前首先要对种苗进行分级，苗径 0.5cm 以上、苗长 20cm 以上为一级苗；苗径 0.3～0.5cm、苗长 16～20cm 为二级苗；苗径在 0.3cm 以下或病苗、虫苗、弱苗要剔除。尽量选用新鲜苗，不用储藏苗，尤其是储藏后根部明显失水或又萌生新根的苗不要选用。将一级苗和二级苗分开，用 1.6％噻霉酮 800 倍液＋科沃施 1 号或 1.26％灭菌星＋科沃施 1 号 800 倍液浸泡 10～20min，晾干后分别栽植。栽植前要将种苗剪去病残根、过细过长的尾根剪去 2～3cm。

五、苗木种植

（一）栽植时间

油用牡丹栽植时间以 9 月中旬至 10 月中旬为佳，最迟不超过 10 月底。新栽牡丹冬前"根动芽不动"，即牡丹秋季栽植后，封冻前地下根系要有一定的活动和生长，而芽子要在第二年春季才萌动生长。

（二）栽植密度

油用牡丹定植的株行距一般为 40cm×50cm 或 30cm×70cm，或 40cm×（80+30）cm 宽窄行栽植，即每亩 3 000 株左右。如果是 1～2 年生种苗，为有效利用土地，栽植密度也可以暂定为每亩 5 555 株，株行距为 20cm×60cm。1～2 年后，可以隔一株剔除一株，剔除苗可用作新建油用牡丹园，也可用作观赏牡丹嫁接用砧木，剩余部分作为油用牡丹继续管理。

（三）栽植方法

栽植时，用铁锨或间距与株距等同的带柄 2～3 股专用叉插入地面，别开宽度为 5～8cm、深度为 25～35cm 的缝隙，在缝隙处各放入一株牡丹小苗，使根茎部低于地平面下 2cm 左右，并使根系舒展，然后踩实，使根土紧密结合。栽植后用土将栽植穴封成一个高 10～20cm 的土埂，以利保墒越冬。2～3 年生苗栽植深度一般 25～35cm，根过长的苗，可剪除一部分，以栽植后根部不蜷曲为准。

六、田间管理

（一）锄地

栽植后封起来的土埂，于春季结合锄地逐渐扒平，以便于田间管理。牡丹生长期内，需要勤锄地。开花前要深锄，深度可达 3～5cm；开花后要浅锄，深度可达 1～3cm。一是灭除杂草，二是增温保墒，但应注意根际周围勿伤根。"牡丹先生栽培技术研究中心"近几年通过大量实验已经筛选出"聚和""盖除""清草""医禾清草"等系列除草剂。

（二）追肥

牡丹喜欢有机肥与磷钾肥，栽植后第一年，一般不需要追肥。第二年开始追肥，可追 2 次肥，第一次在春分前后，每亩施用 40～50kg 复合肥；也可增施"康帝"菌肥 20～40kg。第二次在入冬之前，每亩施用 150～200kg"菏农牡丹益菌"有机肥加 40～50kg 高钾"科沃施牡丹配方肥"。2 年生小苗可采用穴施或沟施法。第三年开始结籽后，每年以 3 次追肥为好，即开花前半个月喷洒一次磷钾动力液，每亩撒施"牡丹先生水溶肥 10kg"；开花后半个月追施一次牡丹配方肥；2 年生地块可采用穴施或沟施法追肥。采籽后至入冬之前，可采用普施方法，将有机肥与配方肥混合，一次施入土壤，以确保第二年足量开花结籽。

（三）浇水

牡丹为肉质根，不耐水湿，应保证排水疏通，避免积水。不宜经常浇水，但在以下情况下仍需适量浇小水或者滴灌：一是 1～2 年生小苗在土壤干旱时；二是在特别干旱的炎热夏季；三是大苗在严重干旱的年份；四是在追肥后土壤过分干旱时。可采用喷灌、滴灌、开沟渗灌等方式。

（四）清除落叶

10 月下旬叶片干枯后，及时清除，并带出牡丹田，烧毁或深埋，减少来年病虫害的发生。

（五）整形修剪

每年发芽后半个月左右要进行一次适当的修剪。一般的修剪方法：把弱枝全部去掉，只留枝条粗壮的。每个枝条上只留一个花蕾比较强壮的，非常强壮的枝条留 2 个花蕾。叶子一般一个枝条上只留 5～7 片叶子。在萌芽前，对部分老枝短截或"回缩"复壮，保持株型整齐；萌芽后，及时疏除过密的枝条、侧芽，留壮去弱，保持通风透光；3 月中旬至 5 月上旬，摘掉花蕾和部分开花生牡丹的残花，减少养分消耗；秋末，剪掉弱枝、病枝、枯枝、残叶。

七、种籽采收

（一）采收时间

种籽成熟期因地区不同而存在差异，菏泽地区一般在 7 月下旬至 8 月初成熟。育苗用种籽采收时间是：当蓇葖果呈熟香蕉皮黄色时即可进行采收，过早种籽不成熟，过晚种皮变黑发硬不易出苗。明朝薛凤祥先生《牡丹八书》中就记栽牡丹籽"喜嫩不喜老，以色黄为时，黑则老矣""籽嫩者一年即芽，微老者二年，极老者三年出芽"。这是实践经验的总结。

（二）制种方法

采收果壳褐黄色或褐色的果荚，摊放于阴凉通风的室内，摊放厚度在 20cm 左右，让其后熟。经过 10～15 天，果荚大多数自行开裂，爆出种籽。后熟过程中，每隔 2～3 天翻动一次，以防发霉。可用脱粒机进行制种。

八、越冬管理

越冬前对牡丹根部进行封土，及时清理修剪后的枝条及干枯枝叶片、杂草或在合适的地方深埋，减少病虫害的发生，尽量不要焚烧以免污染大气。

九、病虫害防治

（一）红斑病

牡丹红斑病在新乡市牡丹栽培区普遍发生，主要危害茎和叶。红斑病病原菌为牡丹轮斑芽枝霉。病原菌主要以菌丝在田间病株残茎中越冬，也可在不腐烂的病叶中越冬。病原菌侵入途径及潜育期：病原菌可通过伤口和自然孔口侵入，主要是通过伤口侵入。其潜育期在 25～30℃时为 10 天左右。

病害的发生时期：牡丹嫩茎、叶柄上的病斑出现在 3 月下旬，而 4 月上旬新叶刚抽出不久即可见到针头状的病斑，后病斑逐渐扩展相连成片，6 月中旬至 7 月下旬为发病盛期。8 月上旬以后很少再出现新病斑。11 月上旬后，病原菌进入越冬期。

防治红斑病可选择 50％标安易除、80％净清等 800 倍液与牡丹先生 2 号叶面施肥混合进行。防治效果均在 90％以上，一年防治 4 次，2 月上旬喷施 3 波美度石硫合剂，或多菌灵 500 倍液，喷洒时要覆盖整个地面。3 月初，每亩撒施辛硫磷颗粒剂 10～15kg。4～5 月，10～15 天交替喷施噻霉酮、灭菌星、75％霜安。

（二）根腐病

牡丹根腐病在新乡市牡丹栽培区发生比较普遍，老牡丹园病株率 30％以上，新牡丹园病株率一般 15％左右。

发病部位在根部，初呈黄褐色，后变成黑色，病斑凹陷，大小不一，可达髓部，根部变黑，根部可全部或局部被害，重病株老根腐烂，新根不长，地上部叶黄、萎凋。枝条细弱，发芽迟，甚至全株死亡。

根腐病病原菌为茄腐皮镰孢菌。根腐病病原菌以菌丝和分生孢子在患病根部越冬，越冬的分生孢子无侵染力，而越冬菌丝新产生的分生孢子是初侵染源。

3 月上旬随着地温的回升，病原菌可开始活动，侵入根部，5～7 月为发病盛期，10 月下旬病菌停止侵染。病原菌随流水做近距离传染，或随苗木调运做远距离传播。病原菌可通过根部伤口和自然孔口侵入，其潜育期为 15～20 天。

重茬对病害发生危害程度的影响是明显的，牡丹留园时间越长，感病程度越重。土壤 pH 高，牡丹感病程度重，一般土质黏重、地势低洼、不易排水的地块发病重，牡丹根受地下害虫（如蝼蛄、蛴螬等）危害的植株感病重。对发现的病株要挖出烧毁，并在种植穴内撒一些医禾 1 号进行土壤消毒。也可以 8%枯可茵、50%灭菌星或 50%多福可湿性粉剂 300～500 倍进行灌根，效果最好，防治效果均在 84%～90%以上。

（三）立枯病

立枯病出现在新的育苗地块，种苗根颈部出现腐烂等症状。病原为立枯丝核菌，病菌从土表侵入幼苗的茎基部，发病时，先变成褐色，后成暗褐色，受害严重时，韧皮部被破坏，根部成黑褐色腐烂。病株叶片发黄，植株萎蔫、枯死，但不倒伏。病菌也可侵染幼株近地面的潮湿叶片，引起叶枯，边缘产生不规则、水渍状、黄褐色至黑褐色大斑，很快波及全叶和叶柄，造成死腐，病部有时可见褐色菌丝体和附着的小菌核。对于发病地块，可用 8%枯可茵 1 200 倍液和 30%甲霜恶霉灵 1 000 倍液交替喷洒，每平方米用药液 3L。防治时间一般在 3 月下旬至 4 月上旬。

（四）根结线虫

牡丹根结线虫在新乡市牡丹栽培区均有发生，感病轻的地块病株率一般在 20%左右，病重地块病株率达 30%以上，牡丹被根结线虫侵染后，营养根上长出瘤状物，形成根瘤，影响牡丹的生长、开花。

根结线虫的种类为北方根结线虫。牡丹根结线虫以雌虫和卵在牡丹根部越冬，第二年初次侵染牡丹新生营养根主要是越冬卵孵化的二龄幼虫。根线虫的特点是根瘤上长须根，须根上再长瘤，可以反复多次，使根瘤呈丛枝状。可通过病土、流水、工具和带病苗木传播。

化学防治：每株施医禾 3 号或 20%代线仿（噻唑磷）或（无限好）1.8%阿维菌素 1～2mL，稀释 300～500 倍，灌根。防治效果均在 85%以上。间作农作物不要套种花生。

（五）金针虫、蝼蛄、蛴螬、地老虎

灌根防治：30%根据地微囊悬浮剂 1 000 倍液或 40%害虫灭 800 倍液灌根防治。毒饵诱杀：48%毒娃乳油或 30%根据地微囊悬浮剂 0.5kg 拌入 25kg 煮至半熟或炒香的饵料（麦麸、豆粕等）做毒饵，傍晚均匀撒施。

第四节　油用牡丹种植单产效益

栽植油用牡丹每亩用种苗 3 300 株左右，种苗成本约 0.3 元/株（1～4 年生种苗平均价格），计 1 000 元/亩；每年管理费用约计 800 元/亩（肥料、农

药、中耕除草）。油用牡丹第三年起开始结籽，5～30年为高产期，产籽寿命可达60年以上。油用牡丹高产期每亩可收牡丹籽400kg左右（'凤丹'种籽千粒重约360g，2 800～3 000粒/kg，平均每株结8个蓇葖果，每个蓇葖果含牡丹籽50粒左右，每株结牡丹籽400粒，亩产量一般应达470kg左右），单价按去年收购价18元/kg计算，亩收入可达7 200元左右。

按30年为一个生产周期，总投入为25 000元/亩，26年总收入为187 200元/亩，周期纯收入162 200元，每年每亩纯收入为5 400元，是种植普通农作物的3倍多（未计算前期套种间作收益及最后丹皮收益）。且栽植油用牡丹是一次性投入，多年受益，而种植普通农作物每年都需要投入，无论是单位面积的产量，还是投入成本，栽植油用牡丹都具有无可比拟的优势。

第五节　牡丹间作套种

一、间套作栽培

油用牡丹栽植，3年后才能见到效益，为了提高土地产出效益，可根据市场需求，因地制宜搞好牡丹田的间作套种。新栽的1年或2年油用牡丹前两年苗小，夏天如果除草不及时，很容易形成草荒，草和牡丹抢营养，合理套种不仅能够充分利用土壤中的养分，还可以起到控制杂草的滋生，或者产生一定的庇荫作用，改善油用牡丹的生长环境，从而有效地提高单位面积产量。根据现有的成功经验，油用牡丹大田间作套种的主要模式如下：

（一）间套作物选择的原则

一是应尽量避开高杆和葡匐型作物，如玉米、地瓜、红花等，以直立的矮杆作物为最好。

二是应尽量避开易发生根结线虫病的作物，如黄瓜、山药等。

三是所选套种作物旺盛生长期应尽量避开牡丹的旺盛生长期，以便合理调配它们之间的营养时空关系。

（二）间套的主要模式

牡丹田间套种一般可分为以下几种类型：

一是牡丹与中药材套种：一般可选择白术、丹参、板蓝根、生地、知母、天南星等。

二是牡丹与蔬菜套种：一般可选择土豆、朝天椒、大蒜、圆葱、菠菜、油菜等。

三是牡丹与粮油作物套种：一般可选择红小豆、大豆、绿豆、芝麻等。

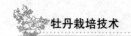

四是牡丹与果树、花卉苗木套种。例如，核桃、文冠果、槐树、樱花、枣、柿子、西府海棠、紫薇、杨树等。

1. 套种白术

（1）栽植时间　一般在 10～11 月或春季 3 月。

（2）栽植密度　行株距 25cm×10cm，牡丹行株距 70cm×30cm 的模式，中间可套种 3 行白术。

（3）栽植技术　一般用种芽栽植。栽植深度 5～6cm，采用条播或穴播种植，亩用种芽 50～60kg。

（4）田间管理　结合牡丹田间管理及时做好除草工作。

（5）采收加工　采收期在当年 10 月下旬至 11 月上旬（霜降至冬至），茎秆由绿色转枯黄，上部叶已硬化，叶片容易折断时采收。晾晒 15～20 天，日晒过程中经常翻动。

种植效益：一般用种芽栽植。亩用种芽 50～60kg，种芽价格 6 元/kg，亩产干货150～200kg，市场价格 18 元/kg。每亩生产成本约 300 元（播种费 80 元、施肥 100 元、采收费 120 元、除草除地已计入牡丹管理费用），毛收入 2 700～3 600 元，纯收入 2 100～3 100 元，当年投入，当年收获。

2. 套种土豆

（1）栽植时间　2 月底到 3 月上旬播种。

（2）栽植密度　株行距 20cm×60cm，每两行牡丹之间可套种 1 行土豆，每亩保持密度在 4 000～4 500 株为宜。

（3）田间管理　春季播种后，田间管理的原则是"先蹲后促"，即显蕾前，尽量不浇水，以防地上部疯长；显蕾以后，浇水施肥，促进地下部分生长。一般 4 月上中旬进行中耕追肥，每亩可追科沃施配方肥 30～40kg 施入沟内，4 月下旬至 5 月初进行培土、浇水，5 月中旬进行第二次培土和浇水，以后根据墒情进行浇水，以保持土壤湿润，地皮见干、见湿为宜，收获前 10 天不浇水，以防田间烂薯。

（4）病虫害防治　土豆的病害主要是晚疫病。防治措施：首先，严格检疫，不从病区调种；第二，要做好种薯处理，实行整薯整种，需要切块的，要注意切刀消毒；第三，在生长期，晚疫病可用 80% 的净清可湿性粉剂 1 000 倍或 30% 标安 1 500 倍液进行防治，每 7 天 1 次，连喷 3～4 次。土豆的虫害：蚜虫、28 星瓢虫等防治用 70% 金必林 2 000 倍液或 58% 万红（蚍虫啉）可湿性粉剂 1 000 倍进行防治；发现成虫即开始防治；地下害虫主要是蝼蛄、蛴螬和地老虎，在牡丹种植时要对土壤进行杀虫处理，视虫害情况再进行药物防治。

种植效益：土豆种芽每亩需 110kg，亩投入种芽约 100 元，栽种后覆地膜，6 月初收获。一般亩产土豆 2 000kg，土豆价格每千克 0.8 元，毛收入 1 600元左右，每亩生产成本约 400 元（播种费 80 元、施肥 100 元、采收费 220 元、除草锄地已计入牡丹管理费用），亩纯收入 1 200 元左右。

3. 套种朝天椒

（1）育苗　育苗前晒种 2～3 天，然后贮藏在通风处，播前用 50～55℃水烫种消毒 15～20min，再用 20～30℃水浸种 12～24h，用纱布将种子包好，放在 28～30℃条件下催芽 75h，种芽露尖即可播种。3 月中下旬土温达 8℃以上时即可播种。播前用喷壶浇水，水渗干后将催好芽的种子均匀地撒在畦内，每 10m² 苗床播 100～120g 种子，用筛子再盖 8～10mm 细土，而后浇透 800～1 000倍的多菌灵水溶液，水渗下后盖上白地膜。

（2）苗床管理　前期注意保温防寒，扣小拱棚，四周底脚挂 1m 高双膜进行保温，后期高温白天及时放风。二叶一心期和四叶一心期间苗 2 次，每 3.3cm² 留 1 棵，并结合间苗拔除杂草。移栽前 10～15 天，揭膜放风炼苗，起苗前一、二天浇 1 次透水。当株高 15～20cm、8～10 片叶即可移栽。

（3）栽植　5 月中旬移栽，行、株距 70cm×30cm 牡丹种植基地，每两行牡丹之间套种 1 行朝天椒，每穴 3～4 棵，穴距 20cm。覆膜移栽，比常规栽培增产 30％以上。

（4）田间管理　栽后经常检查地膜，发现破损或被风刮起，及时盖土封严。缓苗后及时摘心打尖，掌握瘦打肥不打、涝打旱不打、高打低不打的打顶原则。拔除苗眼中及垄沟内的杂草，及时追肥浇水。在下霜前 1～2 天收获。

种植效益：每两行牡丹之间套种 1 行朝天椒，一般亩产干椒 500kg，市场价每千克 9 元，毛收入 4 500 元，生产成本约 500 元（育种费 20 元、栽植费 100 元、施肥 100 元、采收费 280 元、除草除地计入牡丹管理费用），每亩纯收入 4 000 元左右。

4. 套种大蒜

（1）选用优良品种　播种前将蒜瓣分离，挑选无畸形、饱满、较大的蒜瓣。以生产蒜头为主，选用金乡白皮蒜。

（2）适期播种　地膜大蒜的适播期，大约是"秋分"到"寒露"之间。

（3）施足底肥，增施复合肥　地膜大蒜吸肥力弱，需肥量大，应施足底肥。一般亩用优质农家肥 3 000kg，复合肥 50kg 或大蒜专用肥 80kg。

（4）播法　在行距 70cm 的牡丹种植地块，每两行牡丹之间间作 3 行大蒜，按 16cm 行距开沟，沟深 3～4cm，株距 10～20cm。蒜瓣插后覆土，覆土厚度约 1cm。

（5）浇水覆膜 栽完后不浇水，要将大蒜在土中闷 2～3 天，然后浇大水，趁地面湿泞时，用自制的简易覆膜机或人工覆大蒜专用除草地膜。

（6）破膜放苗 第一次浇水后 5～7 天，有较多芽鞘顶紧地膜时，用细糜扫帚在膜上拍一遍，以帮助大蒜破膜。以后间隔 2～3 天再拍一遍。拍过 3 遍后，再人工扎口放出没有拱出地膜的蒜苗。

（7）冬前管理 封冻以前，浇封冻水，以保护蒜苗安全越冬。

（8）年后管理 由于地面覆膜，所以大蒜在追肥时与其他作物不同。不能采用穴施或机械播肥。一般采用浇水冲肥冲药，大蒜返青后浇返育水，同时顺水冲入科沃施配方粉剂 25～30kg/亩。烂母叶时结合浇水顺水冲入 30% 根据地杀虫剂，以防治蒜蛆。抽苔前结合浇水再追入科沃施粉剂 35～40kg/亩，以后再浇 2～3 次水。

（9）适时采收 当蒜苔抽出 20～30cm 即可采摘。蒜苔收后 20 多天，植株叶片有一半变黄时即可挖蒜头，过早或过迟挖蒜都会影响商品价值。

种植效益：行株距 70cm×30cm 牡丹种植基地模式，两行牡丹之间可种植 3 行大蒜。9 月下旬播种，行株距 16cm×15cm，每亩单产大蒜 800kg，市场价为每千克 5 元计算，每亩总收入 4 000 元，每亩生产成本约 1 700 元（种子 800 元、肥料 400 元、用工 500 元、除草锄地计入牡丹管理费用），亩纯收入 2 300元左右。

5. 间套花灌木（海棠为例，紫叶李、碧桃、紫荆、紫薇等仿）

（1）海棠生态习性 喜光，耐寒，耐干旱，忌水湿，在北方干燥地带生长良好。

（2）栽植 以早春萌芽前或初冬落叶后栽植为宜，栽前施入腐熟的有机肥。出圃时保持苗木完整的根系是成活的关键。小苗要根据情况留宿土。

（3）土肥水管理 每年秋季落叶后在其根际挖沟施入腐熟有机肥，覆土后浇透水。成株浇水不宜多，水多易产生黄叶。一般春季浇水 2～3 次，夏秋季节浇水 1～2 次，入冬时再浇水 1 次。

（4）整形修剪 栽植时，根据市场需要，在苗高 80～100cm 处截干，养成骨干枝。在当年落叶后至第二年早春萌芽前进行一次修剪，修剪过密枝、内向枝、重叠枝，剪除病虫枝，以保持树体疏散，通风透光，树冠圆整。

（5）病虫害防治 西府海棠易受红蜘蛛、蚜虫、介壳虫、天牛等害虫的危害。红蜘蛛，可喷施 15% 哒螨灵乳油 1 500 倍液、25% 尼克螨悬浮剂 2 000 倍液。蚜虫用 60％重典 1 500～2 500 倍液、50％马氰乳油 2 000 倍液。蚧壳虫，在冬季剪除虫枝和人工刮除；在若虫孵化盛期，喷 25％亚胺硫磷乳油 1 000 倍液。天牛，在幼虫危害期，先用镊子或嫁接刀将有新鲜虫粪排出的排粪孔清理干净，然后塞入磷化铝片剂或磷化锌毒签，或用注射器注射 80％敌敌畏，然后用粘泥堵死排粪孔。

种植效益：行株距 70cm×30cm 牡丹种植基地，栽植一年生绿化苗。绿化苗行株距 300cm×100cm，每 4 行牡丹间作 1 行绿化苗。绿化小苗每株 3 元，每亩栽 220 棵，亩投入 660 元，3 年绿化苗可达 4cm，市场价为 60 元，亩毛收入 13 200 元左右，每亩生产成本约 1 200 元（种苗费 660 元、栽植费 220 元、浇水费 200 元、肥料费 120 元、除草剂锄地计入牡丹管理费用），3 年亩纯收入 12 000 元左右，每年亩纯收入 4 000 元左右。

6. 套种豆类作物（红小豆为例，绿豆、大豆等仿）

（1）选用优良品种，做好种子处理　应选用品质好，颗粒大小适中，色泽好，剔除青豆、病粒、虫口粒、杂色粒及破碎粒，进行发芽试验，发芽率达 90％以上可做种子用。美国红、红衣宝、河北红小豆等，是驰名的良种。

（2）整地施肥，适期播种　在播种前要细致整地，深浅一致，地平土碎。播期在 5 月上、中旬，播前实用禾丰钼＋领先根瘤菌药剂拌种，晒种。

（3）合理密植　每两行牡丹之间，种一行红小豆。采用穴播，行距 60cm，穴距 15cm、深 3～5cm，每穴 3～4 粒种子，播种后覆土。

（4）加强田间管理　早定苗播后 7～10 天，苗展开 2～3 片真叶时定苗，疏密留稀，可适当留些备用苗做移栽苗用。

及时中耕除草和适用的除草剂。

防治病虫害。由于红小豆的抗逆性较强，在红小豆的整个生育期病虫害发生较少，只有在开花期和结荚期，豆荚螟和食心虫有可能发生，一旦发生病虫害，可用"忠臣（呋喃虫酰肼）"等高效低毒农药进行防治。

追肥灌水。在现蕾初期追肥，有灌水条件的地块遇到旱时灌好丰产水。

（5）适时收获，防止炸荚　小豆的开花结荚顺序由下而上，豆荚成熟参差不齐，已成熟的豆荚容易裂开，种子脱落，故不能等待全部豆荚成熟时收获。因此，当全株荚果有 2/3 变成白黄色时收获为好，以减少损失。

种植效益：行株距 70cm×30cm 牡丹种植基地模式，两行牡丹之间可种植 1 行红小豆、绿豆、大豆等豆科作物。以红小豆为例，5 月上旬播种，每亩育种 2.5kg。8 月下旬收获，一般亩产量 120kg，目前市场价 9 元/kg，每亩收入 1 080 元左右，每亩生产成本 260 元左右（种子成本 23 元，播种费 80 元，施肥 100 元，采收费 80 元，除草除地计入牡丹管理费用），每亩纯收入 797 元左右。

7. 套种落叶乔木作物（国槐为例、北栾、南栾、臭椿、丝棉木等仿）

（1）选用优良品种，做好种子处理 应选用品质好，颗粒大小适中，色泽好，剔除青豆、病粒、虫口粒、杂色粒及破碎粒，进行发芽试验，发芽率达 90％以上可做种子用。国槐、北栾、南栾、臭椿、丝棉木等，是驰名的良种。

（2）整地施肥，适期播种 在播种前要细致整地，深浅一致，地平土碎。播期在 4 月上、中旬，播前实用禾丰钼＋领先根瘤菌药剂拌种，晒种。

（3）合理密植 每两行牡丹之间，种一行乔木。采用穴播，行距 60cm，穴距 15cm、深 3～5cm，每穴 3～4 粒种子，播种后覆土。

（4）沙藏法 一般于播种前 10～15 天对种子进行沙藏。沙藏前，将种子在水中浸泡 24h，使沙子含水量达到 60％，即手握成团，触之即散。将种子沙子按体积比 1：3 进行混拌均匀，放入提前挖好的坑内，然后覆盖塑料布。沙藏期间，每天要翻 1 遍，并保持湿润，有 50％种子发芽时即可播种。

（5）浸种法 先用 60℃水浸种，不断搅拌，直至水温下降到 35℃以下为止，放置 24h，将膨胀种子取出。对未膨胀的种子采用上述方法反复 2～3 次，使其达到膨胀程度。将膨胀种子用湿布或草帘覆盖闷种催芽，经 1.5～2 天，20％左右种子萌动即可播种。

种植效益：行株距 70cm×30cm 牡丹种植基地模式，两行牡丹之间可种植 1 行国槐、北栾、南栾等乔木作物。以北栾为例，4 月上旬播种，每亩育种 2.5kg。10 月下旬收获，一般亩产量 5 000 棵，目前市场价 1.5 元/棵，每亩毛收入 7 500 元左右，每亩生产成本 530 元左右（种子成本 300 元，播种费 50 元，施肥 100 元，采收费 80 元，除草除地计入牡丹管理费用），每亩纯收入 6 000元左右。

8. 油用牡丹与文冠果套种技术

（1）选地、整地 油用牡丹与文冠果对土壤条件要求不高，荒山、丘陵、沟壑、沙地均可正常生长。为了实现稳产、丰产，选择土层较厚、肥力较高、坡度不大、背风向阳的沙壤土或轻沙壤土地区栽植。整地以疏松土壤、消灭杂草、提高蓄水保墒能力、改善土壤肥力为目的，为植物生长发育创造条件。

（2）栽植时间 文冠果既可秋季定植，也可春季移栽，以秋季落叶时（10 月中、下旬）栽植为最好。春季栽植需土壤解冻深度达到 30cm 即可栽植。

（3）套种密度 套种采用文冠果行株距 2m×4m，每行内栽 1～2 行油用牡丹。

（4）防治根结线虫病　油用牡丹与文冠果都容易得根结线虫病，所以要及时防治。以 80％二氯异丙醚乳油 75～112.5kg/hm²、10％克线丹颗粒剂 45～75kg/hm² 及 3％呋喃丹颗粒剂 30～45kg/hm²，于播种前 7 天处理土壤或生长期使用均可。也可用 50％辛硫磷乳油 500 倍液、80％敌敌畏乳油 1 000 倍液或90％敌百虫晶体 800 倍液灌根，每株苗 250～500mL，每年 1 次即可，效果良好。

（5）田间管理　文冠果产果量大小年明显，一般在大年之后，有 1～2 个小年。如肥水管理得好，可减缓大小年产量间的差距。其措施是花前追施氮肥，果实膨大期施磷、钾肥，以保花、保果；在新梢生长、开花坐果及果实膨大期适时灌水，以促进生长发育，获得稳产、高产。

（6）套种文冠果对油用牡丹影响分析　油用牡丹的生长习性与文冠果的生长习性相同，可间隔套种，有效提高种植户的经济收益。牡丹花和文冠果花都具有很高的观赏价值，牡丹花盛花期过后就是文冠果的盛花期，可延长观赏花期近一个月，对于发展旅游观光产业，经济效益也是不可估量的。油用牡丹、文冠果加工出来的食用油，是中国人的生态油、放心油、健康油。这两种油都有着良好的健康保健功效，在国际市场上也同样具有很强的竞争力。套种文冠果后可以几十年不换茬，有效避免了每年翻耕对根系的损伤，并防止水土流失。套种文冠果后可以形成混交林，林下枯枝落叶层和腐殖质较厚，林地土壤质地疏松，加上两种植物根系互相交错，提高土壤孔隙度，有利于植物生长。同时形成混交林对于病害也有较大的抑制作用。套种文冠果后可以利用文冠果树冠大、冬季落叶的特性，夏季为油用牡丹遮蔽阳光、冬季给油用牡丹让出阳光。这不仅可以改善油用牡丹的生长环境，还提高了牡丹籽产量。

种植效益：文冠果被老百姓称为"铁杆庄稼"，结实早、产量高、效益好，种植 3 年即可挂果，亩产种子 40kg，当前价格每千克 50 元左右，亩产值 2 000 元；5～7 年后，进入盛产期，亩产种子 100～150kg，亩产值 5 000～7 500 元；8～10 年后，进入高产期亩产种子 200～300kg，亩产值 1 万～1.5 万元。文冠果寿命较长，千年的大树仍然花繁叶茂、硕果累累，一次性投资，终生受益无穷。套种文冠果进入丰产期后，只要认真管理，每亩地可以轻松生产 50kg 牡丹籽油和 87.5kg 文冠果油，经济收入高达几万元。

9. 核桃和油用牡丹套种　核桃和油用牡丹套种模式，能够相互取长补短，实现增产量、增效益、保生态等多赢目标。核桃和油用牡丹能够套种，主要在于它们的生长周期和生长习性。牡丹开花前喜阳，开花后喜阴，而核桃长叶晚，长叶后又正好为牡丹遮阴。核桃林下套种油用牡丹，可以有效利用土地空间，增加亩产值，而且这两种作物都耐干旱、耐贫瘠。从经济账和生态账上算，核桃、油用牡丹都是多年生木本油料作物，进入盛果期后，可亩产牡丹籽800kg、干核桃像冠核一号亩产能够达到800～1 000kg，保守估计亩收入在2万元以上。同时，这两种作物的盛果期在40年左右，一次种植，多年受益。

二、油用牡丹间作套种应注意的问题

一是牡丹（行距一般为60～80cm）栽植后第一年条播或穴播间套作物时，可视其株型大小，播种1～2行，最多3行；第二、三年随着牡丹树冠的逐年增大，应适当减少播种行数，或者隔行播种。适于撒播的间套作物，一般要隔行撒播，留出操作行，撒播时应离开牡丹根部10～15cm。

二是在对套种各种中药材的进行中耕锄草、施肥浇水、病虫害防治等各项田间管理工作时，都要与牡丹的田间管理相结合，一体化进行。

三是间套中药材等作物，有的不能连作，如白术、玄参等，注意换茬。

四是在进行套种（或栽植）、田间管理、收获等农艺操作时，不要伤害到牡丹的根和茎，尤其是芽，确保牡丹的健壮生长。

五是在进行田间综合管理时，一定要选择对牡丹无伤害的药剂、肥料品种，科学使用验证的除草剂。

第九章 牡丹的药用栽培技术

第一节 牡丹皮的药用价值

牡丹皮系毛茛科芍药属植物牡丹的根皮。性微寒，味辛苦，无毒。归心、肝、肾经。载于《神农本草经》列为中品，有清血、和血、散淤血、除烦热的功效。还有通经、解热、降压、止痛、抗菌消炎的作用，对治疗头痛、腰痛、关节痛、高血压也有良好效果。

药用牡丹是 20 世纪 60 年代从安徽铜陵引种的'凤丹'。丹皮炮制最早见于陶宏景所撰《集注》中，记载："皆槌破，去心。"《雷公炮灸论》《本草纲目》等中记载"丹皮木心不入药，需去之"。近年来，随着对牡丹皮研究的不断深入，大量研究表明，它还有抗炎、护肝等作用。目前，牡丹皮正作为一种传统中药被日益重视和广泛开发。

一、牡丹皮的药理作用

近年来，随着医学技术的不断进步，牡丹皮有效成分的药理研究也不断深入，为牡丹皮的临床应用提供了新的科学依据。这进展结果主要表现在以下方面。

（一）抗病原微生物作用

体外试验表明，牡丹皮煎剂对金黄色葡萄球菌、溶血性链球菌、痢疾杆菌、伤寒杆菌、副伤寒杆菌、变形杆菌、肺炎链球菌、霍乱弧菌等均有较强的抑制作用。煎剂抗菌的主要有效成分没食子酸。牡丹皮浸剂在试管内对铁锈色小芽孢等皮肤真菌也有一定的抑制作用。鸡胚实验证明，牡丹皮有一定抗流感病毒作用。

（二）抗心肌缺血作用

牡丹皮对实验性心肌缺血有减轻损伤程度作用，并能够降低心肌耗氧量，增加冠脉流量，据研究牡丹皮有调节血行、疏通血脉的作用，因而对心肌缺血

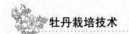

有保护作用。

（三）抗炎作用

牡丹皮水煎剂能抑制炎症组织的通透性，对多种急性炎症反应具有抑制作用，并且不抑制特异性抗体的产生，不影响补体旁路途径的溶血活性，故它在发挥抗炎作用的同时，不影响正常体液免疫功能。

（四）保肝作用

丹皮活性成分丹皮总苷对四氯化碳所致小鼠化学性肝损伤的保护作用机制的研究表明，丹皮总苷能够促进损伤组织血清蛋白含量增加和肝糖原合成增加，还可降低损伤肝脏肝匀浆脂质过氧化物丙二醛的含量，提高血清和肝脏谷胱甘肽过氧化物酶活力，清除体内有害自由基，增强机体抗氧化作用，且可缩短四氯化碳中毒小鼠饲喂戊巴比妥钠后的睡眠时间，增强解毒能力，因此丹皮总苷具有肝脏保护作用。

（五）降血糖作用

丹皮多糖粗品 $100 \sim 400 \mathrm{mg/kg}$ 灌胃给药可使正常小鼠血糖显著降低；$200 \sim 400 \mathrm{mg/kg}$ 灌胃给药对葡萄糖诱发的小鼠高血糖有显著降低作用。

（六）对心肌细胞动作电位的作用

马玉玲等采用细胞内微电极记录的方法观察了牡丹皮提取液对培养心肌动作电位的影响。结果表明，牡丹皮提取液对动作电位幅度、时程及 0 相最大上升速度均有抑制作用，可能是其作用于钠通道的结果。此外，牡丹皮给药前后细胞收缩力减弱，从而使细胞能量消耗减轻，心肌耗氧量降低。

（七）调节免疫细胞作用

丹皮总苷对由刀豆蛋白 A 诱导的 T 淋巴细胞增殖和分泌，以及由脂多糖诱导 B 淋巴细胞和腹腔巨噬细胞增殖和分泌功能具有浓度依赖性双向免疫调节作用。丹皮总苷还具有机能依赖性调节小鼠液和细胞免疫的功能。

（八）其他

牡丹皮还有镇痛、镇静、解痉、退热等中枢作用，抗动脉样硬化作用，利尿作用，抗早孕等作用。

二、药用牡丹经济效益和市场前景

牡丹在我国已有 1 600 余年的栽培历史，全国分布范围较广，种类繁多，其栽培的盛产地也不断地更易，唐朝长安、宋时洛阳、明朝亳州、清代曹州，现山东菏泽仍为我国牡丹栽培中心。作为药用牡丹的引种栽培也有 500 余年。我国道地药用丹皮的生产主要有两大产区：一是安徽的铜陵，占全国总面积的

60%～70%；二是山东的菏泽，占全国面积的20%～30%，其他地区如湖南的岳阳、陕西的宝鸡、内蒙古的赤峰等亦有少量种植。

丹皮的生产一直是我国中草药种植的重要组成部分，由于其生产周期较长（一般为4年左右）和价格波动的影响，生产规模一直受到影响。在20世纪70年代初和90年代初，全国药用牡丹的种植面积，据不完全统计，曾达到5万 hm^2 左右，常年一般在4万 hm^2 左右，但近几年，药用牡丹的面积进一步减少，在地面积约在2.5万 hm^2。

丹皮的市场价格是影响丹皮生产面积的最重要因素，如优质连粉丹皮其市场价格高时每千克可达22元，而低时则降至每千克8元左右，高产每亩可达600～700kg，效益相差巨大。丹皮价格高时，药农感到有利可图，往往一哄而上，种植面积在短期迅速扩大；但当价格降低时，又觉得利少或无利可图，常常发生毁园而改它，严重挫伤了药农种植丹皮的积极性。

但是，随着我国中药现代化战略的实施，牡丹皮作为我国中药体系内的一味重要组分，已经受到高度重视，其新的药用功效和新的药用成分已逐步发现，同时随着其提取有效成分技术的进步，其在充当中药配伍、中成药制造的基础上，其作为成药中间体的有效成分的用量将逐渐扩大，具有较大的市场潜力和广泛的开发前景。

但在药用牡丹的生产上要注意以下问题：首先要注意丹皮市场的调研分析，根据其市场的波动趋势确定其生产面积。

其次是把药用牡丹的种植同园林绿化、庭院经济相结合，实现生态效益、药用价值与生产效益相统一。

第二节　牡丹药用栽培技术

一、品种选择

牡丹皮药用成分的高低与栽培品种密切相关。进行药用牡丹生产，首先应注意栽培品种的选择。我国在药用牡丹生产上普遍选用药用成分含量高、适应性强、繁殖容易、便于大面积生产的'凤丹'品种。

二、繁殖方法

（一）分株繁殖

在丹皮采收季节选3～5年生植株，挖起全株，将主根切下供药用，截取茎与根交接处带侧根的分蘖，尽量保留细根，然后进行栽植。分株繁殖系数极

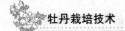

小，不适宜大规模药材生产。

（二）种子繁殖

牡丹从播种到药材收获需 5 年时间。第 1 年秋季用种子育苗，第 2 年秋季移栽，第 5 年秋季收获。

1. 种子采集　药用牡丹的部分品种（如'凤山白''凤丹粉'），在定植后第 2 年春季有 70％的植株开花结果，第 3 年春季开始进入盛花期，每株开 3～5 朵花，每朵花的果实内有种子 10～30 粒。9 月上旬，果子为棕黄色时表明种子成熟，采回摊放室内，其厚度以 20cm 为宜。保持一定的湿度，避免发热，1 周左右果实自行裂开，除去果壳，收集种子，当年秋播。播种前，种子需用湿沙进行贮藏。

2. 播种育苗　9 月中旬至 11 月下旬均可播种，以 9 月下旬为最佳播种时期。选择籽粒饱满、黑色光亮的种子进行播种。播种前用 45℃温水浸种 2 天，采用窝播或条播均可。苗床宽度以 1.5m 开厢为宜，窝播行距 30cm，株距 20cm，窝位呈丁字形排列。挖小窝，窝深约 12cm，直径约 5cm，窝底要平坦。施入适量的油饼、过磷酸钙各 100～150kg/亩作为基肥，上覆 3cm 厚的细土，压实整平。然后每窝放种子 20 粒左右，种子在窝内应分布均匀，相距 2～3cm，每亩用种量约 150kg。条播行距 25cm，播幅 10～20cm，横向开 6cm 深的播种沟，将种子均匀播入沟内，每亩用种量为 100kg 左右。窝播或条播后即行封土，使床面平整，再盖草。翌年 1 月下旬至 2 月上旬幼苗即出土，两年后可移栽定植。

三、种植地选择

（一）选地

牡丹栽植时要因地制宜，栽植地宜选高燥向阳之处，在背阴之处植株生长瘦弱，不能开花。有侧阴之处生长最好。应选择地势较高、土层深厚、阳光充足、排水良好的沙质壤土或壤土，土壤 pH 以中性为好，微酸或微碱亦可。以15°～30°的缓坡为佳，尽量避免连作。栽前应精耕细作，深耕 30～40cm，耕翻1～2 次。结合耕翻，施厩肥或堆肥 3.75 万～6 万 kg/hm² 作基肥，耙平做成宽1.3～2.3m 的高畦或平地栽培，畦间排水沟 20～30cm，畦长可视地形而定。

为了扩大药用牡丹的种植，通过开挖深沟，降低地下水位，将排水条件比较好的水稻田改造成旱地种植'凤丹'，也能获得较高的牡丹皮产量。

（二）整地

于冬季或初春，将前作残留的秸秆、生荒地上的杂草和荆棘砍倒，就地铺平，晒干后集中焚烧。可以起到杀灭越冬害虫、疏松土壤和加速土壤养分分解的效果。

（三）深翻土壤

一般分 3 次进行，于 6、7、8 月份各进行一次。第一次翻地深度 60～75cm。土块可不打碎，以利晒地；第二次翻地的深度与第一次相同，边翻地边清除石块、杂草、残根等杂物，尤其要将白茅的根清除干净，深翻后的土壤中一旦有残根，极易萌发蔓延，与'凤丹'争水争肥；第三次翻地要细翻，深度 50～60cm 即可。翻地时山坡地一般先从中间开始，然后逐渐向四周开挖；平地则从地块的一端向另一端开挖。翻地时应将上层表土埋入地下，下层土壤翻盖在地面。

（四）整平作畦

在第三次翻地后即可进行，将土块打碎，整平作畦，总的原则要有利于排水。土层深厚的山坡地，地表要做成馒头状或屋面状。中间稍高，四周略低，并保持一定的坡度；土层较浅的山坡地，可先整出地坎，然后顺地形走势，整平做成宽 1.5～2m 的畦，畦面呈弧形；平地则应做成沟深 30cm 以上的高畦，并保持沟底平整，排水通畅。

四、起苗及苗木选择

（一）起苗时间

在 9 月下旬至 11 月份均可移栽定植，但以 10 月份为好。移植过早，因气温偏高，移植苗成活率低；移植过晚，当年难以形成新根，来年长势弱。

起苗应在土壤墒情适中，最好是无风天气，移栽前的 1～2 天进行。起苗时不能碰掉幼芽，尽量少伤根系。

（二）苗木分级

苗木挖起后应先除去附着在根系上的土块和已枯死的叶柄，然后进行选苗。要选用生长健壮、无病虫害的壮苗、大苗，剔除弱苗、病苗和受伤苗。为了便于移栽后'凤丹'的生长和田间管理，要进行苗木分级，将大、中、小苗分开放置。

（三）苗木处理

'凤丹'为肉质根，易折断，应将分级后的苗木置于阴凉处 1～2 天（不能在阳光下暴晒），待肉质根稍变软后即可定植。定植前用 1/1 000 高锰酸钾和 0.1％APT 生根粉溶液对苗木根系进行处理，可以减轻病虫害的发生和促进根系愈合，提高成活率。

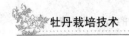

五、田间管理

（一）光照与温度

充足的阳光对其生长较为有利，但不耐夏季烈日暴晒，温度在 25℃以上则会使植株呈休眠状态。开花适温为 17～20℃，但花前必须经过 1～10℃的低温处理 2～3 个月才可。最低能耐－30℃的低温，但北方寒冷地带冬季需采取适当的防寒措施，以免受到冻害。南方的高温高湿天气对牡丹生长极为不利，因此南方栽培牡丹需给其特定的环境条件才可观赏到奇美的牡丹花。

（二）浇水与施肥

栽植后浇两次透水。入冬前灌 1 次水，保征其安全越冬。开春后视土壤干湿情况给水，但不要浇水过大。全年一般施 3 次肥，第 1 次为花前肥，施速效肥，促其花开大、开好。第 2 次为花后肥，追施 1 次有机液肥。第 3 次是秋冬肥，以基肥为主，促翌年春季生长。另外，要注意中耕除草，无杂草可浅耕松土。

（三）除草平茬

牡丹在前 2 年要注意进行除草，后几年由于牡丹根部生长较深，底部基本没有杂草，每年冬天对牡丹地块进行松土，有利于牡丹的生长，深度 10～15cm，过深会伤根。第 3 年牡丹就可开花结种，在每年的 8 月即可采摘种子，放入室内晾干就可作种。如不需要种子，在每年的 12 月于离地面高度 5cm 左右进行平茬，以利于根系生长，从而提高产量。

（四）田间套种

'凤丹'定植后的 1～2 年苗木较小，地表处于裸露状态，合理套种农作物，不仅能够充分利用土壤中的养分，还能起到改善'凤丹'生长环境的作用。套种的农作物可选择芝麻、花生、豆类等，但套种密度不宜过大，也不宜套种高秆作物。

（五）整形修剪

花谢后及时摘花、剪枝，根据树形自然长势结合自己希望的树形下剪，同时在修剪口涂抹愈伤防腐膜保护伤口，防止病菌侵入感染。若想植株低矮、花丛密集，则短截重些，以抑制枝条扩展和根蘖发生，一般每株以保留 5～6 个分枝为宜。

（六）花期控制

盆栽牡丹可通过冬季催花处理而春节开花，方法是春节前 60 天选健壮鳞芽饱满的牡丹品种（如'赵粉''洛阳红''盛丹炉''葛金紫''珠砂垒''大子胡红''墨魁''乌龙捧盛'等）带土起出，尽量少伤根，在阴凉处晾 2～3

天后上盆，并进行整形修剪，每株留 10 个顶芽饱满的枝条，留顶芽，其余芽抹掉。上盆时，盆大小应和植株相配，达到满意株型。浇透水后，正常管理。春节前 50～60 天将其移入 10℃ 左右温室内每天喷 2～3 次水，盆土保持湿润。当鳞芽膨大后，逐渐加温至 25～30℃，夜温不低于 15℃，如此春节可见花。

六、病虫害防治

苗期病虫害防治：牡丹常见的病害有红斑病、灰霉病、褐斑病、锈病、炭疽病、白绢病。在牡丹的整个栽培过程中，往往由于气候、土壤重茬及管理不善等多种因素导致病虫害发生，以致危害牡丹的正常生长发育，使其长势变弱，花色衰退，丹皮产量低，品质差。因此，加强牡丹的病虫害防治工作是保证其健壮生长的重要措施。

（一）红斑病

牡丹红斑病也叫霉病、轮斑病，是牡丹上发生最为普遍的病害之一。此病为多毛孢属的真菌传染。病菌主要浸染叶片，也浸染新枝。症状：主要危害叶片，还可危害绿色茎、叶柄、萼片、花瓣、果实，甚至种子。叶片初期症状为新叶背面现绿色针头状小点，后扩展成直径 3～5mm 的紫褐色近圆形的小斑，边缘不明显，扩大后有淡褐色轮纹，成为直径达 7～12mm 的不规则形大斑，中央淡黄褐色，边缘暗紫褐色，有时相连成片，严重时整叶焦枯。在潮湿气候条件下，病部背面会出现暗绿色霉层，似绒毛状。叶缘发病时，会使叶片有些粗曲。绿色茎上感病时，产生紫褐色长圆形小点，有些突起。病斑扩展缓慢，长径仅 3～5mm。中间开裂并下陷，严重时茎上病斑也可相连成片。叶柄感病后，症状与绿色茎相同。萼片上初发病时为褐色突出小点，严重时边缘焦枯。墨绿色霉层比较稀疏。

防治方法：

①农业防治。11 月上旬（立冬）前后，将地里的病枝清除，余叶扫净，集中烧掉，以消灭病原菌。

②药剂防治。50％多菌灵可湿性粉剂 500 倍液；70％甲基托布津可湿性粉剂 800～1 000 倍液；75％百菌清可湿性粉剂 600 倍液；50％多硫悬浮剂 800 倍液，每 7～8 天喷 1 次，连喷 2～3 次。

（二）茵核病

又名茎腐病。病原为核盘菌。发病时在近地面茎上发生水渍状斑，逐渐扩展腐烂，出现白色棉状物。也可能浸染叶片及花蕾。

防治方法：选择排水良好的高燥地块栽植；发现病株及时挖掉并进行土壤

消毒；4～5 年轮作一次。

常见的还有炭疽病、锈病。炭疽病在叶面上发生圆形或不规则形淡褐色凹陷病斑，扩展后边缘为紫褐色；锈病在叶背着生黄色孢子堆，引起叶片退绿，后期病叶上生柱状毛发物。防治方法同叶斑病。

（三）根腐病

根腐病为一种真菌侵袭药用牡丹植物体所致。该病初发时难以发现，待从叶片看出病态时，其根皮多已溃烂成黑色，病株根部四周的土壤中常有黄色网状菌丝。该病为常见病害，呈散性发生，植株染病初期叶片萎缩，继而凋落，最后全部枯死。若不及时防治，将蔓延到周围植株。尤其是阴雨天土壤过湿，蔓延较迅速。

防治方法：

①伏天（7 月份）应翻晒地块。

②发现病害后，应及时清除病株及其四周带菌土壤，并用 1：100 硫酸亚铁溶液浇灌周围的植株，以防蔓延感染。

（四）锈病

该病多发生在 4～5 月份，天时晴时雨，地势洼，6～8 月发病严重，叶背面有黄褐色颗粒状的夏孢子堆，表皮破裂后散出黄褐色孢子，用手摸如铁锈色，末期叶面呈圆形或类圆形等不规则的灰褐色病斑。在叶背面长出深褐色的刺毛状冬孢子堆，严重时全株死亡。

防治方法：收获后集中烧掉病株，选排水良好的地，低洼地打高畦。发病初期打 0.3～0.4 波美度石硫合剂或 97％敌锈钠 400 倍液，10 天 1 次，连打2～3 次。

（五）黄叶病

牡丹黄叶病诊断及治疗牡丹缺磷时，植株生长缓慢矮小，瘦弱，叶小易脱落，色泽一般呈暗绿或灰绿色，缺乏光泽。先从茎基部老叶开始，逐渐向上部扩展。

缺镁、锰、硼、铜等微量元素叶片也会出现黄化、坏死、叶尖枯萎等症状，应结合喷药于花期后喷洒磷酸二氢钾及微肥以补充营养。牡丹发生病变，叶片也可呈现色泽深浅不匀、黄绿相间的斑驳，即"花叶"。这是病毒病最常见的症状，需加以区别。

（六）紫纹羽病

为真菌病害。由土壤传播。发病在根颈处及根部，以根颈处较为多见。受害处有紫色或白色棉絮状菌丝，初呈黄褐色，后为黑褐色，俗称"黑疙瘩头"。

轻者形成点片状斑块，不生新根，枝条枯细，叶片发黄，鳞芽瘪小；重者整个根颈和根系腐烂，植株死亡。此病多在6～8月高温多雨季节发生，9月以后，随气温的降低和雨水的减少，病斑停止蔓延。

防治方法：①选排水良好的高燥地块栽植；②雨季及时中耕，降低土壤湿度；③4～5年轮作一次；④选育抗病品种；⑤分栽时用500倍五氯硝基苯药液涂于患处再栽植，也可用5％代森铵1 000倍液浇其根部；⑥受害病株周围用石灰或硫磺消毒。

牡丹栽培地多为多年重茬、连茬地，其中病菌很多，尤其是真菌中镰孢菌，造成牡丹根、茎基部腐烂，因而吸水、吸肥能力减弱，引起下部叶片逐渐向上变黄脱落或枯焦，而牡丹新梢顶心和新叶颜色仍属正常。这是牡丹干旱时根腐烂表现出的黄叶症状。

地下害虫。主要有蛴螬、蝼蛄、金针虫等。地下害虫有逐年加重的趋势。

防治方法：①清洁田块，前茬收后的枯枝落叶要清理干净，减少残留虫量；②搞好耕翻，破坏地下害虫的生存环境；③合理用药，采取毒土法或毒水法，毒土法为48％毒死蜱900mL/hm^{2}或50％辛硫磷3 750mL/hm^{2}拌细土450kg/hm^2，于播前均匀撒施于土表，然后开行播种。毒水法：对苗后地下害虫危害地段，用48％毒死蜱2 500倍液或50％辛硫磷1 500倍液浇灌。

七、种子采集

待地上部枯黄倒苗后拔出秧蔓，晾干脱粒、扬净；散落在地下的种子，用小扫帚扫起来，用扬、筛等方法把种子与草分开。收集的种子应马上混2～3倍纯净的河沙湿藏，否则种子将失去生命力。沙的湿度以手握成团、一触即散为宜，然后置通风、阴凉、不干燥和不涝的地方贮藏至10月份播种。

八、采收时期与加工技术

（一）收获

定植后4年左右即可收获，以4年为佳。8～11月份均可采收，8～9月采收的水分较多，容易加工，质韧色白，但质量和产量均偏低。10月采收质地较硬，加工较难，但质量和产量均较高。选择3～5年的植株，于每年的秋季9～10月份枝叶黄萎时进行采收。采收时要根据栽培时间长短来定，时间越长，扒土范围要大些。采挖牡丹皮应在晴天进行，将植株根部全部挖出，不能将根折损扭断，抖去泥土，剪下鲜根。结合分株繁殖（作分株种苗的尽量多留须根），将大根和中等大小的根齐基部剪下运回，要根据长短、粗细扎成小把，放在阴凉潮湿的地方。但时间也不能放得太久，最多不能超过 24h 就要加工。

（二）牡丹皮的加工

1. 产地加工 将净土后剪下鲜根，置阴凉处堆放 1～2 天，待其稍失水分而变软（习称"跑水"），除去须根（丹须），用手握紧鲜根，扭裂根皮，抽出木心。按大小、粗细分档，分别晒干备用。翻晒时应把根条理直，可采取日晒夜收的方法晾晒，避免晚间露水使药材吸潮变色。

优质药材凤丹皮均不刮皮，直接晒干。根条较粗直、粉性较足的根皮，用竹刀或碎碗片刮去外表栓皮，晒干，既为刮丹皮，又称刮丹、粉丹皮。根条较细、粉性较差或有虫疤的根皮，不刮外皮，直接晒干，称连丹皮，又称连皮丹皮、连皮丹、连丹。在加工时，根据根条粗细和粉性大小，按不同商品规格分开摊晒，以便投售。

2. 不同加工方法对丹皮性状及丹皮酚含量的影响 目前主要的加工方法有"刮皮、硫磺熏蒸法""药典法"和"趁鲜切制法"。粉丹皮是目前市场上的主流药品，原丹皮较少见，鲜切片尚未出现。

（1）加工过程应避免硫磺熏蒸 因为硫磺熏蒸只改变中药的色泽，无助于改善内在质量。硫磺燃烧产生硫的氧化物会影响中药的有效成分，粉丹片中丹皮酚含量低于原丹片即为这方面的原因。同时，残留的硫化物也具有很强的毒性，对患者极为有害。因此，应摒弃传统的"以色白、粉性足……为佳"的质量评价标准，建立以有效成分含量为指标的评价标准。

（2）应减少加工环节 大多数中药一般先由药农进行产地加工成中药材，然后进入流通环节，再流入饮片加工企业。由于贮存日久，其有效成分必然发生变化，特别是含挥发成分的药材，药效降低更快。再加上饮片生产中要经过浸润、切制、炮炙、干燥等过程，有效成分进一步损失，治疗作用随之降低。这与古代医家随用随采的中药相比，疗效肯定大相径庭。因此，减少饮片加工环节，短缩贮存时间，是保证饮片质量的有效方法。

提倡根皮趁鲜切制。该方法是从鲜药材直接进入切片流程，具有省工省时的特点，而且能避免有效成分的损失，确保饮片质量的稳定性。

3. 炮制 本品炮制为生用、炒制和炭制。

（1）生用 取原药捡去杂质，用清水洗净泥沙，去掉木心，切成约 6mm 的筒片。晒干，即可生用。

（2）炒制 取生丹皮，按每 50g 丹皮用白酒 6g 的比例，将丹皮置入锅炒热，再加入白酒，边炒边拌匀，炒至酒干后取出，冷却。

（3）丹皮炭 把生丹皮放入锅内，用武火炒至表面焦黑，内老黄色，存性为度，炒时喷淋少许清水，取出冷却。

产品分级：牡丹皮有 3 个级别，每个级别又分为 4 级，按上述加工、抽筋、刮皮者为刮丹，只抽筋不刮皮者为连丹或凤丹。收购中一般不分级（药材部门加工成饮片前分级），除丹须外，粗细、长短不分，称为统货。

在加工时，根据根条粗细和粉性大小，按不同商品规格分开摊晒，以便销售。药用牡丹亩产鲜根 800～2 000kg，每 2.5kg 左右鲜根可加工 1kg 干品，折干率为 30%～35%。一般质量以条长粗壮、筒圆直均匀、皮细肉厚、断面色白、粉性足、亮晶多、芳香浓者为佳。

4. 药材包装与贮藏 丹皮一般用内衬防潮的瓦楞纸箱盛装，每箱 20kg，贮存于阴凉、干燥、避光处，温度 30℃以下，相对湿度 70%～75%，商品安全水分 10%～12%。高温高湿条件下，断面颜色变深，香味淡，丹皮酚含量也因贮存时间延长而降低，影响丹皮质量。若发现药材吸湿受潮（受潮后断面由原来的粉白色变红色，转成黑色表明已变质），应及时翻垛通风或摊晾阴干，忌暴晒。丹皮贮藏期间常受小圆皮蠹、烟草甲等虫危害，药库一般采用与泽泻混贮的方法，一层丹皮一层泽泻，相间堆码，这样丹皮不会变色，泽泻不生虫，起到一举两得的贮藏效果。

第十章　牡丹应用及前景思考

第一节　牡丹应用

牡丹素以花大、色艳、形美、香浓、品种繁多著称，堪称为花中之王，象征着富贵、吉祥、繁荣和昌盛。作为我国传统的珍贵花卉，深受人们喜爱。近几年来，牡丹借助评选国花之机，在园林设计、日常生活装饰、生产中广泛应用，并且药用、保健品、食用品等相关产品的开发也得到了很大的发展，极大地促进牡丹在美化环境、商品生产、社会文化等方面的实际应用。

一、牡丹在现代园林中的应用

牡丹花朵硕大，可谓秀色成堆、色艳香清。随着现代园艺学的发展，牡丹事业的发展进入了一个前所未有的繁荣局面，它在园林中的应用范围越来越广，应用方式更加多样，与园林中其他要素的结合更加紧密，并出现了一些新的特点。

（一）牡丹专类园

牡丹作为我国的特产花卉，栽培历史悠久，园艺品种繁多，观赏价值各异，因而以牡丹为主题设置牡丹专类园或园中园集中栽植大量优良品种。以欣赏其姿、色、香、韵为主，再通过诗词、歌赋、传说、神话等，增添牡丹园的文化内涵，做到四季有景，多方位体现牡丹园的文化氛围及艺术景观效果。一般牡丹专类园采用规则式和自然式两种布置方式。

1. 规则式牡丹专类园　规则式布置就是把园区分为规则式的花池，池内等距离栽植牡丹，不与其他植物、山石一起配置，主要应用于地形平坦的区域。一般以规则几何形品种圃的形式出现。这类牡丹园比较整齐、统一，可以突出牡丹主体，是以观赏或生产兼观赏或品种资源保存为目的的专类园的最佳布置方式，如北京景山公园、洛阳王城公园、国色牡丹园等都采用这种方式。

2. 自然式牡丹专类园　自然式牡丹园通常根据地形变化，与其他草木结合，并将景观小品引入，使观赏者既能够观赏到牡丹的艳丽风姿，又能够享受到园林中的山林野趣。自然式牡丹园多采用古典园林的造园手法，注重地形变化，充分考虑空间关系，运用对景、借景、隔景等手法，达到移步换景的效果。在植物配置时，乔、灌、草合理搭配，四季常青，三季有景可观，并延续牡丹园观赏的时效期。具体做法：①采用广玉兰、白皮松、合欢等树冠稀疏的乔木，分散丛植将牡丹栽植其下，为牡丹创造荫凉的生长环境，既丰富了空间变化，又延长了牡丹的花期。②巧妙结合桂花、花石榴、樱花、迎春、迎夏、蜡梅、菊花、紫藤、葱兰、月季、芍药、棣棠等早春、夏、秋冬开花的灌木，丰富植物种类，改善牡丹花期后不良的景观效果。③可将玉兰、海棠、迎春、牡丹配置在一起，营造"玉堂春富贵"的美好寓意。④深挖与牡丹有关的传统文化和历史名人，结合山石、亭台廊、雕塑等景观小品，突出主题，增加牡丹园的人文气息，使游人在欣赏牡丹美景的同时感受牡丹文化的深远悠长、陶冶情操，比较典型的如杭州花港观鱼中的牡丹亭园区、北京植物园牡丹园。

（二）牡丹花台

牡丹性宜燥惧湿，宜栽于高敞向阳而性舒的地方。故园林中常常采用砌筑花台的方式栽植牡丹。既避免了水涝地区栽植牡丹的不利因素，同时单层或复层布置的花台也增加了竖向景观效果。牡丹花台一般根据周围环境可设计为自然式和规则式两种。

1. 规则式牡丹台　一般用花岗石、汉白玉、水泥等材料砌成，形状通常为长方形，也有圆形、半圆形、椭圆形、扇形等多种形式，花台内等距离栽植牡丹。如颐和园排云殿东侧的"国花台"。

2. 自然式牡丹台　一般用自然山石砌成。在参差起伏、自然多变不规则形状的花台内种植牡丹，并点缀太湖石和一些观赏树种做陪景。花台内栽植的牡丹品种，要讲究株形、花色、花期的搭配，追求立面的艺术效果，使牡丹更贴近游人。如杭州花港公园里的牡丹园。

（三）牡丹花带

花带是牡丹应用于道路的最佳方式，通常以不同品种相配，采用平面一点一线的带状布置形式，使道路两旁造成连续面有变化的景观，或可作为花带中的中型植物，丰富空间层次。早春花开时节，人们沿园路漫步，或驱车行驶在市区道路上，可欣赏到牡丹的芳姿。应用花带最成功的是河南省洛阳市，市内中轴大道的分车带上，将牡丹与雪松、紫薇、凤尾兰、月季、大叶黄杨等配置在一起，达到 3 级优化、四季常绿的效果，花开时节，各种牡丹争奇斗艳，成为洛阳市最美丽的街景之一。

（四）牡丹花境

牡丹艳冠群芳，也是做花境的良好材料。牡丹在林缘、草坪、山石边及庭园、公园道路的两旁作自然式丛植或群植，形成花境。牡丹花境可以采用平面与立体两种布置形式。

1. 平面式布置　多以花带的形式，用于公园或庭园道路的两旁或市区道路分车带上布置成连续有变化的景观。如洛阳市中州大道的道路分车带。

2. 立体式布置　主要是利用道路的自然地势山坡筑畦种植，在效果上看不如平面布置的好。但数量多时为了美化环境或生产也可以这样做。例如，北京颐和园仁寿殿南北山坡上的牡丹池，效果也不错。

（五）孤植、丛植、群植

牡丹的孤植、丛植、群植的形式是牡丹在园林中应用比较灵活的形式。在北京、洛阳等地，牡丹广泛分布于公园、机关、工厂、学校绿地的林缘、草坪作自然式丛植、群植图。在北京除了古典园林中有大量应用外，在现代绿地中亦有大量应用。清华大学东校门前的绿地，就采用牡丹与草坪、松树相搭配的形式，牡丹在松树下可以庇荫而且两者都不喜水湿，可利用微地形解决排水问题。松树和牡丹都是传统花木，树形古朴的松树旁边置拙石与牡丹相配，风格上非常统一。草坪比较开阔，景物深远，使人有足够的观赏视距来欣赏牡丹的完整形象，达到移步换景的效果。牡丹丛植于草坪空间的构图中心，花开时节或灿若朝霞或洁白如雪，最易成为视觉焦点。牡丹与如茵的青草搭配，给人以生机、希望和春的气息。同时，牡丹的丛植、群植亦能形成夹景、对景，构成空间有收有放的不同变化。地坛公园牡丹园入口处，丛植形成对景就是一例。据年统计，洛阳各工厂、机关学校、医院部队和居民区等种植牡丹万余株，其中应用超过千株的单位就有9家。

二、牡丹在商品生产中的应用

牡丹不仅应用于园林中，起到美化室外环境的作用，而且商品牡丹生产、牡丹鲜切花、牡丹盆景等方面的应用，对美化室内环境方面的作用也不可小视，让人足不出户就能欣赏到牡丹的芳容。

（一）牡丹盆花

随着牡丹花期调控技术的日益成熟，牡丹的盆花摆放也日益广泛。特别是春节时期的催花牡丹，不仅大大提高了牡丹的销售价格，而且烘托节日的环境气氛具有重大作用。此外，将大田中自然开放的牡丹上盆装点环境也逐渐流行，具有广阔的发展前景。盆栽牡丹正向矮、轻、小及无土栽培方向发展。

（二）牡丹商品苗

牡丹有着极高的观赏价值和经济价值。她素有"花中之王""国色天香"之美誉，自古人们不惜重金购买。唐朝诗人柳浑曾有诗曰："近来无奈牡丹何，数十千钱买一棵"。随着人们物质文化生活水平的提高，对花卉的需求量与日俱增。近些年，牡丹在国内外已供不应求，其销量十分看好。而且在国外也十分走俏，年创外汇居诸出口花卉之首。日本、美国、法国、荷兰、意大利、新加坡、澳大利亚、英国、德国等国家还出现了"牡丹热"。在美国一株3个以上分枝的品种牡丹为50～100美元，一株同等规格的'豆绿'牡丹要达200美元；日本2年生1朵花的嫁接苗，株售价2 000～3 000日元；法国1～2朵花的中国牡丹售价达360法郎。由此可见，牡丹商品苗生产有巨大的发展潜力。为适应国际市场的需求，要进行大批量的、规范化的、各类品种系列化（早花、中花、晚花、花色齐全）的集约化生产，应与国际花卉市场接轨。

（三）牡丹插花

牡丹花大艳丽，装饰效果强，适于布置室内环境，将牡丹作为插花更是深受人们喜爱。牡丹的鲜切花主要用于插花，国际上每年都有大量的牡丹鲜切花消费。日本是主要生产国。我们要在选育新品种、研究切花生产技术、切花保鲜技术、完善运输销售环节等方面加大力度，尽快成为鲜切花生产的大国，供应国内外日益增长的需要。

（四）牡丹盆景

花卉盆景的出现是花文化发展史上的重要事件，盆景被称为"无声的诗，立体的画"，是自然和艺术的完美结合。牡丹作为盆景栽培，打破了人们传统观花的概念，使观赏焦点从观花转移到观干、观枝叶、观芽及观赏全株。意在突出牡丹苍劲古朴的老干、婆娑的枝叶、亭亭玉立的株型、形色各异的春芽以及色彩艳丽的花朵。牡丹枝干粗壮、树皮灰褐色或黑褐色且斑驳，经过造型艺术处理后，可有千年古松之态、百年老梅之骨，或挺、或悬、或卧、或斜，"有藏参天覆地之意，具此龙百尺之势"；牡丹叶型奇美，为二回三出羽状复叶，春季叶子碧绿，秋霜后变成黄、红、紫等色，美丽醒目，"有层林尽染"之韵味；在落叶后至早春观赏，其芽形色各异，使人浮想联翩。有人称之为"春夏观花，夏秋观叶，冬春观芽，冬观干。"

牡丹盆景修饰十分重要，常加以配石、点苔、点栽细小草皮及地形地貌的处理，各种配件（亭、台、楼、阁、塔、榭、筏、桥、人物及各种动物）的安放亦相得益彰。中国画中有"牡丹石图"，盆景中也常见牡丹与太湖石、英石、笋石相依为伴，使景观生动多变，构图更趋完美，兼具山野情趣。布苔或布草，使盆面碧翠一片，生机盎然，更接近大自然的地貌。牡丹盆景不仅展现出盆景风韵，而且还具诗情画意，有极高的观赏价值和经济价值。

三、在社会文化方面的应用

在人类漫长的历史长河中，牡丹已不单单是一种物质现象，经过人们的不断提炼、升华，注入精神和社会内容，从而变成一种社会文化现象。它与中国人民的衣食住行、婚丧嫁娶、岁时节日、游艺娱乐等社会现象密不可分，它渗透到各个社会文化领域中，直接参与了社会文化的形成，成了中国文化史的重要扮演者。牡丹在社会文化方面的应用是多方面的，茫如烟海，这里仅就牡丹花会、牡丹花展、牡丹绘画、牡丹歌曲做一介绍。

（一）牡丹花会

作为牡丹文化集中体现的牡丹花会，古已有之，且为中华民族的文明与振兴增添了绚丽的光彩。"帝城春欲暮，喧喧车马度，共道牡丹时，相随买花去。……家家习为俗，人人迷不悟。"这是大诗人白居易在《买花》诗中的描写，可以想象盛唐时期牡丹花会的盛况。人们不只去赏花，而且争相"买花"，显然，当时的牡丹花会已带有"经济交往"的成分了。

众所周知，唐明皇携杨贵妃在兴庆宫前玩赏牡丹，不仅嫔妃纷至，臣仆群集，还有诗人吟诗，梨园弟子演奏，连诗仙李白都应诏前来进《清平乐》词三章，一派歌舞欢腾，看来这也是一种牡丹花会。

唐至德年间有个兵部侍郎李进，早就知以花为媒，广交朋友。他"贤好宾客，属牡片盛开，以赏花为名引宾入会"。请来宾赏花饮酒赋诗，高谈阔论，听到平时根本无法听到的占论，同时结交很多诚实的朋友。

苏试著名弟子李稚在《洛阳花园记》中有对宋时洛阳牡丹花会生动描述："至花时，张幕幄，列市肆，管弦其中，城中上女，绝烟火游之；过花时，则复为丘墟破垣，遗灶相望矣。"寥寥数语，描绘出一幅"花开时节倾城炊"的花会风俗画。上庶竞游，人如潮涌，户户断炊，万巷皆空。许多饮食业主借花生财，纷纷张棚结灯，供应莱酒。更有杂技表演，民乐演奏，笙歌之声相闻。这说明宋时的牡丹花会已形成了"文化搭台，繁荣经济"的格局。

南宋人张帮基在所著《墨庄漫录》中则有对达官贵人作花会的记载："西京牡丹闻于天下，花盛时，太守作万花会。宴集之所，以花为帐。……举目皆花也。"这种花会几近现代的花卉展览。这里所说的"西京"则指四川天彭。南宋时，天彭牡丹曾盛极一时，遂有"小西京"之称。

至明清之际，曹州牡丹甲于海内。对于当时的曹州牡丹花会，明人谢肇浙住所撰《五杂俎》中描写得甚为具体：出城向东，逶迤十里，人如潮涌。"一望云锦，五色各目。主人雅歌投壶，任客所适。……夜复皓月，照耀如同白昼，欢呼谑浪，达旦始归，衣上余香，经数日而不散也。"曹州人素有热情好客的优良传统。不仅国色宜人，香魂报慰，更有东风乡土，情暖人心。所以赢得八方游客，留连忘返。"衣上余香，经数日而不散也"一语道尽了曹州花会的盛大和影响，也蕴含着游客对曹州花美的留恋和对人美的怀念。

而今，为有奇葩天下知，牡丹盛会标新帜。近年来，菏泽、洛阳两大牡丹栽培基地，年年举办的牡丹花会，并已升格为国际牡丹花会，参加牡丹花会不仅有数以百万的国内游客，而且有来自五大洲数以万计的国际友人。其规模和影响已远非昔比。

菏泽遵循"以花为媒，广交朋友，文化搭台，经贸唱戏，开发旅游，振兴经济"的宗旨，已成功地举办了九届国际牡丹花会。每届花会都有气势雄伟、气氛热烈、规模宏大的开幕式。届时，明星云集，献歌献舞，几千人组成的大型舞蹈，队形变幻，七彩纷呈。花会期间更有书画庙会、武术比赛、杂技表演、摄影展览、夜游牡丹园、乘直升机观牡丹、地方戏演出、斗鸡、斗羊表演、灯展晚会、十八般武艺路游、迎宾客"卡拉OK"歌手大奖赛等内容极其丰富的文体活动。真可谓花开满城香，人在花间醉。盛况空前，热闹非凡。各种形式的经贸洽谈会、工农业产品展销会、物资交流会、经济技术信息新闻发布会，吸引了无数的国内外客商、企业家、学者、名流和科技人员，前来观光考察，洽谈生意，签定合同，投资办企业。每届经贸额数以亿计，并出现了连年翻番的喜人景象。

洛阳从1982年始，每年4月15～25日举办牡丹花会。届时四海游客，汇聚洛阳，昼看牡丹夜观灯，"满城方始乐无涯"。从已经举办的1616届牡丹花会看，全市旅游收入人均年增长8%，引进外资20多亿美元，已上"三资"企业50多个，外贸出口市场发展到50多个国家和地区，并与国内近60个城市建立了友好协作关系。另外，牡丹花会还有效地促进了对外开放、园林事业和城市建设，提高了人民群众的开放意识和城市综合管理水平。

此外，近年来其他各牡丹产区也都相继举办了各具地方特色的牡丹花会，在全国影响较大的有：四川彭州牡丹花会、山西水洛牡丹花会、甘肃临夏牡丹花会、甘肃榆中牡丹花会、安徽铜陵牡丹花会、江苏盐城枯枝牡丹园花会、太原市人民公园牡丹花会、河北柏乡牡丹花会、延安万花山牡丹花会、安徽巢湖银屏山朝山观牡丹活动、云南大理游山观花活动等，以及北京各大公园、上海植物园、杭州花港公园、昆明大观园牡丹园年年举办的牡丹花展等。以花为媒的"牡丹战略",正带动各牡丹产区的经济腾飞。

(二)牡丹花展

牡丹花展是丰富文化生活,扩大外部影响,促进商贸活动和经济发展的有效途径。山东菏泽、河南洛阳、安徽铜陵、四川彭州、浙江杭州、甘肃兰州、江苏盐城等众多牡丹产地均采取多种形式举办牡丹花展,特别是山东菏泽和河南洛阳两地,更是频频举办,形式丰富多彩,既踊跃参加国内外大型花展,争金夺银,又主动在各大城市和名胜游览区举办大型花展;既有政府组织举办的花展,又有生产单位或个人举办的花展;既有诸如冬季催花展、秋季催花展、案头牡丹展、牡丹插花展等不同类型的牡丹花展,又有"迎奥运""庆香港回归""中央电视台春节联欢晚会""中华武林百杰""庆澳门回归"等大型专题牡丹展。就这样,他们分别在北京、上海、广州、深圳、南京、长沙、福州、遵义、厦门、西安、兰州、成都、沈阳、无锡、汕头、香港和澳门等几十个大中城市举办过牡丹花展。

四、牡丹的其他妙用

(一)牡丹药用

牡丹最早以药用植物记载于《神农本草经》:"主寒热,中风,瘈疭,痉,惊痛,邪气,除症坚,淤血留舍肠胃,安五脏,疗痈创"。其他著名药典和植物著作中,都有牡丹入药的记载。

牡丹作为常用的药材,入药部分主要是丹皮。丹皮的主要药用成分为牡丹酚,具有抗菌作用,水煎汤剂还有降血压作用,临床上常用于清肝火和凉血散癖(消炎、降压)。中医认为,丹皮性微寒、味苦辛、无毒,具有清血、活血散癖的功能,是治疗血中伏火、除烦热、祛血癖或瘤积聚的常用药物。

丹皮不但可以配伍其他药物水煎汤剂用于治疗一般急性疾病,也常制成吸收缓慢、药力持久且服用、携带、贮存方便的丸剂和片剂。常见中成药"六味地黄丸"中丹皮即其"六味"之一。

此外,牡丹皮也是"咽炎片"的成分之一,不少中药厂生产的浓缩"咽炎片"方剂中加丹皮,以取其清热泻火之效、辅佐玄参、板蓝根,有养阴润肺、清热解毒、清利咽喉、镇咳止痒功能,用于慢性咽炎引起的咽痒、咽干、刺激性咳嗽等症,效果良好。

丹皮质量的好坏,以身干、色白、条匀、粉头足、无杂质者为上品,其产量的高低则与栽培品种和采收、加工时间有关。采收时间一般在寒露至霜降期间进行。若采收过迟,由于天气转冷,温度低,晒干时间长,色泽发暗而影响质量。在观赏品种中产根较好的品种有'赵粉''凤丹白''朱砂垒''高秆粉''状元红''假葛巾紫'等。

牡丹根采下以后，先用水冲洗干净，然后轻轻刮去表皮，放在架起来的席上摊晒1～2天，使其失水变软，再将其根内木质部撕除，俗称"抽筋"。抽筋后放在席上再晒2～3天。晴天温度高，晒的时间短，干得快，色白，有光泽，质最好；阴天温度低，干得慢，色泽发污，品质差。因此，刮皮时间以晴天上午8时以后，下午3时以前进行晒根最好。

（二）牡丹食用

牡丹花的食用从宋代就开始了，到了明清时代，人们已有了较为完善的原料配方和制作方法。清《养心录》记载："牡丹花瓣，汤绰可，蜜浸可，肉汁烩亦可。"例如，牡丹银耳汤，汤清味美，清淡爽口。原料由鲜白牡丹花1朵，银耳30g，清汤、料酒、味精、食盐、白胡椒面各适量。制法是将鲜嫩银耳放入大碗内，倒进调好的清汤上笼蒸至银耳发软入味时，取出撒上牡丹花瓣即可。

在日本，一些牡丹专著中也有花朵食用的介绍。

1. 凉拌牡丹花

原料：多选涩味较少的白色或淡粉色花、蛋黄酱（一种由蛋黄、生菜油、醋、盐等制成的调味汁）等。

制法：先将花瓣放到烧热的苏打水中焯一下，再用水漂净，然后加入蛋黄酱等调料，作好的成菜上再点缀一两片颜色鲜艳的牡丹花瓣，以增加色彩。

特点：味美清香，赏心悦目。

2. 牡丹银耳汤

原料：鲜白牡丹花1朵，银耳30g，清汤、料酒、味精、食盐、白胡椒面各适量。

制法：将鲜嫩银耳放入大碗内，倒进调好味的清汤，上笼蒸至银耳发软入味时，取出撒上牡丹花瓣即可。

特点：汤清味美，清淡爽口。

3. 牡丹花溜鱼片

原料：鲜牡丹花1朵，鲜鲤鱼肉片200g，鸡汤、蛋清、淀粉、精盐、味精、猪油、料酒、白胡椒面、葱姜适量。

制法：将鲜鲤鱼肉片放在碗内，加入盐、料酒、味精、蛋清、湿淀粉拌匀上浆。

炒勺放入猪油，烧至五成熟时，将鱼片逐一下炒勺滑透，然后控去余油。

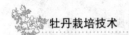

炒勺底油加热，投入葱、姜，煸炒出香味，倒入鸡汤，食盐、味精、白胡椒面、料酒，将淀粉调成稀芡，待汁爆起时，将鱼片、花瓣倒炒勺内，滑炒几下，盛入盘内即可。

4. 牡丹花里脊丝

原料：去蕊牡丹花 2 朵，猪里脊肉 250g，鸡汤、猪油、精盐、味精、湿淀粉、料酒各适量。

制法：将洗净的牡丹花切成丝，里脊肉也切细丝，用盐、味精、鸡蛋清、湿淀粉拌匀上浆。取鸡汤、味精、酱油、料酒、湿淀粉各少许兑成汁。

炒勺烧热放入猪油，烧至五成熟时放入肉丝，炒散后烹入兑好的汁，待汁收浓时，放入切好的牡丹花丝，快速翻炒几下，盛入盘内即可。

特点：味美清香，肉质鲜嫩。

5. 拔丝牡丹花

原料：最好选择红色、紫色等色彩浓烈的花、面粉、糖适量。

制法：将花瓣外侧裹上面衣，用手指抹掉多余的面后入锅炸，炸好的花瓣透过面衣尚可见花色，入糖浆中拔丝。

特点：清香味美，雅趣横生。

（三）牡丹保健品

牡丹全身都是宝。其花不仅可以食用，还可用于保健，其叶加黑矾可以染布，其根皮不但是一味中药，而且也可以制成保健品，其花的花粉营养十分丰富，含有人体必需的各种氨基酸、维生素。据有关资料报道，氨基酸的含量是牛肉、鸡蛋的 5～7 倍。牡丹花还可以酿酒。

望族集团菏泽地区酒厂，以牡丹鲜花、多种鲜果为原料，佐以蔗糖、蜂王浆。经多年发酵精制而成的"国花牡丹酒"清香浓郁，清醇可口，营养丰富，当数酒中珍品。用丹皮泡酒，有活血通络、滋补的功效。目前山东、河南、甘肃等地均有不少牡丹酒、牡丹茶生产企业。另外，牡丹还可以提取香精，牡丹美容保健制品的开发有很大发展潜力。

（四）牡丹文化艺术

文物上的牡丹纹饰、牡丹绘画书法、牡丹摄影、牡丹刺绣、牡丹玉雕、牡丹剪纸及牡丹邮票等，以牡丹为主题的各类艺术表现形式，具有浓郁地方特色的文化产物，它不仅反映了人们对牡丹的酷爱，而且寄托了人们对生活的美好憧憬和希望，也是民族繁荣与昌盛的象征。

运用牡丹为题材来表现祖国大好河山欣欣向荣、繁荣昌盛和美好生活的工艺美术图案和绘画作品，是很普遍的。画家离不开动物、植物和自然山水等素材，而画植物的画家也少不了牡丹。唐代画家边鸾是画植物的名家，董道的《广川画跋》载，边鸾所画牡丹"妙得生意""不失润泽"。明代画家徐清藤（徐渭）用泼墨法画牡丹是其创举。近代画家关山月说，"中国画在作画之前，对对象要有一个全面、细致的认识过程，要求全面掌握对象的内在规律……如画牡丹，要把牡丹、芍药不同的地方找出来，分辨出它固有的特征来。要对它的生长规律、组织结构等自然属性有充分的了解。这就是通常所谓的要懂'画理'"。由于我国牡丹历史悠久、品种繁多、花色齐全、花形丰富多彩，具有明显的民族特色，素来就为艺术工作者写生、绘画和创作提供了好题材。所以每年每当牡丹花盛开之季，全国各处艺术家、画家、工艺美术工作者们，都纷纷奔向洛阳、菏泽或有牡丹的地方进行观察、绘画与写生。牡丹基本特征为：

1. 枝　植株整洁美观，枝条挺拔有律。当年新生的枝条肥润、光滑、绿色、有生气，老枝（干）表皮为土褐色，稍曲，有斑剥，无理纹。

2. 叶　叶为二回羽状复叶，俗称"三权九顶"。叶柄之上着生三片叶子（顶1间2）。顶叶多为掌状三裂，基部全缘，小（间）叶多为卵圆形，颜色为绿色、黄绿色或绿色带有紫晕。

3. 花　花朵大形，单瓣、半重瓣、重瓣皆有；花径一般14～20cm以上，花型有荷花型、葵花型、玫瑰花型、牡丹花型、扁球型、圆球型、绣球型等类别；花色有黄、白、粉、红、紫、绿六大色系及其深浅不同的各种色调。

从以上牡丹的形象和特征来看，画牡丹时要画正面或侧面，花头要大、要突出，要富丽大方，要花盛开、将开和充满生机的花蕾，也要有叶子贴近花头做衬托。但枝头、叶片不宜高出花头。

以牡丹作图案装饰，在瓷器、被面、衣料上，在烟、酒、糖及日常生活用品上就更多了，古代是这样，现在仍是这样。例如，五代南唐徐熙画的《牡丹图》、宋代磁州窑烧制的"牡丹梅花瓶"、明代永乐年间文物"牡丹双鹤盘"以及清代雍正时期的"雄鸡牡丹瓶"，都是珍贵的文物艺术品。这些牡丹图案装饰都强调了花头大、丰满的外形特征。而叶子处理则适当缩小和加以变化，一大一小、一动一静正好符合对比的规律。

以牡丹为题材的民间故事、诗词歌赋更是脍炙人口，广为流传。据杨茂兰主编的《中国历代咏牡丹诗词四百首》一书介绍，本书共选录历代咏牡丹诗词419首，其中唐五代125首，宋代167首，金、元24首，明代37首，清代67首。作者包括历代名家、学者203人。从而可见牡丹的影响，是其他花卉所不及的。

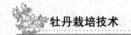

（五）种苗生产与销售

我国牡丹最初为皇家所用，被栽植在皇宫禁院，开花之时皇上携妃游赏，或赐宴群臣赏牡丹。到了宋代牡丹已扩散到皇亲、近臣、士大夫阶层了，这时也出现了以接花为业的花户了。到了明、清时代民间栽培已盛，这时已有以养花为业者。《帝京景物略》内载："右安门外草桥，其北近泉，居民以种花为业，冬则温火煊之，十月中旬牡丹已进御矣。"再如《曹县志》中也有文载称："曹州园户种花如种黍粟，动以顷计。"这时，菏泽县城东北各村栽培牡丹已很普遍，种植面积多达 500 余亩，每年输出 10 余万株，运往广州、天津、北平、汉口、西安、济南等地出售。1949 年后期，菏泽牡丹生产面积已达 5 000 余亩，繁育的种苗多达 240 万株，400 多个品种，供销全国各地。其次为河南洛阳，每年也有大量的牡丹种苗出售。另外，要注意发展规模化、规范化、集成现有科研成果、与国际化市场接轨的生产基础。

1. 圃地选择与生产计划　苗木生产用圃地的选择，首先应考虑到牡丹的生态习性与生长发育特性，针对不同的品种、品种群选择相适宜的地区及环境条件，在做到适宜品种、适宜地区的基础上，圃地宜选择地势平坦开阔、高燥向阳、通风良好、土层深厚肥沃的地块，最好能在城市近郊、交通便利之处设立圃地，以方便运输，便于销售，降低生产成本。苗圃地还应能够保证水源供应便利，水质清洁，以便于天气干旱时能及时灌水。另外，还应考虑到劳力的方便组织，电力的便捷供应等条件。圃地土壤以疏松透气的沙质壤土为好，对盐碱土应进行改良。

在地形起伏较大的地区，坡向的不同直接影响到光照、温度、水分等环境因子，因而对苗木的生长影响较大。一般来说，南坡光照强，受光时间长，温度高，湿度小，昼夜温差大；北坡与南坡相反；而东西坡介于二者之间，但东坡在日出前到上午较短的时间内温度变化很大，一般对育苗不利，西坡则因大部分地区冬季多西北寒风，易造成冻害。不同的坡向各有利弊；生产中应当依当地的具体条件及栽培技术措施，因地制宜地选择最适宜的坡向，以最大限度地减轻不利因素的影响。

在牡丹的苗木生产中，应根据企业的规模、苗木的规格要求，制定明确、科学的生产计划，对育苗用地进行合理地区划，安排好道路系统、灌溉系统及其他建筑管理区的布局，根据生产要求，一般应设置采穗圃、砧木圃与栽植圃。

（1）采穗圃　分主采穗圃和辅助采穗圃。

主采穗圃：用 3～4 年的品种牡丹（以'洛阳红'为例），分成 2～3 支为一株，根部向下，枝条倾向水平进行压埋，行距 60cm，株距 70cm 左右，深 10cm。植株根梢朝向与灌水方向一致，两株根梢相距 10cm 左右，每亩栽 1 580 株。做好品种田间定植档案。秋季对萌发出地表的枝条进行平茬，2 年后，每株可采穗 15～20 个，以年嫁接 10 万株计，需占地 0.33hm² （约 5 亩），可保证每年采穗 10 万～12 万支。

辅助采穗圃：即上年嫁接苗的栽植圃，为促生分枝，常对上年栽植的牡丹进行平茬，刺激萌发新枝，利用平茬后的枝条作接穗。此外，其他栽植圃中若采取连年平茬措施，取下的枝条亦可用作补充接穗。

（2）砧木圃 以定植 2 年后的药用芍药根作砧木，药用芍药每株（墩）可产根 8 条，按照以上的年嫁接数量指标，则需药用芍药 1.3 万株。药用芍药的栽植行距 60cm、株距 40cm，每亩可栽植 2 700 株。要栽植 1.3 万株，则需占地 0.33hm² （5 亩）。由于芍药根生产周期为 2 年，因而砧木也需连续 2 年栽植，这样共需栽植 2.6 万株，占地 0.66hm² （10 亩）。

（3）定植圃 选择地势平坦，土层深厚，质地疏松肥沃，排灌方便，没有种过牡丹的生茬地作栽植圃。如前作是牡丹或芍药，则要间隔 2～3 年，轮作其他作物。根据嫁接苗在圃养育时间确定定植密度。2 年出圃的苗，行、株距可采用 40cm×10cm。

2. 繁殖材料的准备

（1）接穗 用发育充实的当年生枝剪成接穗，长 5～8cm，粗 0.3～0.8cm，宜随采随用，一般不隔天。

（2）砧木 用 2～3 年生健壮药用芍药根作砧木，长 10～15cm，粗 1～3cm。若采集量大，短期使用不完时，应沙藏保鲜，使用前再稍加晾晒，使之稍软，以便操作。

（3）绑缚材料 常用制作草帘用的麻筋来绑缚，也可用其他材料，如塑料带等。

（4）抹泥 选用未种过牡丹的地块，取表土粉碎，过 0.5cm 筛孔，加水调至糊状。

3. 生产管理 在牡丹苗木生产的整个过程中，严格、规范、科学的管理是必不可少的，通过加强管理，将现有成熟技术加以组装、配套，再结合其他生产要素的优化组合，就能使整个苗木生产走上一条良性发展的道路。

生产管理应着重考虑以下环节：

（1）生产工艺流程 总体规划—材料采集—选择整理—计划协调—室内嫁接—质量检验—田间栽植—养护管理。

（2）养护管理　栽植圃土壤含水量应在 18％左右，大于 20％作业困难，低于 10％将影响成活。嫁接后 1～2 个月内不能灌水，此期缺墒，可采取喷灌补墒。第二年萌芽后，及时除去覆盖土。部分带花蕾的植株，应在显蕾后及时摘除。田间及时中耕、除草、浇水及病虫害防治。第二年秋末施基肥，第三年春施追肥。

4. 苗木调运　随着牡丹苗木商品化生产规模的加大，苗木调运与出口量也逐年增加，在苗木调运工作中，应根据客户要求选择苗木，尽量满足不同客户的不同需求，诚信经营，做到品种名实相符，规格一致，植株健壮，株型良好，无秋发现象。重视苗木检疫，有病的植株应及早处理，害虫亦需及时防治。

出口苗木需冲洗干净，不带土壤，然后进行消毒，消毒质量常是出口成败的关键，消毒后的植株应无活的虫卵。苗木调运时，需注意气温的高低。如遇温度过高，需注意包装时间与贮存方式。此时如包装过早，会引起苗木发霉变质，造成损失，最好采用冷库贮存。根据具体情况选择海运或空运。海运运费低，但时间较长，有时会造成霉菌异常繁殖，使到岸国海关检疫不能过关，造成损失；空运快捷，但费用高。

出售的苗木分两类：一类是以分株方法繁殖的苗木，通常分株后再培养 3～4 年出售，这是大量的；另一类是以芍药根或牡丹根为砧木嫁接的苗木，也是经嫁接成活后再培养 3～4 年。这两种苗木在出售时没有严格的区分，往往混在一起，但都是成形的开花大株。这种苗木只能用于公园、庭园种植，或用作促成栽培，而不适于盆栽。

随着工业的发展和建筑及居住形式的变迁，花卉及观赏植物日益向着更加适应室内观赏的方向发展，牡丹的发展也应如此。目前世界上人们对切花和盆栽比对庭园植物有更大兴趣。有些国家花农对牡丹采取促成或半促成的方法，转向切花和盆栽的方向生产。所以，今后我国牡丹种苗的生产方式和销售途径，都需要改进。改变当前单一的供应露地栽培所需的种苗，为多渠道生产适于盆栽或切花栽培所需要的苗木。为扩大市场提高竞争能力，生产的种苗应以两年生的芍药根作为砧木进行嫁接，这样的嫁接苗规格一致，株矮、根浅，便于盆栽、包装和运输，也便于销售出口。开拓促成或半促成栽培途径，冬季或早春切取鲜花出售。作促成栽培用的牡丹，应选择茎高、梗长、梗硬、着花多的品种。一般红色系的品种，比较受欢迎。改进包装方式，商品苗的根部宜用青苔包裹，再用聚乙烯包好。避免伤根，保证栽后成活。

随着花卉园艺的国际化，各国园艺爱好者都在探求新的颜色、花型新品种。目前，在日本对鲜花的需求，二花的形态趋向小型，花的颜色趋向淡色。如白色、天蓝色、浅绿色或桃红色，是今后人们感兴趣的颜色，而欧美各国则追求五色缤纷的花色，通过异种杂交，培育出了金黄色、朱红色或带采纹的新品种。

第二节　确定牡丹为国花是时代发展的需要

一、花卉业发展的需要

当今，花卉业成为世界上最具活力的产业之一。世界花卉业以年均增长10％以上的速度发展，我国花卉业更是以年均增长20％左右的速度快速发展，成为生机盎然的"朝阳产业"。1994年全国国花评选活动更促进了我国花卉业的快速发展。统计资料显示，1996年全国花卉面积7.5万 hm^2，销售额48亿元，出口1.3亿美元。2000年全国花卉面积14.8万 hm^2，销售额163亿元，出口2 830万美元，花卉市场2 002个，花卉企业21 975个，从业人员14.59万人。2004年全国花卉面积63.6万 hm^2，销售额430.6亿元，出口1.44亿美元，花卉市场2 354个，花卉企业53 452个，从业人员32.7万人。为适应我国花卉业快速发展和参与国际竞争的需要，确定我国的国花是十分必要的。

二、牡丹事业取得的新成果

自全国国花评选办公室、中国花卉协会向全国通报牡丹当选国花以来，又经历了13个春秋。在改革开放大潮的涌动下，牡丹事业又有了突飞猛进的发展，主要集中在以下六个方面：

1. 在牡丹种质资源保护方面　牡丹原产我国，历史悠久，是我国特有的名贵花卉，也是我国有代表性的地理标志植物之一。牡丹种质资源的调查、研究和保护取得了重大突破。1999年完成了中国野生牡丹种质资源调查任务，基本查清了中国牡丹的自然分布区域和范围，打破了近200年来主要由外国学者垄断牡丹植物学分类工作的局面。中国科学家陆续发现了一些新种并确定了一些新等级，使芍药属牡丹组的分类建立在更加科学的基础上。兰州、洛阳、菏泽、北京等地还先后建成了牡丹基因库、芍药属种质资源保存中心等。

2. 在牡丹引种、育种方面　我国开展了卓有成效的牡丹育种工作，全国牡丹品种由1996年的800多个增长到现在的1 200多个。不仅选育出了盆栽案头牡丹和抗湿抗热、适合高温多雨地区栽培的牡丹，还在黑龙江尚志市培育出能耐−44℃低温的寒地牡丹系列品种。一批耐寒力强的牡丹品种在我国东北及内蒙古等地栽培成功，有望形成寒地（东北）牡丹品种群。北京林业大学、中国林业科学院植物研究所、江苏知斌牡丹园等单位培育出了一年可两次开花的"二季开花牡丹"。甘肃兰州、河南洛阳、湖北保康及北京的有关单位，开展了牡丹远缘杂交育种工作，一批远缘杂种正在进一步观察测试之中。1996年，中国花卉协会牡丹芍药分会成立了中国牡丹芍药品种登录委员会，同时制定了《中国牡丹芍药品种审定登录办法》，正式实施牡丹芍药品种登录制度。1997年，我国颁布了《中华人民共和国植物新品种保护条例》，并于1999年4月正式加入国际植物新品种保护联盟（UPOV）。同年4月，原国家林业局将牡丹列入新品种保护名录。目前，已获授权的牡丹新品种有兰州和平牡丹园和北京林业大学等单位申请的20余个品种。为加快我国牡丹新品种登录审定工作的步伐，2006年山东菏泽建成了占地40亩的中国牡丹新品种测试基地，承担起原国家林业局植物新品种保护办公室指定的植物新品种特异性、一致性和稳定性（DUS）的测试任务。根据有关规定，国内外培育的牡丹新品种，凡欲申请我国授权保护的，都要在该基地内种植，其特异性、一致性和稳定性须经该基地测试达标。洛阳利用花粉管通道法开展了牡丹转基因育种，已成功获得牡丹转基因种子。山东菏泽、甘肃兰州等地还开展了牡丹航天育种工作，有望取得育种方式的突破，继续走在世界牡丹育种前列。在开展育种工作的同时，我国还积极引进日本、美国、法国的优良牡丹和芍药品种，极大地丰富了我国的牡丹种质资源，也丰富了我国的园林景观资源，提高了牡丹的观赏价值。

3. 在牡丹栽培推广方面　随着新品种的不断选育成功和栽培技术的提高，现在牡丹栽培范围更加广泛。北可至黑龙江齐齐哈尔市（北纬47.4°），东可达佳木斯市（东经130.4°），南可到广西柳州市（北纬24.4°），西可到新疆乌鲁木齐市（东经86.8°），东南可到福建及台湾阿里山（北纬23.6°，东经120.8°），西南可到贵州遵义，云南昆明、大理、丽江等地。真是祖国处处国色宜人，天香醉人。牡丹以其富贵之容，祥和之态，亲近人们，引导人们亲近自然，珍爱环境，美化社会，豁达人生，尽享盛世太平。

4. 在牡丹产业化发展方面　目前，牡丹生产正由单一、分散、无序向规模化、标准化和产业化转变。全国牡丹栽培面积已达15万亩左右。洛阳从2002年开始执行《洛阳牡丹盆花质量标准》等系列标准，推广"洛阳牡丹原产地"标志，积极实施国家标准化基地项目；山东省菏泽市承担的"国家重要技术标准研究牡丹专项课题"于2005年10月通过验收，标志着我国牡丹的生产、加工和培育有了正规的技术标准；牡丹产前、产中和产后服务体系逐步得到完善，产业化水平不断提高；牡丹旅游、异地花展和种植等产业基础雄厚，不断扩大，逐步完善，并带动了相关产业的共同发展；牡丹还广泛应用于医药、保健品、化妆品、食品、园林绿化、专类园建设、盆花、插花和装饰等方面，产生了巨大的经济效益和社会效益。一些单位和企业家在大胆开拓国内市场的同时，还闯入国际市场，正在努力实现"小牡丹、大财富"的美丽梦想，从而为中国乃至世界牡丹产业的发展，注入了新的活力，也提高了中国牡丹在世界园艺界的地位。

5. 在丰富提升牡丹文化方面　牡丹文化源远流长，极具中国特色。多年来，无论是在挖掘和保护古代牡丹文化方面，还是在丰富和发展现代牡丹文化方面，都不断取得新的成就。以"牡丹花语"为核心的牡丹文化，广泛传播，深入人心，逐渐成为人们生活习俗和生存理念的一部分。牡丹是我国各族人民共同的审美要素和审美情结，是公认的富贵花、幸福花。以牡丹为平台，广泛开展经贸文化活动，是改革开放以来牡丹文化活动鲜明的时代特征。各地不断开发有特色的牡丹文化产品，运用牡丹题材的工艺美术图案和绘画作品来表现繁荣昌盛、富贵吉祥和幸福美满，如随处可见的牡丹画、牡丹壁画、牡丹瓷器、牡丹图片、牡丹图案等。

6. 在牡丹科研应用方面　围绕牡丹市场开发而进行的科技创新不断发展。双平法、牡丹贴枝接、根接等牡丹快速繁殖技术广泛应用。这些科技成就都为牡丹商品化、产业化提供了技术支撑。容器栽培使牡丹能四季供应、四季移栽；洛阳加快了牡丹组织培养研究步伐，克服了牡丹组织培养过程中的"玻璃苗"、褐变两大难关，基本解决了试管苗地栽成活率低的问题，以试管苗为接穗进行籽苗嫁接取得成功，成活率达70％以上，并且在大田正常生长；牡丹促成栽培和抑制栽培技术的结合与提高，使牡丹实现周年开花。牡丹加冕为国花，将继续引领中国花卉事业发展的新潮流。

参 考 文 献

白森，牛光幸，温红卫，等，2015. 浅谈油用牡丹的发展前景及栽培技术 ［J］. 陕西林业科技（1）：38 - 40.

陈德忠，2003. 中国紫斑牡丹 ［M］. 北京：金盾出版社，03.

陈让廉，2004. 铜陵牡丹 ［M］. 北京：中国林业出版社，01.

程建国，2005. 牡丹栽培新技术 ［M］. 咸阳：西北农林科技大学出版社，11.

胡三英，宋保林，崔淑琴，2014. 油用牡丹栽培技术 ［J］. 陕西林业科技（6）：116 - 117.

李博然，2015. 油用牡丹栽培技术 ［J］. 现代农业科技（16）：184 - 188.

刘淑敏，等，1987. 牡丹 ［M］. 北京：中国建筑工业出版社，07.

刘翔，1995. 中国牡丹 ［M］. 郑州：河南科学技术出版社，04.

鲁丛平，杨彦伶，陈慧玲，等，2015. '凤丹' 油用牡丹丰产栽培技术 ［J］. 湖北林业科技，44（06）：83 - 84.

王路昌，吴海波，2003. 牡丹栽培与鉴赏 ［M］. 上海：上海科学技术出版社，01.

王志芬，2005. 牡丹皮栽培与贮藏加工新技术 ［M］. 北京：中国农业出版社，06.

吴诗华，江守和，1997. 牡丹、芍药栽培技术 ［M］. 合肥：安徽科学技术出版社，05.

徐金光，等，2002. 牡丹生产技术 ［M］. 北京：中国农业出版社，03.

杨娜，2014. 油用牡丹栽培技术及主要病虫害防治措施 ［J］. 中国园艺文摘（10）：225 - 226.

郁书君，杨玉勇，余树勋，2006. 芍药与牡丹 ［M］. 北京：中国农业出版社，03.

喻衡，1998. 牡丹 ［M］. 上海：上海科学技术出版社，11.

袁涛，等，2000. 牡丹 ［M］. 北京：中国农业大学出版社，01.

袁涛，赵孝知，李丰刚，等，2004. 牡丹 ［M］. 北京：中国林业出版社，01.

张天柱，2016. 花卉高效栽培技术 ［M］. 北京：中国轻工业出版社，09.

赵海军，2002. 牡丹春节催花技术 ［M］. 北京：中国农业出版社，10.

赵兰勇，于东明，等，2004. 中国牡丹栽培与鉴赏 ［M］. 北京：金盾出版社，05.

朱建明，梁瑞凤，2004. 芍药、牡丹、红花高效栽培技术 ［M］. 郑州：河南科学技术出版社，03.

牡丹菜

牡丹花沙拉

牡丹藕丁

牡丹薄荷

牡丹护肤品

牡丹保湿补水面膜

牡丹焕肤精华液

牡丹插花

牡丹插花2

牡丹插花1

牡丹花束

牡丹花茶

牡丹全花茶、花蕊茶2

牡丹花蕾茶

朴树间作油用牡丹

槭树间作油用牡丹

文冠果间作油用牡丹

油用牡丹+光伏

杨树间作油用牡丹

樱花下间作油用牡丹

牡丹油用

牡丹籽油

牡丹籽油软胶囊

牡丹园林应用与盆栽

牡丹盆栽

牡丹园林应用1

牡丹园林应用2